Peter Rothe
# Die Erde

Peter Rothe

# Die Erde

**Alles über Erdgeschichte, Plattentektonik, Vulkane, Erdbeben, Gesteine und Fossilien**

„Wer fragt sich nicht beim Anblick der Ereignisse und Wunder einer Berglandschaft, woher diese Schlünde und Höhlen der Abgründe kommen? Wie konnten diese Gipfel sich bis zu den Himmeln erheben? Woher diese sanften Abhänge und die trotzigen Felsen? Woher kommen die Granitkolosse, die schwer auf der Ebene lasten? Woher die aus dem Meer stammende Beute, die wir in den Bergen vergraben finden?"

Rodolphe Töpffer (1799–1846):
„Genfer Novellen"

Das Werk ist in allen seinen Teilen urheberrechtlich geschützt.
Jede Verwertung ist ohne Zustimmung des Verlags unzulässig.
Das gilt insbesondere für Vervielfältigungen,
Übersetzungen, Mikroverfilmungen und die Einspeicherung in
und Verarbeitung durch elektronische Systeme.

© 2008 by WBG (Wissenschaftliche Buchgesellschaft), Darmstadt
Die Herausgabe des Werkes wurde durch die Vereinsmitglieder
der WBG ermöglicht.
Redaktion: Katrin Kurten, Wiesbaden
Layout und Prepress: SchreiberVIS, Seeheim
in Zusammenarbeit mit Elke Göpfert, Mörlenbach-Weiher
Gedruckt auf säurefreiem und alterungsbeständigem Papier
Printed in Germany

Besuchen Sie uns im Internet: www.wbg-darmstadt.de

ISBN 978-3-534-20584-4

# Inhalt

Vorwort . . . . . . . . . . . . . . . . 6
Dank . . . . . . . . . . . . . . . . . . 8

## 1 Entstehung und frühe Entwicklung der Erde . 9
Wie ist das Leben entstanden? . . . . 18

## 2 Eine kleine Geschichte der Erde . . . . . . . . . . . . . . . 23
Geologische Schichten –
das Übereinander und die Zeit . . . . 23
    Millionen Jahre – das wesentliche
    Zeitmaß der Erdgeschichte . . . . . 25
Erdgeschichtliche Zeitabschnitte –
viele Namen mit unterschiedlichem
Ursprung . . . . . . . . . . . . . . . . 30
    Präkambrium . . . . . . . . . . . . 31
    Kambrium . . . . . . . . . . . . . 35
    Ordovizium. . . . . . . . . . . . . 36
    Silur. . . . . . . . . . . . . . . . . 38
    Devon . . . . . . . . . . . . . . . 40
    Karbon . . . . . . . . . . . . . . . 45
    Perm . . . . . . . . . . . . . . . . 49
    Trias. . . . . . . . . . . . . . . . . 54
    Jura . . . . . . . . . . . . . . . . . 60
    Kreide . . . . . . . . . . . . . . . 66
    Tertiär . . . . . . . . . . . . . . . 68
    Quartär . . . . . . . . . . . . . . 72

## 3 Dynamik, die von innen kommt:
über Plattentektonik, Gebirgsbildung,
Erdteile auf Wanderschaft,
Vulkanismus und Erdbeben . . . . . 79
Plattentektonik . . . . . . . . . . . . 79
Vulkanismus . . . . . . . . . . . . . 88
    Das Geschehen. . . . . . . . . . . 88
    Was die Vulkane fördern . . . . . 91
    Warum Vulkane unterschiedliche
    Formen haben . . . . . . . . . . . 99
Erdbeben . . . . . . . . . . . . . . . 101

## 4 Stoffe der Erde: Wie Minerale und Gesteine entstehen . . . . 105
Minerale, die Bausteine für Gesteine . 107
Am Anfang entstehen Gesteine
aus heißen Schmelzen . . . . . . . . 108
Zerstörung von Gesteinen
an der Erdoberfläche:
Neue Gesteine entstehen . . . . . . . 113
Sedimente und Sedimentgesteine . . 116
Gesteine aus Organismen –
der Anteil der Biologie. . . . . . . . . 117
Kohlen entstehen aus
abgestorbenen Pflanzen. . . . . . . . 119
Auch die Chemie
ist an der Entstehung
von Gesteinen beteiligt . . . . . . . . 121
Salz: Wie es ins Meer kommt –
und wieder heraus. . . . . . . . . . . 123
Gesteine, die aus der
Umwandlung anderer Gesteine
entstehen . . . . . . . . . . . . . . . 125
Rohstoffe . . . . . . . . . . . . . . . 128
    Grundwasser. . . . . . . . . . . . 128
    Erdöl . . . . . . . . . . . . . . . . 132
    Kohle ist nicht gleich Kohle . . . . 136
    Erze . . . . . . . . . . . . . . . . . 136

## 5 Fossilien und ihre Lebensräume . . . . . . . 139
Pflanzen. . . . . . . . . . . . . . . . 140
Wirbellose Tiere . . . . . . . . . . . . 142
    Trilobiten. . . . . . . . . . . . . . 143
    Kopffüßer (*Cephalopoden*) . . . . 144
    Muscheln . . . . . . . . . . . . . 147
    Schnecken . . . . . . . . . . . . . 149
    Korallen. . . . . . . . . . . . . . . 151
    Stachelhäuter (*Echinodermen*) . . . 152
    Armkiemer, Armfüßer
    (*Brachiopoden*) . . . . . . . . . . 154
    „Schriftsteine"
    (*Graptolithen*) . . . . . . . . . . . 155
    Moostierchen (*Bryozoen*) . . . . . 157
    Schwämme (*Poriferen*) . . . . . . 157
    Würmer. . . . . . . . . . . . . . . 158
Mikro- und Nannofossilien . . . . . . 158
Wirbeltiere . . . . . . . . . . . . . . 161
    Reptilien . . . . . . . . . . . . . . 163
    Vögel . . . . . . . . . . . . . . . . 165
    Säugetiere . . . . . . . . . . . . . 167
    Vormenschen und Menschen. . . . 171

Register . . . . . . . . . . . . . . . . 174

# Vorwort

\* Das Wort stammt aus dem Japanischen und bedeutet „Hafenwelle", insofern ist *die* Tsunami richtig, was aber seit 2004 überall nicht mehr beachtet wird.

Fragen an die Erde sollten eigentlich alle interessieren, die auf diesem Planeten leben. Als 10 ▶ Geologe werde ich immer dann gefragt, wenn sich wieder ein schweres Erdbeben, eine Tsunami\* oder ein spektakulärer Vulkanausbruch ereignet hat. Wenn ich den Fragenden dann erkläre, dass das „ganz normale" Ereignisse sind, die sich schon seit Menschengedenken und weit darüber hinaus oftmals wiederholt haben, dann erregt das zumindest Erstaunen. Die Schule vermittelt dieses Wissen zunehmend weniger, weil es im Erdkundeunterricht heute eher um Bevölkerungsstatistik geht als um die physischen Grundlagen unseres Daseins. Die Zeiten, als man Geologie sogar als eigenes Schulfach unterrichtet hatte, sind lange vorbei. Es könnte aber von Nutzen sein, wie das Beispiel einer englischen Schülerin gezeigt hat, die bei der Tsunami-Katastrophe vom Dezember 2004 vielen das Leben gerettet hatte, weil sie die Vorzeichen richtig zu deuten wusste; das hatte sie im Geographie-Unterricht gelernt. Bei aller Theorie ist mein Fach auch ziemlich handfest: Man muss wetterfest sein, man macht sich dreckig, man muss viel laufen, und zum Steineklopfen braucht man manchmal auch Kraft; das sind alles Gegebenheiten, die an der Natur interessierte Menschen gerne auf sich nehmen, und für sie habe ich dieses Buch geschrieben – als Anleitung zum Beobachten, um schon Gewusstes zu vertiefen, oder um ganz andere Denkweisen kennenzulernen. Es ist aber kein Lehrbuch, das systematisch die Zusammenhänge vermittelt, sondern soll an ausgewählten Beispielen Beobachtungen erklären, die man selbst in der Natur machen kann. Manches davon erscheint ganz einfach wie die Randsteine aus Granit, die manchmal unsere Bürgersteige begrenzen; daran kann man geologisches Geschehen deutlich machen und an diesem Beispiel erklären, dass viele solche Gesteine aus heißen Schmelzen entstanden sind und warum sie sich zu so länglichen Bordsteinen spalten lassen. Jemand könnte sagen, dass meine Auswahl an Themen willkürlich ist, ich habe mich aber bemüht, ein paar wichtige Fragen an die Erde zu stellen, und wenigstens einen Überblick über das Ganze zu versuchen. Das Buch soll auch zeigen, wie vielfältig geologische Vorgänge und geologisch entstandene Stoffe unser Leben bestimmen. Das reicht von den Naturbausteinen über die Böden bis hin zu den Brennstoffen Kohlen und Erdöl, und es hört bei der Diskussion um Klimaveränderungen noch lange nicht auf. Beim Schreiben habe ich mich immer wieder gefragt: Was soll, was muss man unbedingt erwähnen? Der umfangreiche Stoff, der sich aus diesen Überlegungen ergab, musste stark verdichtet werden; dabei sagt man meist, dass nur wichtige Dinge erwähnt werden. Aber was ist wichtig? Um ehrlich zu sein, bestimmt das der Autor, das heißt, er schreibt nur das auf, was ihm selbst als wichtig erscheint. Dennoch muss er versuchen, alle Dinge in einen vernünftigen Zusammenhang zu bringen, der auch die vielen Forschungsergebnisse der anderen Wissenschaftler mit berücksichtigt. In jeder Zeit gibt es Gebiete, denen die Forschung besondere Aufmerksamkeit zuwendet, z. B. weil man gerade neue Untersuchungsmethoden erfunden hat oder sensationelle Fundstücke ausgegraben wurden. Die seit über 40 Jahren ständig weiterentwickelte Plattentektonik liefert uns heute ein weitgehend verständliches Bild über die Entwicklung der Erde, mit dem die Entstehung von Kontinenten und Ozeanen, Gebirgsbildung, Erdbeben und Vulkanismus in einen sinnvollen Zusammenhang gebracht werden kann. Auch die Entstehung, Zerstörung und Umbildung von Gesteinen ist heute weitgehend entschlüsselt, und wir wissen aus Experimenten, die in Labors unter hohem Druck und hohen Temperaturen durchgeführt werden, auch mehr darüber, was sich in den enormen Tiefen des Erdinneren ereignet.

Alle Forscher fangen mit Beobachtungen an, Geologen gehen am liebsten in Steinbrüche oder bohren Löcher in die Erde, um herauszufinden, wie es „da unten" aussieht. Um Steine zu studieren, muss man aber nicht unbedingt in Steinbrüche gehen. Sie liegen ja auch sonst überall herum, werden als Natursteine vor allem in Burgen, Schlössern, Kirchen, Brücken und großen Häusern verbaut, oder die Straßen sind damit gepflastert. Man muss nur aufmerksam hingucken, und dann wird man schnell sehen, wie viele verschiedene Steine es gibt. Und dann kann man anfangen mit den Fragen, wie sie entstanden sind. Es ist schwierig, sich vorzustellen, dass manche aus heißen Schmelzen gebildet wurden, aber wenn man einmal einen Vulkan mit fließender Lava gesehen hat, wird das eher verständlich. Es gibt ja heute noch viele aktive Vulkane auf der Erde, an denen man sehen kann, wie die Lava ziemlich schnell zu festem Gestein erstarrt. Wenn man das einmal gesehen hat, wird man auch viele der älteren Vulkangesteine, die sich im Laufe der langen Erdgeschichte gebildet haben, richtig beurteilen können. Was heute passiert, ist ähnlich auch schon vor Jahrmillionen geschehen, das ist überhaupt einer der wichtigsten Denkansätze der Geologen: Die Gegenwart liefert uns den Schlüssel für die Vergangenheit.

In vielen Steinen kann man auch Fossilien finden, Muscheln und Schnecken z. B. oft in Kalksteinen, aber auch 60 ▶ Ammoniten, 146 ▶ Belemniten oder Korallen. Um Fossilien zu verstehen, muss man die heutige Tier- und Pflanzenwelt studieren und die lebenden mit den ausgestorbenen Organismen vergleichen. Dann lernt man auch, dass sich viele von ihnen im Laufe der ungeheuer langen Erdgeschichte verändert haben. Diese Evolution hat fast immer von einfachen zu komplizierteren Formen geführt. Um das zu zeigen, muss ich dann doch etwas systematischer vorgehen und die wichtigen Gruppen wenigstens kurz vorstellen. In vielen Museen und manchen öffentlich zugänglichen Geologischen Universitätsinstituten kann man die ganze Vielfalt bewundern.

Diese Geschichte des Lebens auf der Erde war nicht immer geradlinig, sie wurde zu manchen Zeiten sogar von regelrechten Katastrophen unterbrochen, über deren Ursachen sich die Forscher noch immer streiten: In diesem Zusammenhang muss auch etwas über die Lebensbedingungen und die Umwelt von Tieren und Pflanzen gesagt werden.

Seit Urzeiten sind Erdteile auf Wanderschaft, und wir wissen noch nicht sehr lange, wie und warum sie das tun. Das erklärt uns inzwischen die Plattentektonik und davon wird auch die Rede sein. Die wandernden Kontinente führen auch zu der Überlegung, dass sich die Lebensbereiche für Tiere und Pflanzen immer wieder verändert haben müssen: Wo es heute kalt und trocken ist, wuchsen früher, d. h. vor Jahrmillionen, vielleicht einmal Tropenwälder. Das alles kann man, wenn man es richtig gelernt hat, aus den Gesteinen und den in ihnen vorkommenden Fossilien ableiten. Und man wird dann auch verstehen lernen, dass Erdbeben, Vulkanausbrüche und viele andere Naturkatastrophen ganz normale Ereignisse sind, die es gegeben hat, solange die Erde besteht.

Wer das Buch durchgelesen hat, der wird vielleicht da, wo ihm Steine begegnen, etwas länger stehen bleiben und sagen: Hab ich doch schon mal was von gehört! Vielleicht sieht er auch gleich: Aha, Granit, und kann dann seinen Begleitern erklären: Ist aber nicht das Urgestein! Oder: Guck mal, eine versteinerte Seelilie, heißt zwar Lilie, ist aber ein Tier.

Ein Buch kann zwar das Interesse wecken, aber richtig verstehen kann man Geologie eigentlich nur draußen, im Gelände, am besten natürlich mit einem kundigen Begleiter. Es gibt viele solcher Leute, und die meisten von ihnen sind keine studierten Fachleute, sondern Menschen, die sich für die Erde und ihre Baumaterialien besonders interessieren. Oftmals haben gerade Hobby-Geologen oder 18 ▶ -Paläontologen bedeutende Funde gemacht und sie dann auch der wissenschaftlichen Bearbeitung überlassen, und manche sind später sogar als Ehrendoktoren zu akademischen Würden gekommen. Man muss sich nur mal in seiner Umgebung erkundigen, dann findet man meistens recht bald einen geeigneten Begleiter – der theoretische könnte dieses Buch sein.

Peter Rothe,
Mannheim im Januar 2008

# Dank

Bei diesem Buch ist mir erneut sehr deutlich geworden, welcher Aufwand heute nötig ist, um Ideen, Texte und Bilder eines Autors zu einem ansprechenden Ganzen zusammenzufügen. Daran haben auch diesmal wieder viele Personen mitgewirkt, denen ich zu Dank verpflichtet bin.

Allen voran danke ich Wolfram Schwieder von der WBG für seinen Einsatz und einen immer konstruktiven Dialog. Die Zusammenarbeit mit ihm war angenehm, und von ihm stammt auch die Idee, dem Buch ein Poster beizugeben, das dem Leser einen schnellen Überblick zum Ablauf der Erdgeschichte ermöglicht. Darüber hinaus hat er mir auch spektakuläre Fotos von seinen Reisen überlassen. Dank geht auch an Myriam Nothacker und Katja Jockel, die umsichtig den komplexen Herstellungsprozess gesteuert haben. Katrin Kurten hat den Text sorgfältig lektoriert, und Joachim Schreiber hat mit seinem Team (Elke Göpfert und Thurid Wadewitz) kenntnisreich Text und Bilder zu einem informativen Ganzen verwoben. Man muss, wie Elke Göpfert das gemacht hat, erst einmal auf die Idee kommen, einen Flugsaurier über zwei Buchseiten hinweg so elegant fliegen zu lassen! Meine nur skizzierten Vorlagen hat sie zu ansprechenden Grafiken geformt und auch eigene Bilder beigesteuert.

Viele Personen haben mir Abbildungen überlassen, oft schon in Form von Daten, was die Arbeit erleichtert hat: Die Kollegen Wolfgang Frisch und Martin Meschede (Tübingen und Greifswald) haben mir in großzügiger Weise gestattet, Abbildungen aus ihrer gerade in 2. Auflage erschienenen „Plattentektonik" zu übernehmen, Bernhard Hauff (Holzmaden) solche aus seinem weltberühmten Urwelt-Museum, Christa Behnke (Darmstadt) den wirklich prächtigen Prachtkäfer, Herr Kollege Ulrich Kull (Stuttgart) das Bild eines explosiv entstandenen Gesteins von den Kanaren, Dr. Ulf Linnemann (Dresden) eines der seltenen Aufschlussbilder zum Präkambrium und die Drs. Gaëlle und Wilfried Rosendahl, meine Kollegen in den Mannheimer Reiss-Engelhorn-Museen, solche von Fossilien sowie Objekte und Bilder zur Entwicklung des Menschen, Dr. Manfred Löscher (St. Ilgen) das Lössprofil. Meinem Freund Klaus Rittner (Oberaudorf) danke ich für zahlreiche Fotos, vor allem aber dafür, dass er mich als Student in meine erste Geologie-Vorlesung mitgenommen hatte. Dem Analphabeten, der ich im Umgang mit dem PC zunächst war, sind beim Schreiben und bei der Rettung abgestürzter Texte Benedikt Stadler und Peter Will (beide Reiss-Engelhorn-Museen) hilfreich gewesen. Nicht zuletzt möchte ich mich beim Direktor der Reiss-Engelhorn-Museen, Herrn Prof. Dr. Alfried Wieczorek dafür bedanken, dass er mir an seinem Haus eine neue wissenschaftliche Heimat eröffnet hat.

# 1 Entstehung und frühe Entwicklung der Erde

**1.1** Spiralnebel NGL 4414, Aufnahme: Hubble Space Telescope. Quelle: NASA

Wir leben auf einem Planeten, den Astronauten heute aus dem Weltall betrachten und fotografieren können – seitdem spricht man auch von unserem „blauen" Planeten. Die Erde ist aber nur Teil eines ganzen Systems von Planeten, die alle um die Sonne als Zentralgestirn kreisen. Sie bewegen sich allerdings nicht, wie die Bezeichnung vermuten lässt, auf kreisförmigen Bahnen, sondern eher in Form von Ellipsen und nicht alle haben auch die gleiche Drehrichtung, es herrscht also eine gewisse Unordnung in diesem System. Die Verhältnisse, vor allem die Temperaturen auf den einzelnen Planeten, werden u. a. von ihrem Abstand zur Sonne bestimmt: So ist es auf der Venus wesentlich heißer und auf dem Jupiter viel kälter als auf der Erde, die mit einer mittleren Jahrestemperatur von etwa 15 °C geradezu ideale Verhältnisse, auch für die Existenz von Leben, bereithält. Hier gibt es in heißen Quellen kochendes Wasser, aber es gibt auch Eis, und dazwischen eben überwiegend flüssiges Wasser, ohne das wir nicht existieren könnten. Außer den bekannten großen Planeten sind noch unzählige weitere Festkörper in diesem Sonnensystem bekannt, von denen gelegentlich auch einer auf der Erde einschlägt. Wesentlich sind hier die Asteroiden oder Meteoriten, manchmal aber ist es nur kosmischer Staub, von dem jedes Jahr viele Tonnen auf die Erde herunterrieseln. Solche Staubpartikel verglühen meist schon in der Atmosphäre und verursachen dadurch die hell leuchtenden Sternschnuppen. Die Planeten sind alle unterschiedlich groß und sie haben auch unterschiedliche Massen: Die sonnennahen Merkur und Erde sind viel schwerer als die ferneren, die wie der Jupiter über-

# 1 Entstehung und frühe Entwicklung der Erde

wiegend aus Gas bestehen. Das hatten die Astronomen schon früh herausgefunden, und mit den unterschiedlichen Massen konnten sie auch die Bahnverläufe der Planeten erklären, die sich deswegen gegenseitig beeinflussen. Venus, Uranus und Pluto rotieren sogar verkehrt herum, wenn man ihre Bewegungsrichtung mit den anderen Planeten vergleicht. Mit solchen Kenntnissen kann man heute auch die Bahnen vorausberechnen, auf denen Satelliten um die Erde kreisen – aber davon will ich hier nicht sprechen, sondern von der Erde, die ja Gegenstand dieses Buches ist.

Aufgrund der ungemein vielen neuen Beobachtungen der vergangenen Jahrzehnte können wir uns heute ein einigermaßen verlässliches Bild vom inneren Aufbau der Erde machen und beginnen dadurch auch allmählich, deren Entstehung besser zu begreifen. Dazu haben vor allem die wissenschaftlichen Bohrungen in den Ozeanen beigetragen, mit deren Ergebnissen die Plattentektonik begründet wurde. Zusammen mit der Erdbebenforschung haben 10▶ Geophysiker auch den tieferen Untergrund erkundet, den man selbst mit extrem tiefen Bohrungen nicht erreichen könnte, weil es schon in 10 km Tiefe oft so heiß ist, dass Bohrmeißel und Messgeräte nicht mehr funktionieren. Man macht inzwischen auch Experimente im Labor, mit denen sich die enormen Drücke und Temperaturen simulieren lassen, die im Inneren der Erde herrschen. Schon bei wesentlich geringeren Drücken kann man inzwischen sogar Diamanten künstlich herstellen und daher weiß man, dass sie in etwa 150 km Tiefe entstehen müssen, sie aber erst später durch explosive Vulkane an die Erdoberfläche befördert worden sind. Das alles hat uns auch geholfen, zu verstehen, dass die Erde in Schalen aufgebaut ist wie eine Zwiebel, und herauszufinden, dass es einen gigantischen Kreislauf der Gesteine zu geben scheint, bei dem Material von der Erdoberfläche fast 3000 km tief versenkt und nach Hunderten von Millionen Jahren wieder dorthin zurücktransportiert werden kann. Die im Körper der Erde stattfindenden Prozesse fassen die 10▶ Geologen unter dem Begriff Endogene Dynamik zusammen.

Die Prozesse an der Erdoberfläche werden durch die Sonne und die von ihr abgestrahlte Energie gesteuert. Dazu gehören die Verwitterung der Gesteine, die Bildung von Böden, der Kreislauf des Wassers und sämtliches Geschehen, das die Entstehung und Umlagerung von Sedimenten bestimmt; all das wird als Exogene, d.h. äußere Dynamik bezeichnet. Dabei laufen Prozesse ab, die wir inzwischen auch quantitativ verfolgen können.

Die Sonnenenergie ist nicht ungefährlich, wie jeder weiß, der einmal einen rechten Sonnenbrand bekommen hat. Ihre Strahlung, vor allem das ultraviolette Licht, bewirkt nicht nur unser aller Leben, sondern kann es in manchen Fällen auch behindern, verändern oder zerstören. Um die Sonne kreisen Planeten, die man ihrer Bewegungen wegen – im Unterschied zu den festen Sternbildern – Wandelsterne nennt; einer davon ist die Erde, und von ihr will ich erzählen. Man kann sie z. B. mit dem Planeten Mars oder der Venus vergleichen. Mars erscheint am Himmel oft als eher dunkler, rötlich gefärbter und die Venus als ziemlich heller Stern. Der Unterschied wird auch durch die Temperaturen auf diesen Sternen mitbestimmt: Auf der Venus ist es viel heißer und auf dem Mars viel kälter als auf der Erde; das hat mit der Entfernung dieser Planeten von der Sonne zu tun. Die Erde nimmt hierbei eine mittlere Stellung ein, weshalb es bei uns nicht zu kalt und nicht zu heiß ist. Aus diesem Grund ist die Erde wahrscheinlich auch der einzige Planet, auf dem sich Leben entwickeln konnte – und das hat schon vor sehr langer Zeit begonnen; auch davon will ich erzählen.

Zuerst müssen wir aber fragen, wie die Planeten überhaupt entstehen konnten, die ähnlich großen Kugeln die Sonne umkreisen. Von der Erde wissen wir, dass sie aus Gesteinen besteht, und vom Mond und vom Mars gilt das ähnlich; wir wissen das, seitdem Menschen und Roboter da oben gelandet sind. Deren Gesteine sind schon erkaltet wie die der Erdoberfläche, auf der Venus ist es aber so heiß, dass man dort vielleicht sogar noch oberflächennahe heiße Gesteinsschmelzen erwarten könnte.

Der große deutsche Philosoph Immanuel Kant hat sich schon vor über 200 Jahren Gedanken gemacht, wie die Planeten entstanden sein könnten. Er dachte an eine flache Scheibe aus Staub, die wie ein Diskus geformt war und die Sonne umkreiste. Solche Kreisbewegungen sind im Weltall überall zu beobachten, wie auch die Spiralnebel zeigen. Diese Staubscheibe wurde durch die schnellen Drehbewegungen dann allmählich in einzelne Ringe aufgespalten, wie man das am Planeten Saturn sehen kann; beim Saturn bestehen sie aber wesentlich aus Gas. Solche Staubringe bekamen allmählich dichtere und weniger dichte Teile, weil dieser Staub zu-

▶ **Geophysiker**
sind Forscher, die sich mit den natürlichen physikalischen Erscheinungen der Erde – auch im erdnahen interplanetaren Raum – befassen.

▶ **Geologen**
sind Forscher, die sich mit der Entstehung und Entwicklung der Erde befassen.

sammengeballt wurde, bis sich schließlich einzelne dicke Knoten daraus bildeten, deren Materie die Anfangsstadien der Planeten darstellen könnten.

Es begann also mit kaltem Staub, wie er Anfang Januar 2006 mit der Raumsonde Stardust auf die Erde geholt wurde; man erwartet von den Untersuchungen, dass einiges davon noch aus der Anfangszeit unseres Planetensystems stammt. Wo sich der Staub zusammengeballt hatte, kam auch immer neuer Staub dazu, und so wurden kleinere Körper allmählich größer: Sie fraßen viel von der anfangs wahrscheinlich ziemlich gleichmäßig verteilten Materie der Staubscheibe und wurden so zu größeren Körpern, die man heute als Planetesimale bezeichnet. Große Körper ziehen kleinere an und so kam es, dass sich die Materie bis auf kleinere Reste (die heute noch im sog. Asteroidengürtel herumirren) in den einzelnen Planeten zusammenballen konnte. Noch immer fallen kleinere Brocken und tonnenweise auch Staubteilchen auf die Erde: Das kann man bei den Sternschnuppen sogar direkt sehen, obwohl deren Material meistens schon in der Erdatmosphäre verglüht (deshalb leuchten sie). Größere Brocken fallen als Meteoriten und können dann beträchtliche Zerstörungen bewirken, mit verheerenden Wirkungen für das Leben auf der Erde, wie man das auch für das Aussterben der Dinosaurier diskutiert.

Wenn man den Mond mit einem Fernglas betrachtet, sieht man die Mondkrater besonders deutlich. Früher hatte man dabei an Vulkankrater gedacht, inzwischen weiß man aber, dass die meisten von Meteoriten-Einschlägen stammen. Auf der Erde, die in ihrer Frühzeit auch einem entsprechenden Bombardement ausgesetzt gewesen sein muss, hat man bisher aber nur ganz wenige solcher Krater gefunden. Das liegt wahrscheinlich daran, dass sie hier durch die Verwitterung zerstört worden sind, die schon Milliarden Jahre lang wirksam war. Die Mondkrater sind nach den vorliegenden Altersbestimmungen meist vor etwa 3800 Millionen Jahren entstanden, aber dem Mond fehlt das Wasser und deshalb gab es dort keine der irdischen vergleichbare Verwitterung.

Auch andere solche pockennarbigen Himmelskörper wie der Mond zeigen, dass es in einer Frühzeit der Planetenbildung ein ganz erhebliches Bombardement durch Meteoriten gegeben haben muss. Dabei ist deren Masse überwiegend den Planeten hinzugefügt worden, bis der Bereich, in dem Meteoriten hauptsächlich vorkommen, nämlich

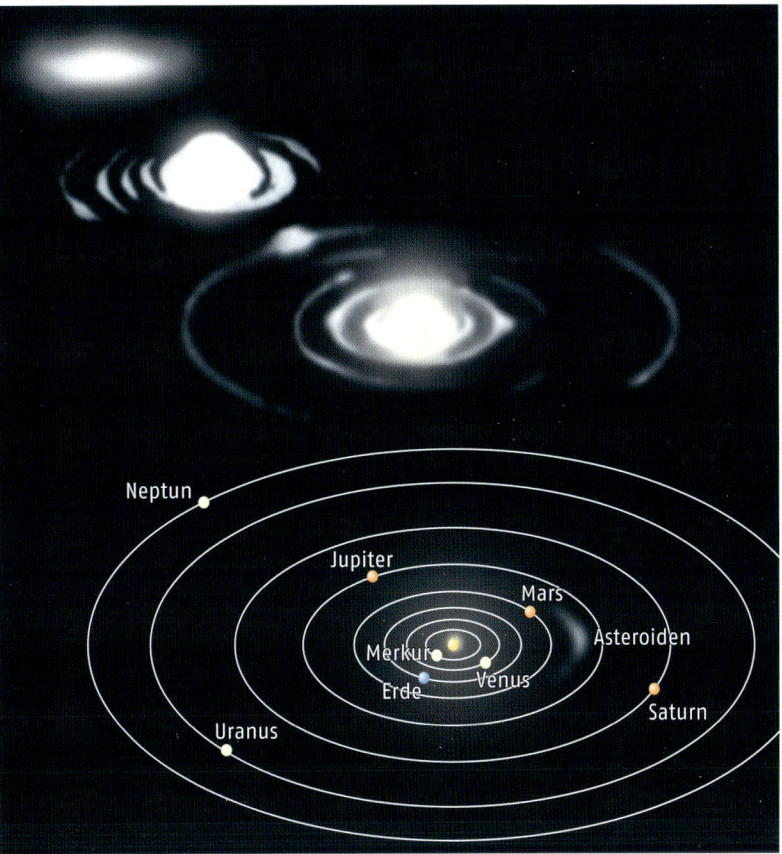

**1.2** Die Entstehung der Planeten nach der Vorstellung von Kant und Laplace.

dem erwähnten Asteroidengürtel, fast leergefegt war; deshalb fallen heute nur noch wenige solcher großen Brocken auf die Planeten.

Am Anfang war die Materie aus verdichtetem Staub praktisch kalt. So steht man vor der Frage, wie die heißen Temperaturen zustande kommen, bei denen Gesteine schmelzen. Von Vulkanen wissen wir, dass die Lava manchmal über 1000 °C heiß sein kann. Man hat früher einmal spekuliert, dass die Wärme durch den Zerfall radioaktiver Substanzen zustande kommt, inzwischen weiß man aber aus Berechnungen zur Energiebilanz, dass solche Prozesse nicht ausgereicht haben konnten, um die riesigen Gesteinsmassen in der Tiefe aufzuschmelzen. Im Kernbereich der Erde ist es nämlich noch viel heißer; man hat mit Experimenten wahrscheinlich machen können, dass dort etwa 4000 °C herrschen; bei solchen Temperaturen schmelzen – unter dem gewaltigen Druck – selbst die meisten Gesteine. Diese Schmelzen bewegen sich im äußeren Erd-

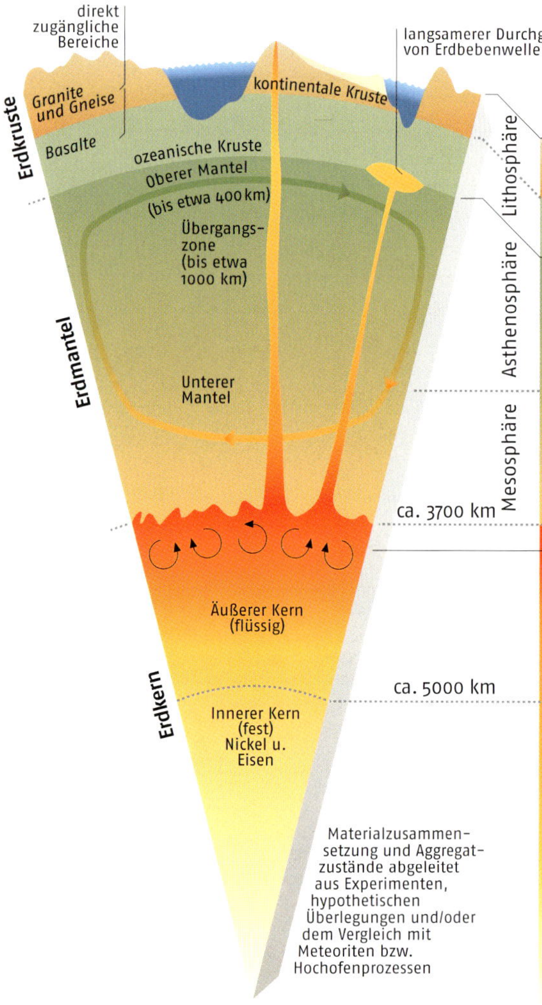

# 1 Entstehung und frühe Entwicklung der Erde

| | Geophysikalische Grenzen | Temperatur °C | Druck kbar | Dichte g/cm³ | Geschwindigkeit von p-Wellen km/s | Meteoriten-vergleich | Aggregat-zustand | Hochofen-vergleich |
|---|---|---|---|---|---|---|---|---|
| Kruste | Conrad-Diskontinuität ~ 20 km | | 2,7 | 5,9 – 6,5 | | Tektite | fest | Schlacke Silikate leicht |
| | | | 3,0 | 6,5 – 7,5 | | | | |
| Mantel | Mohorovičić-Diskontinuität „Moho" <10 bis >60 km | 1200 | 3,3 | >8 | | | (partielle Schmelzen) | |
| | | 1500 | | | | | | |
| | weitere, weniger scharf ausgeprägte Diskontinuitäten | | | | 10 – 11 | Stein-meteo-rite | fest | Sulfide und Oxide des Eisens |
| | | 1000 | | | | | | |
| | Wiechert-Oldham-Gutenberg-Diskontinuität ca. 2900 km | 3700 | 6,7 | | 12 – 14 | | | |
| Kern | | 2000 | | | 8 | | | |
| | | | | | 9 – 10 | | flüssig | |
| | | 3000 | | | 10 – 10,5 | | | |
| | | 4600 | | | 9 – 9,5 | | | |
| | | | | | 11 – 13 | Eisen-meteo-rite | fest | gediegen Eisen |
| | | 3600 | | | 11 | | | |

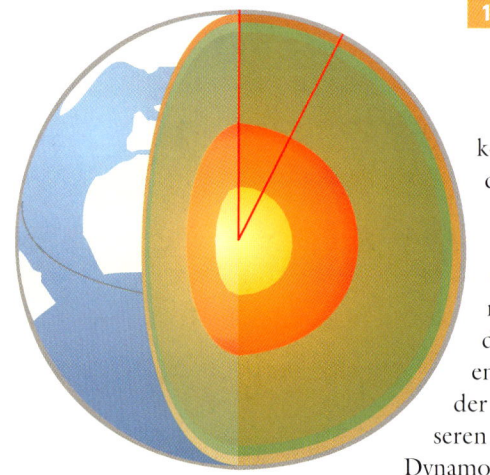

**1.3 Das Schalenmodell der Erde.** Quelle: Verändert nach Rothe 2002

kern, in 2900 km Tiefe und darunter, und zwar infolge der Wärme wahrscheinlich sogar ziemlich turbulent und wahrscheinlich auch relativ dünnflüssig. Durch die Rotation der Schmelzen entsteht auch das Magnetfeld der Erde, sodass man sich unseren Planeten als einen riesigen Dynamo vorstellen muss.

Es bleibt also immer noch die Frage, wie diese hohen Temperaturen entstehen konnten.

Die Antwort geben uns die Physiker: Die enorme Bewegungsenergie der auftreffenden Brocken wurde in Wärme umgewandelt. Wenn die Brocken in dichter Folge fielen, konnte nur wenig von der beim Aufprall entwickelten Hitze in den Weltraum zurückstrahlen, die Hitze wurde sozusagen unter den ständig neu ankommenden Brocken „begraben". So begann das angehäufte Material allmählich zu schmelzen. Als die Temperatur ausreichend war, Eisen zu schmelzen, begannen Tröpfchen davon zum Erdmittelpunkt abzusinken. Die Folge war ein gigantischer Schwerkraftprozess, dessen Energie wiederum in Wärme umgewandelt wurde; das ist so ähnlich wie bei einem Wasserfall, mit dem man Turbinen zur Gewinnung von elektrischer Energie antreiben kann: ein „Wasserfall" von geschmolzenem Eisen in Richtung Erdmittelpunkt, der dazu geführt hat, dass dort auch heute noch das meiste Eisen konzentriert ist.

Durch die Aufschmelzung und die damit verbundene Stoffsortierung (die schweren Stoffe sanken Richtung Erdmittelpunkt ab, die leichteren stiegen dagegen zur Oberfläche auf) wurde der anfangs stofflich einheitlich zusammengesetzte Erdkörper allmählich in unterschiedliche Schalen gegliedert, die man als Erdkruste, Erdmantel und Erdkern bezeichnet.

Im Erdkern sind Eisen und auch das schwere Metall Nickel angereichert worden. Man weiß das natürlich nur indirekt, weil man, wie schon gesagt, so tief nicht bohren kann: Bis zum Mittelpunkt der Erde sind es etwa 6370 km – das sind 6 370 000 m! Die indirekten Hinweise geben uns Meteoriten; bestimmte Meteorite, die als Eisenmeteorite bezeichnet werden, sind nämlich aus Verbindungen von Eisen und Nickel zusammengesetzt und man vermutet, dass sie von zerborstenen Himmelskörpern stammen, die einen erdähnlichen Aufbau hatten. Eine andere Art von Meteoriten, die Steinmeteorite, besteht aus Gesteinen, die denen des Erdmantels ähnlich sind. Eine dritte Art von Meteoriten ist aus leichterem Material gemacht, das dem der Erdkruste ähnlich ist. So hat man in diesen Brocken aus dem Weltall Vergleichsmaterial, wie es auch in den unterschiedlichen Schalen des Planeten Erde vorkommt. Man kann das mit einem Hochofen vergleichen, in dem sich das geschmolzene Eisen unten anreichert (wo es dann beim Abstich ausfließt) und wo die leichte 97 ▶ Schlacke oben schwimmt.

Solange der gesamte Erdball aus geschmolzenem Material bestand, gab es noch keine Erdkruste; die entstand erst, als er allmählich abkühlte. An der Oberfläche bildeten sich erste Inseln aus festem Gestein, in dem die Minerale mit den höchsten Schmelzpunkten zu Gesteinen zusammengefügt wurden; damals entstanden so die ersten Basalte, die man deshalb als „Urgesteine" bezeichnen kann. Zugleich wurden diese „schwimmenden" Gesteinsinseln auch durch die bald einsetzende Verwitterung teilweise schon wieder zerstört, und die Verwitterungsprodukte gerieten an deren Rand wieder in die Schmelze, die dadurch in ihrer stofflichen Zusammensetzung allmählich verändert wurde. Die Inseln setzten außen und unten immer neue Krusten an und wurden allmählich größer und dicker, bis irgendwann kleine Kontinente daraus entstanden. Weil die Schmelze im Untergrund anfangs noch heftig brodelte, bewegten sich diese Mikrokontinente wesentlich schneller als unsere großen Kontinente bzw. Platten heute – eine ähnlich turbulente Plattentektonik ist gegenwärtig vielleicht noch auf der viel heißeren Venus aktiv. Bei den Bewegungen prallten dann auch manchmal solche Mikrokontinente zusammen und wurden miteinander verschweißt; so wurden aus den kleineren Einheiten größere und dadurch entstanden allmählich die ersten richtigen Kontinente. Diese konnten aber auch wieder zerbrechen und zu neuen Einheiten zusammenwachsen, wie sie es während der gesamten Erdgeschichte getan haben (vgl. Kap. 3).

Nach dieser ersten Diskussion über die festen Stoffe müssen wir nun auch einigen anderen Materialfragen nachgehen, z. B. der, woher das Wasser auf der Erde stammt und wie sich die Atmosphäre entwickelt hat, in der es auch schon in einem frühen Stadium Sauerstoff gegeben haben muss. Beide Stoffe sind nämlich notwendig für die Entstehung und Erhaltung von Leben und ohne Leben könnten wir auch die Fossilien nicht erklären.

Wasser hauchen z. B. die Vulkane aus und auch die vulkanischen Gesteine enthalten immer eine kleine Menge Wasser. Weil die Gesteinsschmelzen ihren Ursprung im Erdmantel haben, könnte es also daher stammen. Jemand hat berechnet, dass das Wasser, das die Vulkane der frühen Erdgeschichte als Dampf ausgestoßen hätten, ausreichen würde, um die Ozeane zu füllen. Es könnte ursprünglich aber auch von der Oberfläche her erst in den Erdmantel gelangt und später durch den Vulkanismus wieder zur Oberfläche zurückgekehrt sein. Deshalb sucht man noch nach einem anderen Ursprung: Das Wasser könnte nämlich auch von außen auf die Erde gekommen sein. Diese Annahme versucht man damit zu begründen, dass viele Kometen aus Eis und Gesteinsstaub zusammengesetzt sind; jemand hat sie deshalb einmal als „schmutzige Schneebälle" bezeichnet. Kometen sind heute zwar selten, das könnte in der Frühzeit aber anders gewesen sein und außerdem haben wir ja sehr viel Zeit zur Verfügung, weil die Entwicklung der Erde Tausende von Millionen Jahren angedauert hat. Solche schmutzigen Schneebälle werden sicherlich einen Teil ihres Wassers beim Aufprall wieder verloren haben, weil es, besonders in der heißen Anfangsphase, gleich wieder verdampfte – aber im Lauf der langen Zeit könnte doch genügend davon auf der Erdoberfläche zurückgeblieben

# 1 Entstehung und frühe Entwicklung der Erde

## Steine, die vom Himmel fallen: Was uns Meteoriten über den Aufbau der Erde sagen

Vor allem im August und im November kann man, bei klarem Himmel, ein paar Tage lang Sternschnuppen sehen, in manchen Jahren ein richtiges kleines Feuerwerk. Sternschnuppen sind Steinchen und Staubteilchen, die beim Eintauchen in die Erdatmosphäre verglühen.

Nur größere Brocken gelangen bis auf die Erde und ganz selten sind sie sogar so groß, dass bei ihrem Aufschlag große Krater entstehen, die Vulkankratern ähnlich sehen. Erst durch genauere Forschungen hat man bei manchen beweisen können, dass sie tatsächlich durch einen Absturz außerirdischer Körper entstanden sind, wie z. B. das Nördlinger Ries oder das Steinheimer Becken auf der Schwäbischen Alb.

Meistens bleibt von diesen Körpern nichts mehr übrig, weil ihr Material durch die enorme Hitze beim Aufprall verdampft ist. Die kleineren Brocken, die ein paar Pfund oder auch mehrere Zentner schwer sind, bleiben aber erhalten und liefern uns damit wichtiges Material über die Stoffe, die auch am Aufbau der Erde beteiligt sind. Besonders auffallend sind die Brocken, die aus Eisen bestehen. In der Fußgängerzone der Stadt Windhœk in Namibia sind solche Eisenbrocken aufgestellt, die vor 600 Millionen Jahren vom Himmel gefallen waren. Sie sehen regelrecht verrostet aus.

Der große deutsche Mineraloge Paul Ramdohr hatte mal einen solchen Riesenbrocken auf einem Schrottplatz in Australien entdeckt, wo er bis dahin niemandem besonders aufgefallen war. Diesen hat man dann mit einem Flugzeug der Bundeswehr nach Deutschland geholt und in Heidelberg aufgesägt, um daran Analysen zu machen. Es ist ein sog. Eisen-Meteorit, weil er überwiegend aus metallischem Eisen besteht. Außerdem enthält er sehr viel Nickel und ein hoher Nickelgehalt ist praktisch immer kennzeichnend für solche Eisen-Meteorite. In Windhœk kann man auch sehen, dass die Brocken tiefe Narben auf ihrer Oberfläche haben. Das kommt davon, dass sie beim Eintritt in die Erdatmosphäre angeschmolzen wurden.

Es gibt aber noch andere Arten von Meteoriten: einmal solche, die aus dunklem Gesteinsmaterial bestehen, und wieder relativ kleine, die aus Glas bestehen.

**1.4** Eisen-Meteorite in der Fußgängerzone von Windhœk. Foto: Dr. Siegfried Behrendt, aus Rothe 2002

Die Stein-Meteoriten sind in ihrem Material manchen irdischen Gesteinen so ähnlich, dass sie gar nicht besonders auffallen. Die Glas-Meteoriten dagegen sind auffälliger, weil sie auch solche Narben haben, die vom angeschmolzenen Glas stammen.

Diese vom Himmel gefallenen Steine können also aus dreierlei unterschiedlichem Material bestehen: schwerem Eisen, relativ schwerem Gestein oder leichtem Glas; das schwere Gestein entspricht in seiner Zusammensetzung etwa dem irdischen Gabbro (vgl. Kap. 4). Wenn man daran denkt, dass außer den großen Planeten auch noch kleinere Himmelskörper (Asteroiden) im Weltraum herumschwirren, die dieses Material geliefert haben, dann muss man fragen, womit man deren unterschiedliche Dichte erklären kann. Sie scheinen sich nach der Schwerkraft angeordnet zu haben, was aber nur möglich ist, solange sie noch flüssig sind. Man müsste sich also Himmelskörper vorstellen, die aufeinandergeprallt und dabei in viele Einzelteile zerbrochen sind. Manche könnten ähnlich aufgebaut gewesen sein wie die Erde: im Inneren teilweise flüssiges Eisen, darüber schwere Gesteine und ganz oben leichte.

Diese Idee hat zu Gedanken über den Schalenbau der Erde geführt, denn selbst aus sehr tiefen Bergwerken (etwa 3000 m) können wir nichts Geeignetes erfahren und die ganz tiefen Bohrungen haben bisher auch nur 14 km erreicht. Bis zum Mittelpunkt der Erde sind es aber über 6000 Kilometer! Wir benötigen also noch andere Hilfsmittel. Eines davon ist die Analyse von Erdbebenwellen: Sie laufen mit unterschiedlichen Geschwindigkeiten durch den Erdkörper, am schnellsten da, wo das Gestein am schwersten, d. h. dichtesten ist, und bestimmte Wellen können flüssiges Material nicht durchdringen (vgl. Kap. 3). Daraus leiten wir ab, dass Teilbereiche des Inneren der Erde, nämlich ihr äußerer Kern, flüssig sein müssen, denn sie verhalten sich bestimmten Erdbebenwellen gegenüber wie Flüssigkeiten. Darüber folgen schwere Gesteine und ganz oben leichte, sodass man ganz grob drei Bereiche unterscheiden kann, die wir Erdkern, Erdmantel und Erdkruste nennen (Abb. 1.3). Nun ist es ziemlich wahrscheinlich, dass die erwähnten unterschiedlichen Meteoriten diesen drei Bereichen entsprechen, und damit hätten wir auch Vergleichsmaterial für die ganz tiefen Bereiche der Erde, das wir anfassen und analysieren können. Wir können dessen Dichte und die Zusammensetzung damit vergleichen und auf die irdischen Verhältnisse übertragen, womit gleichzeitig das Verhalten der Erdbebenwellen erklärt werden kann. Die Astronomen sagen uns, dass die Erde eine Gesamtdichte von etwa $5,5\,g/cm^3$ hat. Wenn man das mit der Dichte der meisten Gesteine der Erdkruste vergleicht, die uns zugänglich sind, und die bei etwa $2,6-2,8\,g/cm^3$ liegt, dann müssen also im Erdinneren weitaus schwerere Gesteine vorhanden sein, um dieses Defizit auszugleichen.

Solange die Hitze im Erdinneren anhält, ist sie auch der Motor für die Bewegungen, die sich an der Oberfläche abspielen: Sie bewirkt den Vulkanismus, steuert die Erdbeben und verursacht die Bildung von Gebirgen; davon wird im Kapitel über die Plattentektonik noch genauer die Rede sein. Zusammenfassend nennt man alle diese Prozesse endogene, also innere Dynamik, die im Gegensatz zu der durch die Sonne gesteuerten exogenen Dynamik also die Wärme aus der Frühzeit der Erde als Ursache hat, wozu noch die durch radioaktiven Zerfall entstehende Wärme kommt.

**1.5** Tektit. Ein aus Glas bestehender Meteorit mit Schmelzspuren auf der Oberfläche. Thailand.
Foto: Verfasser

**Exkursionshinweise Meteoriten:**

*Rieskratermuseum* in Nördlingen (www.rieskrater.de)
*Meteorkratermuseum* in Steinheim am Albuch (www.steinheimer-becken.de)

# 1 Entstehung und frühe Entwicklung der Erde

sein, das sich dann in den Ozeanen gesammelt hat. Wenn man nur die Oberfläche betrachtet, besteht die Erde heute zu zwei Dritteln aus Wasser. Das kommt uns viel vor. Wenn man aber daran denkt, dass die Ozeane im Mittel nur etwa 3000 m tief sind, so ist das im Vergleich mit der Gesamterde fast nichts: 3 km von 6370 km! Es sind also eigentlich nur große Pfützen, in denen wir baden gehen oder Fische fangen, obwohl uns die Wassermassen gelegentlich ziemlich bedrohlich werden können, bei Sturm an der Küste oder wenn eine Tsunami die niedrig gelegenen Länder verwüstet.

Nun kommen wir zu einer spannenden Frage: Das Meerwasser schmeckt salzig und im Meer leben Pflanzen (Algen) und Tiere, die an diese Verhältnisse angepasst sind. Wir werden bei der Besprechung der Fossilien lernen, dass das seit mindestens 600 Millionen Jahren schon so ähnlich gewesen sein muss. Meerwasser aber können wir nicht trinken – ohne Trinkwasser kann man bei einer Bootsfahrt über den Ozean verdursten. Trinkwasser nennen wir aber Süßwasser, weil es kein Salz enthält. Unsere Badeseen enthalten im Grunde fast alle trinkbares Wasser, wenn es nicht durch andere Substanzen verunreinigt ist. Regenwasser und Schnee sind auch „süß". Warum also ist Meerwasser salzig? Man kann einen Eimer davon an der Sonne verdunsten lassen; wenn alles Wasser verdunstet ist, bleibt am Boden eine salzige Kruste zurück, die überwiegend aus Kochsalz besteht, das chemisch Natriumchlorid ist, eine Verbindung also aus Natrium und Chlor. Natrium ist in Mineralen und den daraus aufgebauten Gesteinen ein sehr häufiges Element (Kap. 4) und Chlor ist ein Gas, das neben anderen Gasen auch die Vulkane aushauchen. Man braucht also das Natrium nur aus den Gesteinen freizusetzen, was bei der Verwitterung geschieht, und es mit dem Chlor der Vulkane zu verbinden, um Kochsalz (oder Steinsalz, wie die Geologen sagen) zu erhalten. In unserem Eimer sind nach dem Verdunsten des Meerwassers aber noch andere Substanzen zurückgeblieben; im Vergleich mit dem Kochsalz ist ihre Menge allerdings relativ klein. In der Natur spielt sich die Eindunstung von Meerwasser in manchen Gegenden aber in größeren Mengen ab, und man kann dort diese anderen Substanzen auch besser erkennen; dazu gehören Kalk oder Gips und außerdem eine Vielzahl anderer Salze, die die Elemente Kalium und Kalzium enthalten, wie wir sie später bei der Besprechung der Gesteine kennenlernen werden. Das Salz im Meer stammt also teilweise aus der Verwitterung der Gesteine und kann primär im Zusammenhang mit vulkanischer Tätigkeit entstehen, die auf der frühen Erde wesentlich heftiger war als heute. Es gibt eine begründete Annahme, dass die ganz frühen Ozeane vielleicht noch gar nicht salzig gewesen sind, sondern dass sich der Salzgehalt durch die oben besprochenen Prozesse erst allmählich eingestellt hat. Diese Hypothese wird allerdings jetzt auch schon wieder in Frage gestellt.

Nach den festen und den flüssigen Bestandteilen der frühen Erde müssen wir uns nun noch den gasförmigen zuwenden: Die Rede ist jetzt von der Atmosphäre, und die Frage ist, ob sie auch schon immer so zusammengesetzt war wie die heutige, die ja den zum Atmen wichtigen Sauerstoff enthält. Eine sauerstoffhaltige Atmosphäre hat aber nicht nur Vorteile: Eisen verrostet – nicht nur das von Nägeln, Schrauben oder Autos, sondern auch das Eisen, das in den Gesteinen vorkommt. Da spielt natürlich das Wasser eine entscheidende Rolle, weil es mitbestimmt, welche Verbindung das Eisen mit dem Sauerstoff eingeht. Mit Wasser zusammen entsteht Eisenhydroxid, und das ist braun gefärbt. Wenn das Wasser fehlt, entsteht ein Eisenoxid, das rot gefärbt ist; wir sehen, dass dem letzteren Wort die Silbe „hydro-" fehlt, die im Griechischen „Wasser" meint. Diese kleinen chemischen Spitzfindigkeiten sind für vielerlei geologische Sachverhalte von Bedeutung, man kann daraus auch Hinweise für die Entwicklung unserer Atmosphäre ableiten.

Rote Sandsteine z. B. sind deshalb rot, weil ihre grauen bis weißen Quarzkörner, aus denen sie hauptsächlich bestehen, ganz dünne Hüllen aus dem roten Eisenmineral Hämatit haben, einem wasserfreien Eisenoxid ($Fe_2O_3$). In solchen Sandsteinen ist also außer Eisen an den Oberflächen der Körner auch Sauerstoff gespeichert. In der Frühzeit der Erde gab es, erstmals vor etwa 3500 Millionen Jahren, große Mengen solcher Rotsandsteine, die ihren Sauerstoff aus der damaligen Atmosphäre bezogen haben müssen. In der Zeit davor gab es solche Gesteine noch nicht. Man vermutet deshalb, dass sie sich erst bilden konnten, als die Atmosphäre schon Sauerstoff enthielt, und dass dieser frühe Sauerstoff zunächst einmal in den Gesteinen gespeichert wurde, ehe er Bestandteil der Atmosphäre werden konnte.

Man kann Sauerstoff freisetzen, wenn man Wasser, $H_2O$, in seine Bestandteile zerlegt. Das funktioniert allerdings nur, wenn man viel Energie zuführt, was in der Natur z. B. durch Blitze geschehen kann; dabei entsteht der sog. freie Sauerstoff, der sich auch zu Ozon gruppieren kann, das die Formel $O_3$ hat. Ozon hat einen charakteristischen Geruch, den man auch von der elektrischen Höhensonne kennt. Auch starke UV-Strahlung, wie sie die Sonne abgibt, kann das Wasser in der Atmosphäre aufspalten. Gewitter und Sonnenstrahlung waren auf der frühen Erde wahrscheinlich besonders intensiv, und dadurch könnten durchaus schon kleinere Mengen an Sauerstoff gebildet worden sein. Das entstehende Ozon hatte auch eine Schutzfunktion, die die Erde vor allzu intensiver UV-Strahlung bewahrte. Heute machen wir uns ja wieder Sorgen, dass diese Ozonhülle ganz zerstört werden könnte, wir reden in diesem Zusammenhang vom „Ozonloch".

Größere Mengen an Sauerstoff aber liefern eigentlich nur die Pflanzen, deshalb vermutet man auch, dass die lebensfreundliche Atmosphäre erst entstand, als die Pflanzen Sauerstoff zu produzieren begannen.

In der Frühzeit der Erde waren das einfache Algen und Bakterien, die nur deshalb fossil erhalten geblieben sind, weil sie gleichzeitig Kalk gebildet hatten. Damals waren erstmals riesige Mengen Kalk entstanden, die noch heute als mächtige Gesteinsstapel erhalten sind, und der von den Organismen gebildete Sauerstoff gelangte auch in die frühe Atmosphäre. Er wurde aber zunächst einmal für die Verwitterung verbraucht und in die Eisenverbindungen der roten Sandsteine eingebaut. Erst in der Zeit danach konnte sich Sauerstoff allmählich auch in der Atmosphäre ansammeln. Bis es zu der uns heute bekannten Konzentration kam, hat es allerdings noch einige Zeit gedauert. Wenn wir uns vorstellen, dass auch die Masse der Pflanzen erst langsam zugenommen hat und dass ihre Produktion im Verlauf der Erdgeschichte beträchtlichen Schwankungen unterworfen war, dann wird verständlich, dass sich auch die Atmosphäre in ihrer Zusammensetzung immer wieder verändert haben muss. Die Forscher haben herausgefunden, dass sich der Sauerstoffgehalt etwa parallel mit der Zunahme der Landpflanzen auf der Erde entwickelt hat und dass er erst vor etwa 200 Millionen Jahren den heutigen Stand erreichte.

Ein weiteres wesentliches Gas in der Erdatmosphäre ist das Kohlendioxid ($CO_2$), das uns heute in Presseberichten im Zusammenhang mit dem Treibhaus-Effekt begegnet. Journalisten, die nicht viel von Geologie verstehen, sagen, dass die Erhöhung der $CO_2$-Menge mit dem Verbrennen von Kohle und Erdöl bzw. mit dem Autofahren zu tun hat und dass wir dadurch dessen Gehalt in der Atmosphäre ständig erhöhen; deshalb würde es auch immer wärmer auf der Erde. Man muss dabei aber bedenken, dass es noch weit mehr Quellen gibt, aus denen das $CO_2$ in die Atmosphäre gelangt. Ganz wesentlich daran beteiligt sind die Vulkane, die ja nicht nur Lava und andere Festbestandteile ausspucken, sondern auch Gase; das meiste davon ist Wasserdampf und $CO_2$. Bei der Besprechung, wie die ganz frühe Erde mit ihren Ozeanen aus Magma beschaffen war, hatten wir schon festgestellt, dass der Vulkanismus am Anfang wesentlich intensiver war als heute. Die Erde muss damals regelrecht entgast sein und folglich war auch die frühe Atmosphäre im Wesentlichen eine $CO_2$-Atmosphäre, mit einem enormen Treibhaus-Effekt und entsprechend hohen Temperaturen, wie sie heute auf der Venus herrschen. Das $CO_2$ wurde aber später teilweise von den Pflanzen aufgenommen, die es bei der Photosynthese benutzen, um organische Substanzen herzustellen.

Ein drittes wichtiges Gas, das zu unserer Atmosphäre beiträgt, ist der Stickstoff, und Stickstoff kennen wir unter anderem auch als Förderprodukt von Vulkanen.

Wenn man die Entwicklung der Erdatmosphäre durch die lange geologische Geschichte verfolgt, dann zeigt sich, dass vor allem Sauerstoff und Kohlendioxid immer erheblichen Schwankungen unterworfen waren; unsere Atmosphäre hat sich also ständig verändert, zum Glück aber niemals so stark, dass das Leben dadurch bedroht wurde.

Wir können also festhalten, dass wir auf einem Planeten leben, der durch besonders günstige Bedingungen ziemlich einmalig zu sein scheint. Er hat gerade die richtige Entfernung zur Sonne und kann deshalb auch eine Wasserhülle und eine Atmosphäre halten, und er hat eine angenehme Durchschnittstemperatur von etwa 15 °C. Wäre die Erde näher an der Sonne, so wäre alles Wasser längst verdampft – und ohne Wasser gäbe es kein Leben. Es gibt aber Leben ohne Sauerstoff, und davon wird im Folgenden berichtet, wenn von der Entstehung des Lebens die Rede ist.

# 1 Entstehung und frühe Entwicklung der Erde
## Wie ist das Leben entstanden?

### Wie ist das Leben entstanden?

▶ **Paläontologen**
sind Forscher, die sich mit der Entstehung und Entwicklung von Lebewesen der Vorzeit befassen.

▶ **Doppelhelix**
ist die Struktur, mit der man anschaulich den Aufbau der DNS beschreibt.

▶ **Reduzierende Verhältnisse**
bedeuten, dass es in den Ablagerungen keinen Sauerstoff gibt.

Diese Frage ist die schwierigste, die man einem ▶ Paläontologen überhaupt stellen kann. Statt eine Antwort darauf zu geben, könnte der sagen, dass ihn das nichts anginge; darüber sollten sich die Biologen ihre Gedanken machen, er habe schließlich mit den Fossilien, die ja schon das Vorhandensein von früherem Leben belegten, gerade genug zu tun. Wenn man die Zeit von heute aus bis zum Anfang der Erde zurückverfolgt und in immer älteren Schichten nach Fossilien sucht, wird man irgendwann gar keine mehr finden. Auf diesem Weg zurück kann man feststellen, dass sich die Fossilien in unterschiedlich alten Schichten voneinander unterscheiden: Ihre Baupläne haben sich im Lauf der Zeit verändert, wovon im Kapitel über die Fossilien noch ausführlich berichtet wird.

Hier geht es zunächst einmal um den Anfang, um die ersten Hinweise auf Leben überhaupt, und es geht um dessen Entstehung. Wir wissen noch nicht einmal, ob es auf der Erde selbst begonnen hat, denn man hat schon vor über 100 Jahren organische Substanzen in Meteoriten gefunden und inzwischen auch Aminosäuren im Weltraum entdeckt, die wesentliche Bausteine für Eiweiß sind. Erst vor kurzem hat man wieder deutliche Hinweise auf Biomoleküle im Weltraum gefunden. Zu deren Entstehung hat man auch Experimente gemacht, darunter eines, bei dem aus ganz einfachen Stoffen unter bestimmten Bedingungen schon recht komplizierte organische Substanzen entstanden sind; es stammt von einem US-amerikanischen Studenten, Stanley Miller, der elektrische Entladungen auf ein Gasgemisch aus Ammoniak, Methan und Wasserstoff einwirken ließ, auf ein Gasgemisch mit Wasser also, das auch noch unter ▶ reduzierenden Verhältnissen stand, wie es für die frühe Erde angenommen werden muss (es gab ja damals noch keinen Sauerstoff).

Die elektrischen Entladungen sollten Blitze nachahmen, denn Gewitter gab es auch damals schon. Tatsächlich waren bei diesem Experiment sogar Aminosäuren entstanden und seitdem spricht man bei einem solchen wässerigen Gemisch mit organischen Substanzen von der „Ursuppe". Dabei waren zwar Bausteine für Leben entstanden, aber noch kein Leben an sich, das ja imstande sein muss, sich selbst zu vervielfältigen. Leben setzt in bestimmter Weise geordnete Stoffsysteme voraus, die durch Vererbung auf andere, nämlich jüngere, übertragen werden. Das ist eine Art Kopier-Prozess und so etwas kennt man auch aus dem anorganischen Bereich der Kristalle: Diese wachsen, indem sie z. B. aus Lösungen kristallisieren wie das Kochsalz, in dem Natrium- und Chlor-Atome immer zu einem identischen Kristallgitter zusammengefügt werden. Man kann ein Bruchstück eines solchen Kristalls wieder einer entsprechenden Lösung aussetzen und daraus wächst dann ein neuer, vollständiger Kristall. Dieses Prinzip der Selbstorganisation von Materie kann man nun auch auf kompliziertere organische Stoffe übertragen. Vielleicht haben also die organischen Substanzen, die zum Leben geführt haben, von den anorganischen Organisationsprinzipien gelernt.

Der Kopiervorgang von Leben ist vor über 50 Jahren schon von den berühmten Forschern Crick und Orgel in einem eleganten Modell beschrieben worden, in dem bestimmte Bauteile in Form einer ▶ „Doppelhelix" angeordnet sind. Halten wir fest, dass sich alles Leben auf diese Weise kopieren lässt.

Ein Freund von mir hat den Aufsatz von Crick und Orgel in seiner Papierform viele Male kopiert und an seine Studenten verteilt. In der Kopie von der Kopie von der Kopie hatten sich allmählich minimale Veränderungen gezeigt, die Buchstaben waren nicht in allen Fällen mehr gut lesbar. Damit wollte er zeigen, dass sich auch in den Substanzen, die für das Leben notwendig sind, allmählich Veränderungen einstellen, wenn man sie nur oft genug kopiert (vererbt). So wandeln sich die Formen und wenn man, wie in der Erdgeschichte, Hunderte von Millionen Jahren zur Verfügung hat, dann ist es eigentlich verwunderlich, dass manche Organismen ihre Form bis heute kaum verändert haben; das sind allerdings eher Ausnahmen, denn die meisten haben sich ganz wesentlich gewandelt. Zum Glück für die ▶ Geologen, die mit den unterschiedlichen Formen ihre Schichten datieren können (vgl. Kap. 2).

Damit sind wir aber in unserer Frage nach der Entstehung des Lebens noch immer nicht viel weiter gekommen.

Wieder können uns dabei aber Experimente helfen und neuere Beobachtungen an heißen Quellen in der Tiefsee, wo man inzwischen ganz besonders primitive Bakterien entdeckt hat, die bei den dort herrschenden sehr hohen Temperaturen sogar ohne Sauerstoff leben können. Solche Verhältnisse sind auch für die Frühzeit der Erde anzunehmen. Aber selbst diese einfachen Organismen sind schon recht kompliziert aufgebaute Lebewesen. Man hat nach ihrer Entdeckung ein entsprechendes Milieu im Labor hergestellt und dabei herausgefunden, dass sich selbst aus sehr einfachen Substanzen, zu denen Schwefel und Eisen gehören (die zusammen das Mineral Pyrit aufbauen, das wir auch als sog. Katzengold kennen), zusammen mit Wasserstoff und $CO_2$ organische Substanzen bilden können, die sofort an der Oberfläche der entstehenden Pyritkristalle angeheftet werden. Pyrit dient dabei als Katalysator, d.h., er ist stofflich am Aufbau der komplizierteren Substanzen selbst nicht beteiligt. Die anfangs sehr einfachen Stoffe können sich dort zu immer komplexeren Substanzen weiterentwickeln, zu denen auch Fette gehören, die Bläschen bilden; wenn diese sich von ihrer Unterlage ablösten und im freien Wasser herumschwammen, dann waren das möglicherweise die ersten selbstständigen Zellen. Die Zusammenballung solcher einzelnen Fettbläschen zu Kolonien entspricht einem Modell für die Entwicklung mehrzelliger Organismen, in denen sich dann auch eine Arbeitsteilung zwischen den Einzelzellen entwickeln konnte.

Zu den wichtigen chemischen Substanzen des Lebens gehören auch Phosphor und Stickstoff (den Blitze aus der Atmosphäre freisetzen oder die Vulkane liefern). Phosphor wird benötigt, um den Energiespeicherstoff in den Zellen aufzubauen, und ist ein Bestandteil von Apatit, einem im Basalt vorkommenden Mineral (vgl. Kap. 4).

Die Spur zum Anfang des Lebens kann also an gegenwärtig in der Natur stattfindenden Prozessen studiert werden und es ist sicherlich kein Zufall, dass gerade an den heißen Quellen am Meeresboden auch heute noch die primitivsten Lebewesen existieren.

Zu diesen gehören die Bakterien-ähnlichen Archaea, die man nach näherer Untersuchung heute einem selbstständigen Reich zuordnet, das neben den eigentlichen Bakterien und den höher entwickelten Organismen mit Zellkern existiert. Sie können unter extremen Bedingungen leben, ohne Sauerstoff und bei Temperaturen weit oberhalb von kochendem Wasser; diese Eigenschaften machen sie auch zu geeigneten Kandidaten für die Besiedlung der noch primitiven Urerde.

**1.6** Tonmineralblättchen mit unterschiedlichen elektrischen Ladungen auf der Fläche und an den Kanten.
Quelle: Verändert nach Rothe 2002

Man hat auch überlegt, ob nicht Tonminerale bei der Entwicklung des Lebens eine Rolle gespielt haben könnten. Wir werden sie bei der Besprechung der Minerale noch vorstellen und dabei sehen, dass diese besonderen Minerale eher Blättchen als normale Kristalle sind, die an den Kanten und

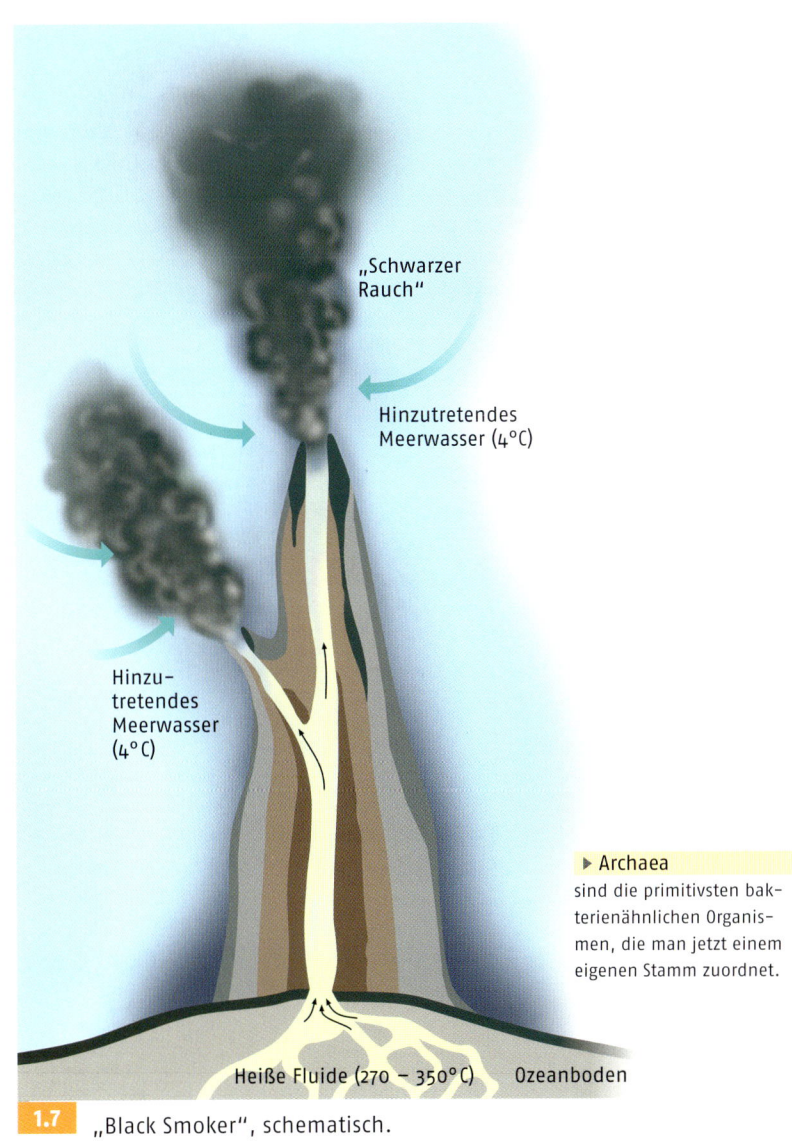

**1.7** „Black Smoker", schematisch.

▶ **Archaea**
sind die primitivsten bakterienähnlichen Organismen, die man jetzt einem eigenen Stamm zuordnet.

# 1 Entstehung und frühe Entwicklung der Erde
## Wie ist das Leben entstanden?

Heißwasserquelle im Yellowstone-Nationalpark, USA. Foto: Dipl.-Ing. Heinz Leib

auf den Flächen unterschiedliche elektrische Ladungen haben; insofern ähneln sie eher Membranen als Kristallen.

Bei ihrer Bildung können sie wahrscheinlich kleine Baufehler in ihren Strukturen auf die weiter wachsenden Membranen übertragen, d. h. „vererben", und damit bilden sie praktisch anorganische Vervielfältigungssysteme. Es besteht zusätzlich die Möglichkeit, auf den elektrisch geladenen Oberflächen solcher Tonminerale einfache organische Moleküle anzubinden und dadurch Ton-organische Komplexverbindungen herzustellen. Solche Prozesse könnten in den flachen Meeren der noch jungen Erde, also vor einigen Milliarden Jahren, stattgefunden haben und damit wird auch vorstellbar, dass die an den heißen Quellen entstandenen organischen Stoffe hier erstmals in solche Vervielfältigungssysteme eingebaut wurden.

Die zunächst chemisch gebildeten organischen Substanzen mussten sich aber zu besser wirksamen Systemen weiterentwickeln; dazu brauchten sie 21 ▶ Pigmente, von denen das Chlorophyll, der grüne Pflanzenfarbstoff, das bedeutendste ist. Mit Hilfe von Chlorophyll machen schon die primitivsten Pflanzen aus ganz einfachen Ausgangsstoffen wie $CO_2$ und Wasser organische Substanzen, z. B. Zucker. Das hatten, wie erwähnt, auch schon Bakterien fertiggebracht, die im 30 ▶ Präkambrium Kalk aus dem Meerwasser abgeschieden hatten, wobei gleichzeitig noch Sauerstoff für die frühe Atmosphäre freigesetzt wurde.

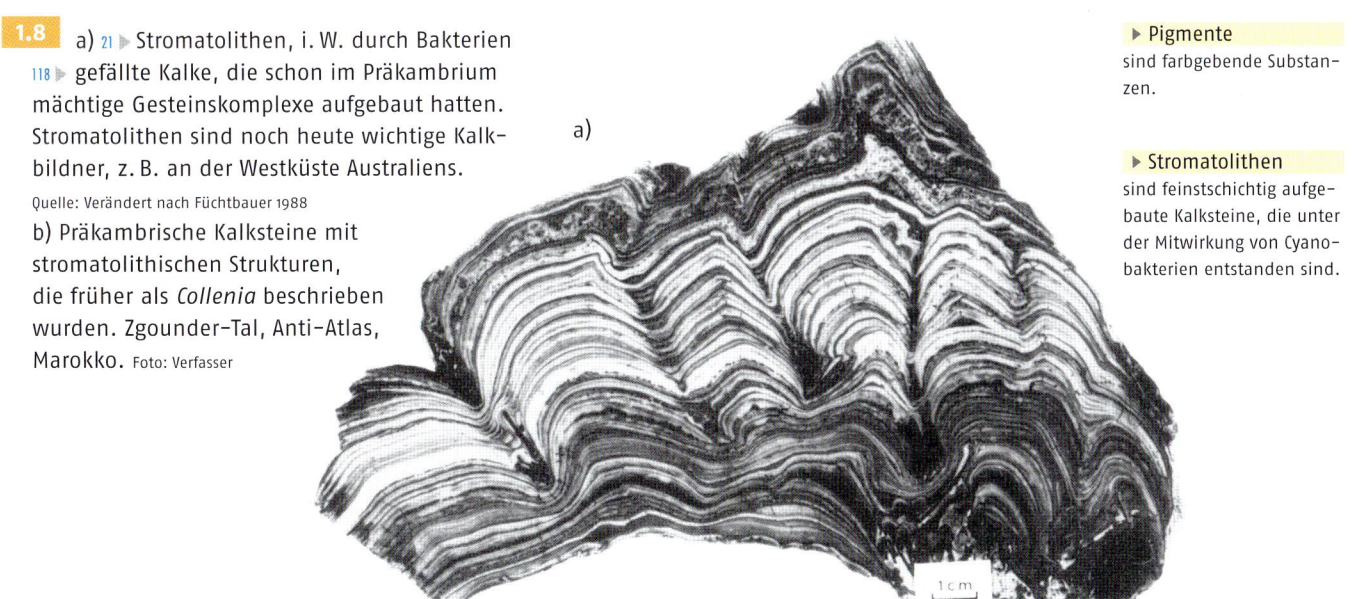

**1.8** a) 21 ▶ Stromatolithen, i. W. durch Bakterien 118 ▶ gefällte Kalke, die schon im Präkambrium mächtige Gesteinskomplexe aufgebaut hatten. Stromatolithen sind noch heute wichtige Kalkbildner, z. B. an der Westküste Australiens.
Quelle: Verändert nach Füchtbauer 1988

b) Präkambrische Kalksteine mit stromatolithischen Strukturen, die früher als *Collenia* beschrieben wurden. Zgounder-Tal, Anti-Atlas, Marokko. Foto: Verfasser

▶ **Pigmente** sind farbgebende Substanzen.

▶ **Stromatolithen** sind feinstschichtig aufgebaute Kalksteine, die unter der Mitwirkung von Cyanobakterien entstanden sind.

# 1 Entstehung und frühe Entwicklung der Erde
## Wie ist das Leben entstanden?

Vieles, das wir uns für solche Zusammenhänge ausdenken, ist immer noch Spekulation, aber die ist auch wichtig, um neue Experimente zu erfinden. Es verdichten sich jedenfalls die Hinweise darauf, dass das Leben auf der Erde schon sehr früh, wahrscheinlich seit es Wasser in flüssigem Zustand gegeben hat, begonnen hat. Das Problem für die Forschung ist aber, dass die ganz frühen Gesteine durch viele nachfolgende 44▶ Metamorphosen so umgebildet wurden, dass man den eigentlichen Ursprung allenfalls noch mit chemischen Methoden rekonstruieren kann. Schon der berühmte schottische Geologe James Hutton hatte am Ende des 18. Jahrhunderts bedauernd feststellen müssen, dass wir keine Zeugen des Anfangs mehr finden können.

### Literaturempfehlungen:

Berner, U. & Streif, H. (Hrsg.): Klimafakten – Der Rückblick – ein Schlüssel für die Zukunft. BGR, GGA, NLFB, Vertrieb E. Schweizerbart'sche Verlagsbuchh., Stuttgart 2004 (4. Aufl.)

Geyh, M.: Handbuch der physikalischen und chemischen Altersbestimmung. Wissenschaftl. Buchgesellsch., Darmstadt 2005, 211 S.

Hauschke, N. & Wilde, V. (Hrsg.): Trias – Eine ganz andere Welt – Mitteleuropa im frühen Erdmittelalter. Verlag Dr. Friedrich Pfeil, München 1999, 647 S.

Koenigswald, W. v.: Lebendige Eiszeit. Klima und Tierwelt im Wandel. Wissenschaftl. Buchgesellsch., Darmstadt 2002, 190 S.

Probst, E.: Deutschland in der Urzeit. Von der Entstehung des Lebens bis zum Ende der Eiszeit. Orbis Verlag, München 1999, 479 S.

Rothe, P.: Erdgeschichte – Spurensuche im Gestein. Wissenschaftl. Buchgesellsch., Darmstadt 2000, 240 S.

Stanley, S. M.: Krisen der Evolution. Artensterben in der Erdgeschichte. Spektrum-der-Wiss.-Verlagsgesellschaft 1989, 246 S.

Stanley, S. M.: Historische Geologie. Spektrum Verlag, Heidelberg, Berlin, Oxford 1994, 632 S.

# 2 Eine kleine Geschichte der Erde

**2.1** Überkippte Schichtfolge aus Kalksteinen und Mergeln von 60 ▶ Jura und 66 ▶ Kreide am Harznordrand bei Harlingerode.
Quelle: Rothe 2000

## Geologische Schichten – das Übereinander und die Zeit

In vielen Landschaften und in Steinbrüchen kann man beobachten, dass die Gesteine in Form von Schichten übereinandergestapelt sind. Die Schichtung kommt meist durch einen Materialwechsel zustande: Sandsteine oder Kalksteine wechseln sich mit Tonsteinen ab oder graue Gesteine lagern über roten. Um diesen Wechsel richtig zu beschreiben, braucht man zunächst zwei Begriffe, die aus dem Wortschatz der Bergleute kommen. Als diese früher noch mit der Spitzhacke erzführende Schichten abgebaut haben, nannten sie die Gesteinsschichten unter dem Erz (auf denen das Erz lag) das „Liegende" und die über dem Erz das „Hangende"; die über ihnen hängenden Gesteine, von dem der Begriff kommt, waren ja auch bedrohlich. Wenn man annimmt, dass die Schichten noch so übereinanderliegen, wie sie einmal abgelagert wurden, dann ist das Liegende also immer älter als das Hangende. In Gebirgen kann durch die Faltung und andere tektonische Vorgänge die ursprüngliche Schichtenfolge aber auch gestört sein und dort liegen dann unter Umständen ältere Schichten über jüngeren. Um das herauszukriegen, braucht man also Hinweise auf das Alter der Schichten und solche Hinweise geben uns vor allem die Fossilien, die man manchmal darin findet. Bei deren genauer Beschreibung (vgl. Kap. 5) werden wir lernen, dass es manche Fossilgruppen nur im Erdaltertum gegeben hat, andere nur im Erdmittelalter und wieder andere hatten sich erst in der Erdneuzeit entwickelt.

## 2 Eine kleine Geschichte der Erde
Geologische Schichten – das Übereinander und die Zeit

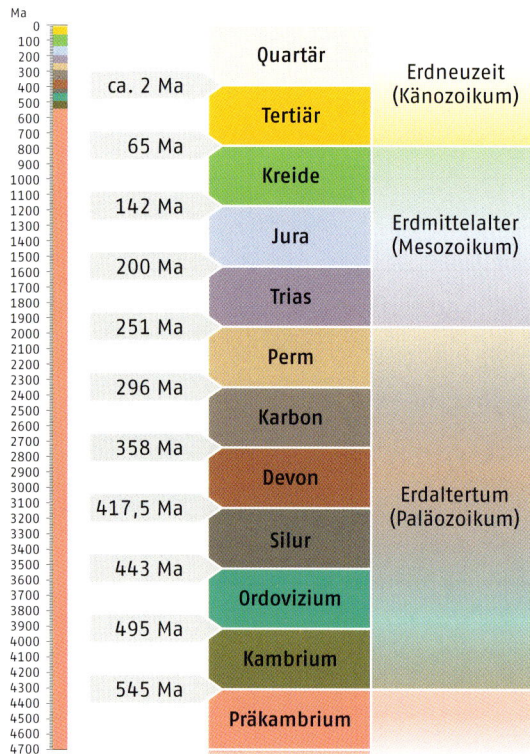

**Tab. 2.1** Tabelle der wichtigsten erdgeschichtlichen Zeitabschnitte (Ma = Millionen Jahre). Auf dem beiliegenden Poster „Erdgeschichte auf einen Blick" sind die Zeitabschnitte ausführlicher dargestellt.

Die Zuordnung von Fossilien zu den Schichten hat vor allem im 19. Jahrhundert zu einem geologischen Zeitsystem geführt, mit dem sich die Forscher mittlerweile weltweit verständigen und das noch heute immer weiter verfeinert wird (Tab. 2.1). Dabei sind Begriffe entstanden, die man erstmal lernen muss, und sie sind, weil sie nacheinander und von verschiedenen Forschern an verschiedenen Orten der Erde definiert wurden, leider nicht so logisch wie eine Folge von Zahlen oder Buchstaben (die man aber zusätzlich verwendet hat, um die Gliederung später noch zu verfeinern). Manche sind nach typischen oder vorherrschenden Gesteinen benannt wie z. B. die 66 ▶ Kreide nach einem besonders weichen Kalkstein oder das 45 ▶ Karbon, das man auch das Steinkohlenzeitalter nennt (nach lat. carbo = Kohle), obwohl längst nicht alle Schichten des Karbons aus Steinkohlen bestehen. In der Tabelle stehen aber auch kompliziertere Begriffe: 35 ▶ Kambrium heißt nach der römischen Provinz Cambria, die etwa dem heutigen Wales entspricht,

36 ▶ Ordovizium und 38 ▶ Silur nach keltischen Volksstämmen, die in dieser Gegend gelebt hatten, und das 40 ▶ Devon nach der englischen Grafschaft Devonshire.

Damit sind schon fast alle Systeme erwähnt, die man zum Erdaltertum zusammenfasst, es fehlt nur das jüngste, das 49 ▶ Perm, und das heißt so nach einem alten Königreich am Uralgebirge. Damit wird sofort deutlich, dass die meisten Systeme in bestimmten Landschaften definiert wurden, entweder weil sie von dort erstmals beschrieben wurden oder weil sie dort besonders typisch ausgebildet sind.

Das darauf folgende Erdmittelalter beginnt mit der 54 ▶ Trias. Trias heißt Dreiheit und meint eine Folge von Einheiten, die bei uns Buntsandstein, Muschelkalk und Keuper heißen; diese Namen sind wieder wesentlich durch Gesteine gekennzeichnet: Der Buntsandstein ist meistens rot gefärbt, kann aber auch weißliche oder gelbliche Lagen enthalten, und nicht alles ist Sandstein, sondern es gibt auch viel Tonstein darin und manchmal sogar Kalk. Beim Muschelkalk kommt der Name zwar von den Fossilien, aber nicht alle Fossilien im Muschelkalk sind Muscheln, sondern es gibt darin auch besondere 60 ▶ Ammoniten (Ceratiten, vgl. Kap. 5), 154 ▶ Brachiopoden, Seelilien und eine ganze Reihe anderer Tiere, sogar Fische. Und bei den Gesteinen gibt es außer Kalk auch Ton und Sandstein und sogar Salz. Keuper meint oft sehr bunte, vielfach rote und grüne Gesteine, vor allem Tone, es gibt darin aber auch eine Vielzahl von Sandsteinen, außerdem Salz und Gips. Über die Bildungsbedingungen der einzelnen Trias-Schichten werde ich im Folgenden noch mehr erzählen.

Auf die Trias folgt der 60 ▶ Jura; wenn die Schichten beider Systeme direkt übereinanderliegen, sagt man, dass der Jura das Hangende der Trias bildet. Der Jura ist nach dem Juragebirge benannt, das vom Schweizer Jura bis zur Fränkischen Alb reicht. Ähnlich wie die Trias kann man den Jura nach seinen Gesteinen im Wesentlichen in drei Teilsysteme gliedern, die nach ihren Gesteinsfarben Schwarzer, Brauner und Weißer Jura heißen; dabei überwiegen im Schwarzen Jura Tonsteine, im Braunen Jura Sandsteine und im Weißen Jura Kalksteine. Die Kreide, im Hangenden des Jura, heißt zwar so nach den leicht zerreibbaren Kalksteinen (mit denen man an die Tafel schreiben kann), es gibt aber auch in diesem System viele andere Gesteine, vor allem Sandsteine. Mit der Kreide endet das Erdmittelalter.

Die Erdneuzeit umfasst nur die beiden Systeme 68 ▶ Tertiär und 72 ▶ Quartär und mit dem Quartär sind wir auch schon in der Gegenwart angekommen. Ablagerungen des Quartärs sind meistens noch unverfestigt, wie wir an Flussschottern oder den eiszeitlichen Moränen erkennen können.

Was noch zu erwähnen bleibt, ist das 30 ▶ Präkambrium; das hätte ich eigentlich schon vor dem Kambrium nennen sollen, denn „prä-" bedeutet ja „vor". Präkambrium ist ein etwas hilfloser Begriff, der daher kommt, dass damals Fossilien noch ganz selten waren, denn das Leben hatte sich in dieser Frühzeit der Erde noch nicht genügend weit entwickelt, um geeignete Formen zu liefern. Aber das Präkambrium hat mit Abstand am längsten von allen erdgeschichtlichen Systemen gedauert, der Zeit nach etwa vier Fünftel; es reicht eigentlich bis in die Sternzeit der Erde zurück. Alle vorher erwähnten Schichtnamen bezeichnen Systeme mit einem bestimmten geologischen Alter, das sich aus den darin gefundenen Fossilien ergibt, und das gilt weltweit. Schichten des Devons enthalten z. B. die gleichen 143 ▶ Trilobiten in England, in Amerika, bei uns im Rheinischen Schiefergebirge oder in Marokko. Man nennt solche Fossilien 144 ▶ „Leitfossilien", weil sie die Forscher auf das richtige Alter der Gesteine hinweisen. Dazu müssen sie geeignet sein, sich während ihrer Lebenszeit möglichst über weite Entfernungen hinweg schnell zu verbreiten – und das geschieht vor allem dann, wenn ihr Lebensraum das Meer ist, wo sich z. B. Larven über alle Ozeane hinweg ausbreiten können; dazu genügt es, dass sie passiv von den Meeresströmungen transportiert werden. Leitfossilien sollten noch eine zweite Bedingung erfüllen, nämlich in möglichst kurzer Zeit ihre Baupläne im Sinne der Evolution zu verändern. An den geänderten Bauplänen kann man dann gut verfolgen, wie die Schichten vom Älteren zum Jüngeren hin immer wieder andere, „modernere" Fossilformen enthalten, sodass man schließlich nicht nur Devon, sondern dann auch Unter-, Mittel- und Oberdevon unterscheiden kann; die Gliederung geht heute aber noch viel weiter ins Detail.

### Millionen Jahre – das wesentliche Zeitmaß der Erdgeschichte

Außer Bezeichnungen wie Kambrium, Ordovizium, Silur usw. gibt es heute auch Zahlenangaben zum Alter geologischer Schichten und Gesteine; da ist dann immer gleich von Millionen Jahren die Rede. Wie man dazu gekommen ist, das ist eine lange und komplizierte Geschichte. In der Geschichtswissenschaft hat man schriftliche Dokumente, man weiß, welcher bedeutende Mensch wann und wie lange gelebt hat und wann welche Kriege stattgefunden haben. Solche Zahlen mussten wir in der Schule auswendig lernen. Ältere Urkunden sind schon schwerer zu entziffern, weil sich auch die Sprachen und die Schriftarten verändert haben; manche davon sind in Stein gehauen worden. Wo man keine schriftlichen Zeugnisse mehr hat, liefern uns Werkstücke etwa aus der Steinzeit oder der Bronzezeit Anhaltspunkte. Da ist es ganz ähnlich wie mit den Fossilien: Die feiner gearbeiteten Stücke sind jünger, sie zeigen auch eine Evolution in der Fertigkeit der Menschen, höher entwickelte Formen zu schaffen. Aber all das zusammen hat sich innerhalb von nur ein paar tausend Jahren abgespielt. Wenn man die steinzeitlichen Höhlenmalereien hinzunimmt, kommt man schließlich auf einige zehntausend Jahre. In der Geologie dagegen haben wir es gelegentlich mit Hunderten von Millionen Jahren zu tun und wenn wir an das Alter der Erde denken, sogar mit über 4 Milliarden. Wir müssen also der Frage nachgehen, wie man zu solchen Angaben kommt.

Die Alterszahlen der Geologie ergeben sich aus den sog. physikalischen Bestimmungsmethoden. Hier zeigt sich nämlich auch, dass die Geologie methodisch viele Anleihen bei ihren Nachbarwissenschaften machen muss. Die fossilen Pflanzen sind ohne die Botanik der heutigen Pflanzen nicht zu verstehen und die fossilen Tiere nicht ohne die Zoologie. Aus der Physik kennen wir Elemente bzw. Teile von Elementen, die nicht stabil sind, sondern im Laufe von meist langer Zeit in andere Bestandteile zerfallen. Das hat man zuerst am Uran erkannt, das unter Abgabe von radioaktiver Strahlung z. B. zu Blei und dem Edelgas Helium zerfällt. Bei diesen Zerfallsprozessen entstehen andere Elemente und deren Menge ist von der Zeit abhängig. Das macht man sich zunutze, indem man die Menge des ursprünglichen Elements im Verhältnis zur Menge seines Zerfallsprodukts bestimmt und das ergibt dann eine Zeitspanne, die seit der Entstehung des ursprünglichen Elements vergangen ist. Die Physiker haben so herausgefunden, dass das radioaktive Element Uran in einer Zeit von über einer Milliarde Jahren zur Hälfte in Blei zerfällt,

# 2 Eine kleine Geschichte der Erde
Geologische Schichten – das Übereinander und die Zeit

## Paläo-Geographie – die Rekonstruktion früherer Meere und Landschaften

▶ **Priele**
sind Rinnen im Wattenmeer, die durch Gezeitenströme verursacht werden.

Mit der Vorsilbe „Paläo-" werden wir vor allem zu tun haben, wenn es um die Paläontologie geht, also die fossil gewordenen Lebewesen (Kap. 5). Paläo-Geographie ist die Lehre von den Verhältnissen, die die Verteilung von Land und Meer in der erdgeschichtlichen Vergangenheit wieder lebendig werden lässt. Fossilien und Gesteine geben uns Hinweise darauf, dass sich diese auf unserem Planeten ständig verändert hatten, genauso wie das Klima langfristig immer einem ständigen Wechsel unterlag. Den Schlüssel für die Veränderungen gibt uns heute die moderne Wissenschaft von der Plattentektonik. Wir können damit beweisen, dass die heutigen Ozeane geologisch ziemlich jung sind, dass die Kontinente noch immer auf Wanderschaft sind (was sie in ganz unterschiedliche Klimazonen befördern kann) und dass die Landmassen früher anders verteilt und gelegentlich sogar zu Riesenkontinenten zusammengewachsen waren, die später wieder auseinandergebrochen sind und den dabei neu entstehenden Ozeanen Platz gemacht haben.

### Geologen führen Indizienbeweise als Detektive

Wie kommt man zu solchen Aussagen? 10 ▶ Geologen schauen sich an, wie Gesteine und Tiere etwa in den heutigen Wüstengebieten aussehen; durch Vergleiche mit den Gesteinen der erdgeschichtlichen Vergangenheit kommen sie so zu der Aussage, dass manche Erscheinungen z. B. der 49 ▶ Perm- oder der 54 ▶ Triaszeit – auch bei uns in Deutschland – mit den gegenwärtigen Verhältnissen in Wüstengebieten vergleichbar sind. Oder sie studieren die Verhältnisse im Wattenmeer, wo in 26 ▶ Prielen, die vom Ebbstrom in die Schlammflächen eingeschnitten werden, Sand und Muschelschalen von der herrschenden Strömung transportiert werden und wo Sandröhrenwürmer ihre Häufchen auftürmen. All das gibt es auch in versteinertem Zustand und so kann man feststellen, welche Gebiete z. B. im Rheinischen Schiefergebirge zur 40 ▶ Devonzeit früher in Nähe der Küste gelegen haben.

Mit technischen Mitteln erforschen die Geologen auch die heutige Tiefsee; das tun sie mit Forschungs- und Bohrschiffen und manchmal nehmen sie von Tauchbooten aus ihre Proben sogar direkt vom Meeresboden. Dabei holen sie Sedimente oder Basaltbrocken herauf und können diese dann mit den meist sehr alten Meeresgesteinen vergleichen, die sie in vielen Gebieten an der Erdoberfläche finden. Wenn man genügend Beobachtungen aus dem Gelände zusammengetragen hat, kann man auch Karten über die früheren geologischen Verhältnisse auf der Erde zeichnen. Eine wichtige Voraussetzung dafür ist allerdings, dass man das jeweilige Alter der Schichten kennt. In den gut 200 Jahren, die die Forscher mit solchen Vergleichsmethoden inzwischen „kartiert" haben, hat man nun recht gute Bilder der früheren Verhältnisse gewinnen können.

Großmaßstäbliche Dünenschichtung in Sandsteinen der Jurazeit, ein Hinweis auf extreme Trockenheit im damaligen Nordamerika. Chequerboard Mesa, Zion Nationalpark, Utah, USA.
Foto: Dipl.-Geogr. Jörg Eckert, aus Rothe 2002

## Tropenwälder verschwinden, Wüsten entstehen

Sie zeigen uns auch, wie sich die Klimagürtel mit der Zeit verschoben haben: Wo man heute Steinkohlen des 45 ▶ Karbonzeitalters mit ihren z.T. riesigen Baumresten findet, müssen einmal den heutigen tropischen und subtropischen Verhältnissen entsprechende Wälder gewachsen sein. Und wo man dicke Salzschichten antrifft, muss früher extrem trockenes Klima deren Entstehung aus eindunstendem Meerwasser gesteuert haben. Auch andere fossile Trockengebiete sind relativ gut zu rekonstruieren, wenn man in den betreffenden Gesteinen Dünenschichtung beobachten kann oder wenn in solchen Schichten besonders wenige Pflanzenfossilien zu finden sind. Kalke sind, wie wir noch sehen werden, besonders geeignet, warme und flache Meeresteile zu erkennen (vgl. Kap. 5). Das gilt vor allem für Riffe, die ähnlich wie die Kohlen- und Salz-„Gürtel" auch fossile Riff-Gürtel und damit warmes Flachwasser erkennen lassen, selbst wenn die riffbildenden Organismen zu verschiedenen Zeiten der Erdgeschichte unterschiedlichen Tiergruppen angehört hatten. Heute sind Korallen die bekanntesten Riffbildner, es hat aber schon im Devon, Karbon, 60 ▶ Jura und 68 ▶ Tertiär größere Korallenriffe gegeben. In anderen Epochen der Erdgeschichte waren dagegen oft eher Kalkalgen, Moostierchen, Schwämme oder besondere Muscheln die Riffbauer, im Devon z.B. die den Schwämmen nahestehenden 41 ▶ Stromatoporen (vgl. Kap. 5), oftmals aber wirken und wirkten mehrere Tiergruppen mit den wesentlichen Algen beim Riffbau zusammen.

## Zeugen von Eiszeiten

Auch Kaltzeiten haben gelegentlich ihre Spuren in der Landschaft hinterlassen: Moränen-Ablagerungen kennen wir nicht nur aus dem 72 ▶ Quartär (das ja für seine Eiszeiten bekannt ist), sondern auch aus dem 30 ▶ Präkambrium, 36 ▶ Ordovizium oder dem Permo-Karbon und für das Ordovizium haben wir gelernt, dass damals das Gebiet der heutigen Wüste Sahara von Eis bedeckt gewesen sein muss. Im Präkambrium hat es sogar mehrere Eiszeiten gegeben, wie man aus solchen Anzeichen erkennen kann, zu denen auch Steine gehören, deren Oberfläche streifenartige Kratzer haben; das kommt daher, dass sie im Gletschereis festgefroren waren, das über den felsigen Untergrund geschrammt ist. Zu den Moränen des Quartärs kommen noch die über die ganze Erde verbreiteten Löss-Ablagerungen der Kaltzeiten, die die damaligen Staub-Gürtel der Eiszeiten dokumentieren.

Das Tiefsee-Bohrschiff „Glomar Challenger", mit dem der Siegeszug der Plattentektonik begann.
Foto: Verfasser

Paläo-geographische Hinweise geben uns auch Böden: Im kalten Klima der polnahen Regionen entstehen andere Böden als in den Tropen, man muss aber viel davon verstehen, um diese Bildungen zu erkennen und richtig zu interpretieren. Ein gutes Beispiel sind die manchmal dezimeterdicken Tonschichten im Hohen Westerwald, die nur unter einem tropischen Klima entstanden sein können, das man sich heute, da „der Wind so kalt" weht (wie es im Lied „Oh, du schöner Westerwald" heißt), gar nicht mehr vorstellen kann. Heute sind das wichtige Rohstoffe, unter anderem für die Herstellung von Töpferwaren, und deshalb heißt eine Region dort „Kannebäckerland".

Auch die erwähnten Löss-Ablagerungen der Kaltzeiten sind immer wieder durch Bodenbildungen unterbrochen worden; man kann solche Böden als braun gefärbte Lagen im hellen Löss meist gut erkennen und sie sind Anzeiger für ein warmes Klima, bei dem der Löss zu fruchtbarem Lösslehm verwittert ist (vgl. Abb. 2.77). Damals war die Landschaft auch wieder von einer dichteren Pflanzengesellschaft besiedelt.

So hängen Klima und Vegetation immer zusammen und das Klima wird wesentlich von der Lage der Festländer, auf denen wir entsprechende Zeugnisse finden, in Bezug auf die Pole bestimmt. Im Kapitel über die Plattentektonik können wir lernen, dass sich das im Verlauf der Erdgeschichte oftmals geändert hat.

## 2 Eine kleine Geschichte der Erde
Geologische Schichten – das Übereinander und die Zeit

### Vom Kommen und Gehen der Meere

Wenn wir heute auf allen Kontinenten Fossilien von Tieren finden, deren Lebensraum das Meer gewesen ist, müssen wir daraus schließen, dass große Teile des Festlands früher vom Meer bedeckt waren. Meeresfossilien sind, wie wir noch genauer begründen werden, auch die besten 144 ▶ Leitfossilien für die Alterszuordnung von Schichten.

#### „Landunter" an der Küste

Dass das Meer Landgebiete überspülen kann, wissen am besten die Küstenbewohner. In Wurtensiedlungen der Nordsee, die die Archäologen erforschen, hat man mehr als fünf Siedlungsplätze übereinander gefunden, die Wurten sind also im Laufe vieler hundert Jahre immer wieder erhöht worden, um dem höher gestiegenen Wasser zu trotzen. Der Grund dafür war ein Anstieg der Sturmfluten, die im Mittelalter zunehmend auch höher gelegene Landgebiete erreicht hatten. Damals waren solche Fluten vereinzelt auch weit in das Hinterland der Nordseeküste vorgedrungen und seitdem versuchen die Menschen, sich durch den Bau von Deichen vor den Wassermassen zu schützen. Der Meeresspiegel steigt also, aber warum? Für die Nordsee ist die Antwort ziemlich einfach und sie lässt sich wahrscheinlich auch auf viele andere Zeiten innerhalb der Erdgeschichte übertragen.

Eine allgemeine Zunahme des Wassers können wir erst einmal ausschließen. Es geht vielmehr um die Verteilung von Wasser und Eis auf der Erde und die hängt letztlich mit dem Klima zusammen. In Kaltzeiten ist viel Wasser in Form von Eis an den Polen gebunden; wenn dieses während einer Warmzeit wieder abschmilzt, steigt auch der Meeresspiegel entsprechend an. Das Nordseegebiet war noch während der letzten Eiszeit vom Eis der skandinavischen Gletscher bedeckt, die ihre Moränen sogar weit nach Niedersachsen vorgeschoben hatten. Seit etwa 10 000 Jahren ist dieses Eis allmählich abgeschmolzen und das geht noch immer weiter so. Es ist also kein Wunder, dass der Meeresspiegel ansteigt, und für einen Geologen ist es auch ohne weiteres verständlich, dass man früher trockenen Fußes nach Helgoland laufen konnte.

#### Zu Fuß nach Helgoland

In der kältesten Phase der letzten Eiszeit, vor etwa 18 000 Jahren, lag der Wasserspiegel des Weltmeeres nämlich gut 120 m tiefer als heute und die Nordsee um Helgoland ist heute nur etwa 50 m tief. Damals war es Landtieren und auch den frühen Menschen ohne weiteres möglich, von Asien nach Nordamerika (Alaska) zu laufen, weil sich das flache Wasser im Gebiet der Beringsee in eine Landbrücke verwandelt hatte.

Solche Wechsel der Meeresspiegelstände hat es während der gesamten Erdgeschichte vielfach und in großen Ausmaßen gegeben. Geologen sagen „Transgression", wenn das Meer auf das Land übergreift, und „Regression", wenn es sich daraus wieder zurückzieht. Im Übereinander von Schichten kann man oft beobachten, dass die darin unten vorkommenden Meeresfossilien in den höher gelegenen Schichten von Brackwasserfossilien und ganz oben schließlich von Süßwasserfossilien abgelöst werden. Aus einem solchen Übereinander kann man also ableiten, dass sich das Meer aus diesem Gebiet zurückgezogen hatte; das Profil zeigt eine Regression an.

Ganz deutlich kann man das an Profilen des Karbons machen, die man wegen der Gewinnung von Steinkohlen in den Bergwerken besonders gut studiert hat. Damals hatte sich ein vielfacher Wechsel von Transgressionen und Regressionen in rascher Folge ereignet. Die Pflanzen, aus denen später die Kohle gebildet wurde, brauchten Süßwasserverhältnisse, die sie in den Küstensümpfen vorfanden. In den Sedimenten, in denen sie wurzeln, hat man folgerichtig auch Süßwassermuscheln gefunden, also einen weiteren Hinweis auf solche Bedingungen. Bei steigendem Meeresspiegel wurden aber die Küstengebiete überflutet, das eindringende Salzwasser ließ die Pflanzen absterben und deckte deren Lebensbereich mit Schlamm zu. Der weiter ansteigende Meeresspiegel erfasste schließlich auch das Hinterland dieser Küstensümpfe und in den entsprechenden Ablagerungen findet man nun Meeresfossilien. Irgendwann kehrte sich das dann wieder um, die Regression er-

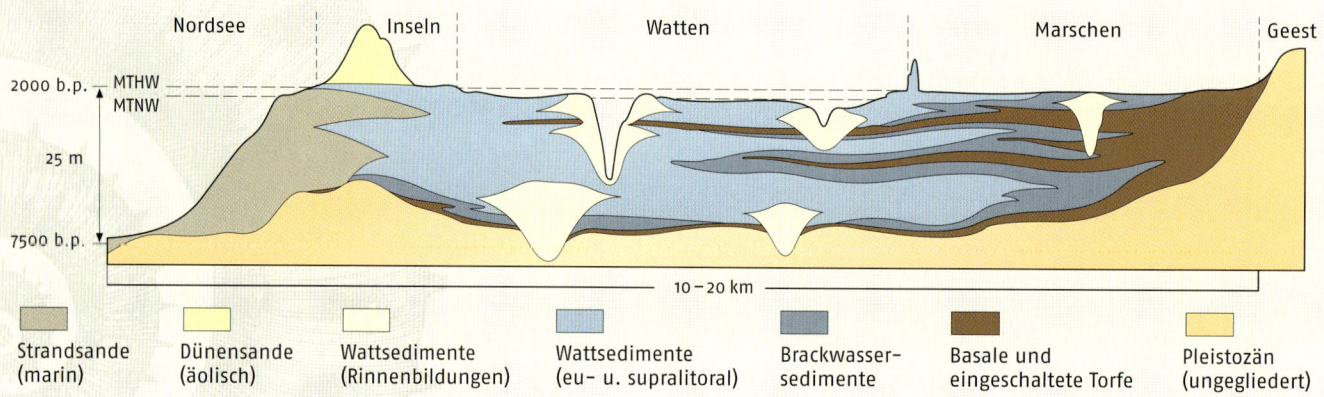

Aus dem Übereinander von Sand, Schlick und Torf lässt sich rekonstruieren, wie das Meer im Laufe der vergangenen 7500 Jahre angestiegen und mehrfach auf das Festland übergegriffen hatte. Streif 2001, aus Rothe 2006

Wattenmeer bei Dangast: Der Raum, der im täglichen Wechsel von Ebbe und Flut eine diffuse Grenzregion zwischen Land und Meer bildet. Foto: Luftbild Prof. Dr. Georg Irion, Senckenberg-Institut Wilhelmshaven

möglichte wieder das Wachstum von Landpflanzen, deren Substanz später zu einem neuen Kohleflöz umgebildet wurde.

### Eis steuert den Meeresspiegel

Man hat nun nach den Ursachen für diese ständigen Wechsel geforscht und herausgefunden, dass es, zeitgleich mit der Kohlebildung auf der Nordhalbkugel, auf der Südhalbkugel (wo der Superkontinent Gondwanaland eine große Landmasse bildete) eine Eiszeit gegeben hat. Dieses Eis musste in Warmphasen abgeschmolzen sein, was zu einer entsprechenden Erhöhung des Meeresspiegels und einer nachfolgenden Transgression über weite Festlandsgebiete der Erde geführt hatte. Ein vielfacher Wechsel von Kalt- und Warmphasen hatte so den Wechsel von Transgressionen und Regressionen auf der Nordhalbkugel gesteuert, den wir in den Steinkohleprofilen gespeichert sehen. Ganz ähnliche Beobachtungen kann man z. B. auch an den viel jüngeren Braunkohlen des Tertiärs machen, die bei uns unter anderem im Rheinland abgebaut werden; die Tertiärablagerungen spiegeln auch hier das Auf und Ab des Meeresspiegels und den Verlauf eines ständig wechselnden Klimas.

Was an den Kohleprofilen so deutlich erkennbar ist, hat die moderne Geologie inzwischen auch auf andere Abfolgen von Sedimenten übertragen können: Überall sind die Wechsel zwischen Hoch- und Tiefständen des Meeresspiegels in den Ablagerungen gespeichert, wenn man sie zu entziffern versteht, und eigentlich ist die Geschichte der Erde und ihrer Fossilien vor allem eine Geschichte von Transgressionen und Regressionen.

unabhängig davon, was sonst auf der Erde passiert. So etwas sind physikalische Konstanten, in diesem Falle nennt man das die „Halbwertszeit". Halbwertszeiten sind je nach Element unterschiedlich lang und deshalb muss man nach geeigneten Elementen in den Mineralen der Gesteine suchen, um sehr alte oder ältere oder jüngere Gesteine zu datieren. Bei den Zerfallsprozessen entstehen auch Edelgase wie Helium oder Argon, deren Menge dann ebenfalls von der vergangenen Zeit abhängig ist. Aber Gase sind leicht beweglich und können deshalb aus den Mineralen entweichen, in denen sie wie in Käfigen gefangen sind. Wenn Minerale verwittern oder erwärmt werden (z.B. weil sie bei einer Gebirgsbildung tief in die Erdkruste versenkt werden), dann findet man darin viel weniger Edelgas, als ihrem Alter entsprechend vorhanden sein müsste; dadurch wird „die Uhr zurückgestellt" und das mit solchen Methoden datierte Gestein erscheint viel jünger als es eigentlich ist.

Man muss also vieles bedenken, wenn man Gesteinsalter als Ergebnis solcher Analysen richtig einschätzen will. In den vergangenen hundert Jahren, in denen man diese Techniken ständig verfeinert hat, haben die Forscher das heute aber ganz gut im Griff. Und damit können wir die erdgeschichtlichen Systeme nun auch mit entsprechenden Alterszahlen einigermaßen genau voneinander abgrenzen, wie das Tab. 2.1 zeigt. Dabei sind nicht alle Zeiten so genau datiert worden wie gerade die Grenze zwischen Erdmittelalter und Erdneuzeit, d.h. die zwischen Kreide und Tertiär. Der Hauptgrund dafür ist wahrscheinlich die Tatsache, dass damals die Dinosaurier ausgestorben waren, vor 65 Millionen Jahren, und das wollte man ziemlich genau wissen.

## 2 Eine kleine Geschichte der Erde
Erdgeschichtliche Zeitabschnitte – viele Namen mit unterschiedlichem Ursprung

# Erdgeschichtliche Zeitabschnitte – viele Namen mit unterschiedlichem Ursprung

▶ **Vulkanite**
sind durch Vulkanismus entstandene Gesteine wie Laven, Tuffe und Gänge.

▶ **Itabirit**
ist schichtiges Eisenerz, das es in dieser Ausbildung nur im Präkambrium gegeben hat.

▶ **Metamorphite**
sind durch Umwandlung unter hohem Druck und/ oder hoher Hitze entstandene „umgewandelte" Gesteine.

▶ **Präkambrium**
ist die Zeit vor dem Kambrium, die etwa $^4/_5$ der gesamten Erdgeschichte ausmacht (bis vor 545 Millionen Jahren).

Wer Gebirge, Steinbrüche oder andere Plätze auf der Erde mit einigen Vorkenntnissen besucht oder sonst Orte kennt, wo Gesteine gut zu sehen sind, dem wird, wenn er viel davon gesehen hat, bald deutlich werden, dass es fast alle Arten von Gesteinen mehr oder weniger überall gibt. Deren Alter aber erschließt sich nicht auf den ersten Blick. Man muss in den Sedimentgesteinen nach Fossilien suchen oder einfach den Spezialisten vertrauen, die physikalisch das Alter von Graniten oder Basalten ermittelt haben. Viel davon ist in die geologischen Karten übertragen worden, an denen man sich orientieren kann. Manchmal kann man aber schon aus dem Übereinander von Schichten erkennen, was älter ist und was jünger. Wenn keine Gebirgsbildung stattgefunden hat, sind die obersten Schichten immer auch die jüngsten, während durch eine Gebirgsbildung diese logische Ordnung so gestört sein kann, dass ältere über jüngere Gesteine gestapelt sind. Gelegentlich kann man auch sehen, dass ein Gang aus vulkanischem Gestein oder ein ganzer Vulkanschlot eine Schichtenfolge durchbrochen hat, weil ein Riss darin ihm den Weg vorgegeben hatte: diese 30 ▶ Vulkanite sind dann natürlich immer jünger als die von ihnen durchbrochenen Schichten. Manchmal überlagern auch horizontale Schichten solche, die durch eine Gebirgsbildung zuvor schräggestellt wurden.

Alles das kann zu Aussagen über die geologische Entwicklung beitragen und daraus lässt sich eine relative zeitliche Abfolge von Ereignissen ableiten. Grundsätzlich gilt, dass zu allen Zeiten innerhalb der Erdgeschichte auch alle Arten von Gesteinen entstehen konnten; eine Ausnahme bilden nur die im frühen 30 ▶ Präkambrium entstandenen Eisenerze, die aus Eisenerz und Kieselsäure im Wechsel aufgebaute Gesteine sind, was zu einer schönen rotweißen Farbbänderung geführt hat. In dieser frühen Epoche ist auch noch kaum Salz entstanden.

Diese besonderen Eisenerze sind wichtige Rohstoffe, die in Kanada, Brasilien, Australien und anderswo abgebaut werden, wo große Mengen präkambrischer Gesteine vorkommen. Ihre Entstehung ist mit den besonderen Bedingungen auf der frühen Erde zu erklären, als das Ozeanwasser möglicherweise noch eine andere chemische Zusammensetzung hatte als später. Sonst aber können wir feststellen, dass Granite, Basalte, Sand-, Kalk- und Tonsteine und selbst die 30 ▶ *Metamorphite* immer schon gebildet wurden und noch immer entstehen.

Ein Granit kann, wenn er als Schmelze in andere Gesteine eindringt, diese durch die Hitze verändern, und daran kann man erkennen, dass er jünger sein muss als sein Nebengestein; das ist auch ein Argument gegen die schon von Goethe geäußerte Auffassung, dass Granit das älteste aller Gesteine, das Urgestein sei.

So haben wir neben Fossilien und den raffinierten physikalischen Methoden eine ganze Reihe von Möglichkeiten, mit denen wir den Gang der Erdgeschichte verfolgen können. Das möchte ich im Folgenden tun, um die Ereignisse in eine gewisse Reihenfolge zu bringen, die mit dem 30 ▶ Präkambrium beginnt und in der Gegenwart endet. Dabei

**2.2** 30 ▶ Itabirit. Gebändertes Kieseleisenerz, die roten Lagen bestehen aus Eisenmineralen, die weißen i. W. aus Quarz. Foto: H. L. James, aus Rothe 2000

werden wir ganz nebenbei die wesentlichen Namen für die einzelnen Zeitalter lernen, die ich in einer kleinen Tabelle vorangestellt und mit ein paar Jahreszahlen versehen habe. Das Grundgerüst dafür liefern uns die Fossilien, denn die Geschichte der Erde ist immer auch gleichzeitig eine Geschichte des Lebens, die sich an ihnen verfolgen lässt. Diese Geschichte ist aber nicht immer kontinuierlich verlaufen, sondern hat neben ruhigen Zeiten in ihrer Entwicklung offensichtlich auch kurzfristige Katastrophen erlebt, die mit einem Massenaussterben von Organismen verbunden waren. Wir können das vor allem an der Entwicklung der Tierwelt beobachten und daraus wenigstens fünf solcher Episoden allein aus den letzten 600 Millionen Jahren ableiten; möglicherweise waren es noch mehr, sodass wir jedenfalls nicht von einem stetigen Ablauf sprechen können. Diese Ereignisse markieren auch bedeutende Zeitgrenzen innerhalb der Erdgeschichte.

### Präkambrium

Fangen wir also mit dem ältesten, dem 30 ▶ Präkambrium an.

Dieser etwas hilflose Begriff orientiert sich an dem besser definierten 35 ▶ Kambrium (s. u.), in dem es bereits eine Fülle von Fossilien gab. Präkambrium ist alle Zeit davor, die bis in das Sternzeitalter unseres Planeten zurückdatiert, und es umfasst $4/5$ der gesamten Erdgeschichte, die noch immer voller Rätsel sind. Im Präkambrium entstand die Erde, entstanden die ersten Kontinente, sammelte sich das Wasser und entwickelten sich Atmosphäre und Leben. Es müssen zeitweise besondere Bedingungen geherrscht haben, unter denen Eisenerze entstanden sind, die in den jüngeren Formationen keine Entsprechungen mehr haben. Präkambrische Gesteinskomplexe sind in allen Kontinenten nachweisbar, sie werden 31 ▶ „Alte Schilde" genannt und bilden jeweils die ältesten Kontinentkerne, um die herum sich alle jüngeren Gebirge angelagert haben. Ihr Alter wird als archaisch bezeichnet, was alles Ältere als 2500 Millionen Jahre meint. Die Gesteine des 31 ▶ Archaikums sind immer metamorphe Gesteine (vgl. Kap. 5), und zwar meistens Gneise. Die allerältesten sind sog. Grünsteine, die metamorphe – d. h. umgewandelte – Basalte darstellen, die die ersten, aus den Schmelzen der Anfangszeit hervorgegangenen festen Gesteine überhaupt waren. Durch deren Zerstörung bei der frühen Verwitterung und eine nachfolgende Wiederaufschmelzung der Verwitterungsprodukte entstanden in der Folgezeit auch hellere Gesteine aus den Schmelzen, am Ende sogar Granite. In den Alten Schilden kann man Grünsteine, Gneise und Granite oft nebeneinander finden.

Die schon damals einsetzende Plattentektonik hat daraus mehrfach nacheinander alte Gebirge entstehen lassen und so gibt es auch eine Vielzahl von 31 ▶ Diskordanzen, die die präkambrischen Gesteinskomplexe voneinander trennen.

Die Zerstörung der metamorphen und magmatischen Gesteine hat dann auch zunehmend Sedimente entstehen lassen. Anfangs waren das hauptsächlich Grauwacken, d. h. ziemlich unreine Sandsteine, in denen neben den harten, schwer zerstörbaren Quarzkörnern auch Fetzen von Tonschiefern vorkommen. Durch ständiges Wiederaufarbeiten während der weiteren, vielen hundert Millionen Jahre der Erdgeschichte sind diese Gesteine allmählich immer „sauberer" geworden, sodass sie am Ende fast nur noch aus Quarz bestehen.

Die auf das Archaikum folgende Epoche nennt man das 31 ▶ Proterozoikum; das ist die Zeit, von der man ursprünglich angenommen hatte, dass es da noch keine Fossilien gab, eine Zeit ohne Leben auf der Erde also. Fossilien sind zwar in präkambrischen Schichten vergleichsweise äußerst selten, aber man hat in besonderen Gesteinen dann doch welche gefunden; dazu gehören u. a. > 3000 Millionen

**2.3** Schematische Darstellung einer Diskordanz. Quelle: Neumayr 1895

▶ **Archaikum**
ist die Urzeit der Erde, vom Beginn an bis vor 2500 Millionen Jahren.

▶ **Alte Schilde**
sind Gebiete mit präkambrischen Gesteinskomplexen, die überwiegend älter als 2500 Millionen Jahre sind. Sie stellen praktisch die ursprünglichen Kontinentkerne dar.

▶ **Diskordanzen**
sind allgemein winklig abstoßende Lagerungen von Gesteinsschichten. Sie entstehen im Kleinformat durch wechselnde Strömungen (Flüsse, Dünen), wesentlich sind jedoch großräumige Diskordanzen, die durch Gebirgsbildungen zustande kommen: Über gefaltetem und teilweise abgetragenem Untergrund lagern sich jüngere Schichten ab (vgl. Abb. 2.3).

▶ **Proterozoikum**
ist der jüngere Teil des Präkambriums (2500 – 545 Millionen Jahre).

## 2 Eine kleine Geschichte der Erde
Erdgeschichtliche Zeitabschnitte – viele Namen mit unterschiedlichem Ursprung

**2.4** Junge Vulkanlandschaft auf São Miguel, Azoren. Die ausströmenden Dämpfe und die von Säuren zerfressenen Gesteine vermitteln einen Eindruck, wie es auf der frühen Erde ausgesehen haben könnte.
Foto: Verfasser

Jahre alte Strukturen, die wohl Bakterien sind. Erst im jüngsten Proterozoikum, mit dem man sich ja schon dem 35 ▶ Kambrium annähert, fand man besonders ausgebildete Abdrücke von Fossilien, die eine ganz eigentümliche Lebewelt anzeigen. Sie werden heute 33 ▶ Vendobionten genannt und weiter unten noch vorgestellt.

Während des 30 ▶ Präkambriums hat es mehrere Eiszeiten gegeben, deren Spuren in den Gesteinen erhalten geblieben sind, in den jüngeren natürlich besser. Wir sind gewohnt, immer nur die des 72 ▶ Quartärs wahrzunehmen, aber es gab auch schon viel früher solche Bedingungen auf der Erde. Vor allem aus dem Jung-Präkambrium kennt man viele solcher Zeugen, die anzeigen, dass damals sogar die gesamte Erde davon betroffen war. Wahrscheinlich war es weltweit so kalt, dass unser Planet ganz weiß war und einem riesigen Schneeball glich. Die Wärme aus dem Erdinnern, die die Vulkane unter dem Eis gespeist hat, hat dann aber glücklicherweise wieder für ein Abschmelzen und eine nachfolgende „Treibhauszeit" gesorgt, in deren Folge sich die reiche Lebewelt des Kambriums entwickeln konnte. Der Klimawandel auf der Erde ist also schon eine uralte Erscheinung.

Dass damals auch besondere Gesteine gebildet wurden, hatte ich schon erwähnt und man muss annehmen, dass die ganz frühe Erde noch wesentlich anders ausgesehen hat als heute: wahrscheinlich so „wüst und leer", wie es in der Bibel steht.

Es gab tatsächlich Wüsten, wie uns die roten Sandsteine zeigen, und es muss Gebirge gegeben haben, aus deren Verwitterung der Sand dafür stammt. Weil das Präkambrium die längste Epoche der ganzen Erdgeschichte war und weil damals auch die Plattentektonik noch viel intensiver war als heute, hatten sich mehrfach hintereinander Gebirgsbildungen ereignet, was man an den gestörten Gesteinsstapeln erkennen kann. Von den Lebewesen sind in erster Linie nur die Bakterien und Algen erwähnenswert, weil sie schon damals mächtige Kalksteinstapel erzeugt hatten. Interessant wird es aber im jüngsten Zeitabschnitt, der Proterozoikum heißt; dann sind nämlich auf einmal neben Bakterien und Algen seltsame Fossilien in Sandsteinen zu finden, von denen man nicht recht weiß, ob es Tiere oder

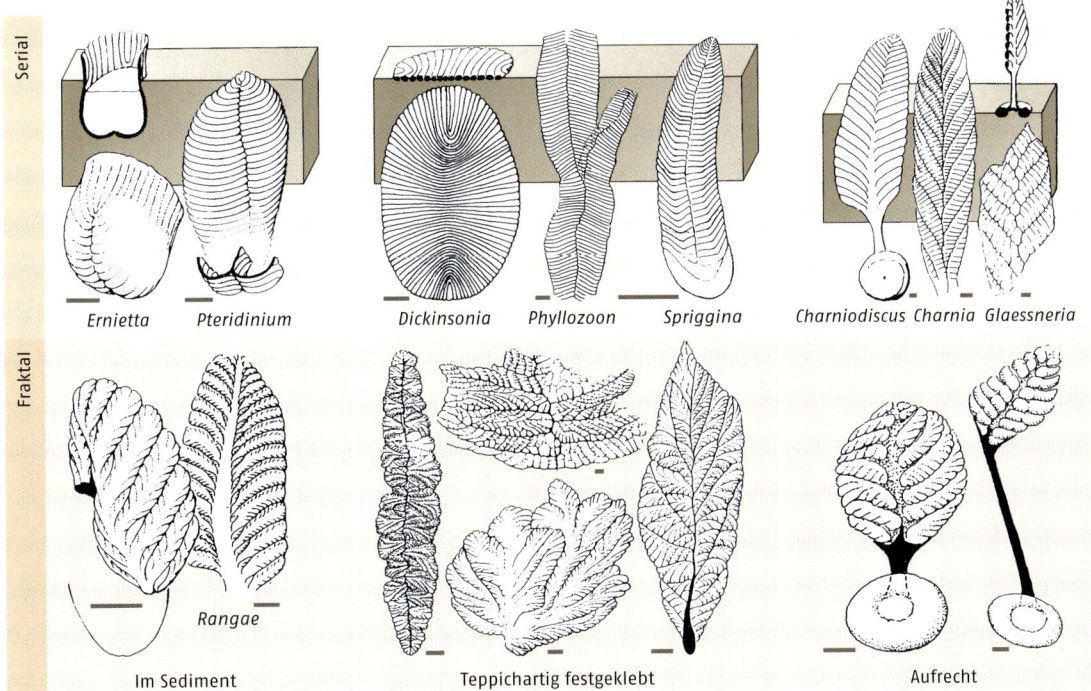

2.5  33 ▶ **Vendobionten.** Quelle: Verändert nach Seilacher 1995

▶ **Vendobionten**
sind bezüglich ihrer Stellung im biologischen System bisher nicht festgelegte Organismen des jüngsten Präkambriums, die Tiere oder Pflanzen sein könnten.

Pflanzen waren. Diese eigenartigen Lebewesen waren zuerst in Australien entdeckt worden, sind aber inzwischen weltweit aus Schichten des jüngsten Präkambriums bekannt: Man hat sie als eine Art von kleinen, mit 33 ▶ Protoplasma gefüllten Luftmatratzen beschrieben, die auf und im Sediment gelebt oder sich auf Stielen darüber erhoben hatten.

Nach den ersten Funden in den australischen Ediacara-Bergen sprachen die 18 ▶ Paläontologen vom „Garten von Ediacara" und dachten dabei an pflanzliche Lebewesen, für die dieser Garten eine Art Paradies gewesen sein musste, denn sie hatten keine Fressfeinde. Mit dem ersten Auftreten völlig neuartiger Tiergemeinschaften ging dieses paradiesische Leben allerdings schnell zu Ende: In den jüngeren Schichten sind sie nicht mehr nachweisbar, weil die neu aufkommenden räuberischen Tiere diese älteren Lebensformen in kurzer Zeit völlig ausgelöscht hatten.

Weil der Zeitabschnitt des jüngsten Präkambriums 33 ▶ Vendium heißt, hat man die versteinerten Organismen später einfach Vendobionten genannt; damit hatte man die Schwierigkeit ihrer biologischen Zuordnung auch gleich geschickt umgangen.

Die erwähnten Räuber gehörten zu einer Gesellschaft von Tieren, die mein US-amerikanischer Kollege Stephen Jay Gould einmal als „irre Wundertiere" bezeichnet hat. In ihren Bauformen ähneln sie mit segmentierten Körpern den Gliederfüßern, aber manche hatten schon sehr eigenartige Organe entwickelt, die Goulds Bezeichnung rechtfertigen: Manche hatten fünf Augen, was sich im Tierreich später nicht wiederholt hat, andere hatten Mäuler wie Kreissägen und wieder andere ähnelten schon möglichen Vorläuferformen von 143 ▶ Trilobiten. Sie alle verdanken ihre Erhaltung als Fossilien der Tatsache, dass sie in außerordentlich feinkörnigen Tonschlamm eingebettet wurden, und erst mit sehr aufwendigen Präparationsmethoden hat man sie in neuerer Zeit überhaupt dreidimensional rekonstruieren können.

Mit ihnen sind wir aber bereits in der nächstjüngeren Zeitstufe, dem 35 ▶ Kambrium angelangt.

Unter den Gesteinen des Präkambriums überwiegen Gneise, die durch mehrfache 44 ▶ Metamorphosen im Zuge der entsprechenden Gebirgsbildungen aus anderen Gesteinen hervorgegangen sind (vgl. Kap. 5); man kann sie heute vor allem in den Gebieten der sog. 31 ▶ „Alten Schilde" beobachten: Es gibt nirgendwo so viele Gneise wie z. B. in Skandinavien, Kanada oder Brasilien, um nur einige zu nennen.

▶ **Protoplasma**
ist die lebende Substanz in den Zellen aller Organismen.

▶ **Vendium**
ist das jüngste System innerhalb des Proterozoikums (630 – 545 Millionen Jahre).

## 2 Eine kleine Geschichte der Erde
Erdgeschichtliche Zeitabschnitte – viele Namen mit unterschiedlichem Ursprung

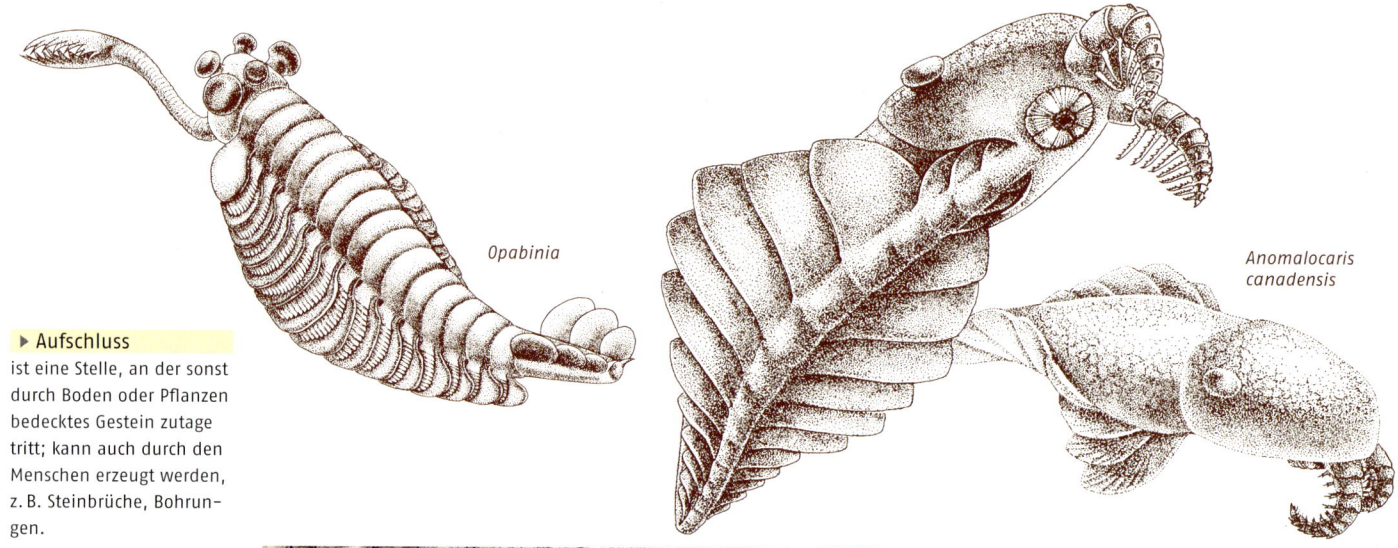

*Opabinia*

*Anomalocaris canadensis*

**▶ Aufschluss**

ist eine Stelle, an der sonst durch Boden oder Pflanzen bedecktes Gestein zutage tritt; kann auch durch den Menschen erzeugt werden, z. B. Steinbrüche, Bohrungen.

**2.6** „Irre Wundertiere". Quelle: Rothe 2000

**2.7** Gefaltete Grauwacken des Präkambriums. Steinbruch Butterberg bei Bernsdorf und Kamenz, Lausitz.
Foto: Dr. Ulf Linnemann

In Deutschland kennen wir solche sehr alten Gneise unter anderem aus dem Regensburger Wald, einem Teilbereich des Bayerischen Waldes, an denen man mit modernen Methoden ein Alter ihrer frühesten Bestandteile von mehr als 3800 Millionen Jahren herausgefunden hat. Damals lag dieser Krustenbereich allerdings noch nicht in Bayern, sondern wesentlich weiter südlich, und ist erst durch die nachfolgende Plattentektonik in seine heutige Position gewandert.

Die Gneisbildung stand immer im Zusammenhang mit der Entstehung von Gebirgen und es hat zu keiner Zeit der Erdgeschichte so viele solcher Ereignisse gegeben wie im Präkambrium; davon zeugen auch die vielen 31 ▶ Diskordanzen, die man in den Gesteinsfolgen beobachten kann.

Natürlich kennen wir auch eine Vielzahl präkambrischer Sedimentgesteine, von den Rotsandsteinen war ja schon die Rede. Quantitativ sind vor allem Grauwacken bedeutend, die den meist groben Schutt der früh zerstörten Gebirge bilden. Viele dieser Sedimente sind metamorph überprägt worden, sodass sich aus Sandsteinen Quarzite gebildet hatten (vgl. Kap. 5). Solche sehr alten Gesteine kann man bei uns z. B. im südlich an den Thüringer Wald anschließenden Kernbereich des Schwarzburger Sattels im oberen Schwarzatal finden: An der Bushaltestelle „Zirkel" bei Glasbach-Mellenbach sind phyllitische Schiefer und metamorphe Grauwacken 34 ▶ aufgeschlossen, denen man ihre mehrfache tektonische Beanspruchung deutlich ansieht (vgl. Abb. 2.7).

**Exkursionshinweise zum Präkambrium:**

Sicher datierte präkambrische Gesteine sind in Deutschland selten zu finden, man kann aber davon ausgehen, dass bestimmte Gneise in den kristallinen Mittelgebirgen ein solches Alter haben. Ein Paragneis aus dem **Regensburger Wald**, an der inzwischen abgerissenen Holzmühl im Wald zwischen Michelsneukirchen und Völling, enthält Zirkonkristalle, die vor über 3800 Millionen Jahren erstmals aus einer Gesteinsschmelze kristallisiert waren; das sind die ältesten Mineralrelikte aller europäischen Variskischen Gebirge überhaupt! Ähnliche Gesteine sind im nicht weit entfernten Steinbruch von Rattenberg großflächig besser aufgeschlossen.

**An der Bushaltestelle „Zirkel"** bei Glasbach-Mellenbach, Schwarzatal im südlichen Thüringer Wald: Präkambrische metamorphe Sedimentgesteine, denen man ihre Herkunft von Grauwacken und tonigen Gesteinen noch ansieht; durch die nachfolgende Gebirgsbildung sind sie intensiv gefaltet, geschert und zerbrochen.

## Kambrium

Dieser Zeitabschnitt ist nach der Landschaft in Wales benannt, die früher eine römische Provinz mit dem Namen Cambria war. Dort hat man besonders an der Küste steilgestellte Sedimentgesteinspakete gefunden, die viele verschiedene Fossilien enthalten. Genau solche Fossilien kennt man aber auch aus vielen anderen Gegenden der Erde und daher weiß man, dass kambrische Schichten weltweit verbreitet sind. Das Aufregende daran ist, dass mit dem 35 ▶ Kambrium fast „plötzlich" alle uns bekannten Tierstämme auf einmal auf den Plan treten; die Forscher sprechen deshalb von der „kambrischen Explosion". Mit dem Begriff „plötzlich" muss man aber vorsichtig sein: Wenn die 10 ▶ Geologen so sagen, können das auch mal 5 bis 10 Millionen Jahre sein.

In der Zeit nach den präkambrischen Vendobionten gab es schon winzige, nur millimetergroße Fossilien, die ähnlich aussehen wie kleine Muscheln, Schnecken oder Schwämme. Kambrische Fossilien sind zunehmend durch kalkige Schalen gekennzeichnet und deshalb hatten sie wahrscheinlich größere Chancen, erhalten zu bleiben. Vielleicht hatten ihre präkambrischen Vorläufer noch gar keine überlieferungsfähigen Hartteile? Vielleicht hängt das mit einer anderen Zusammensetzung des damaligen Meerwassers zusammen? Wir wissen es nicht und müssen diese Frage offenlassen.

Die „irren Wundertiere", von denen schon die Rede war, sind Fossilien, deren Baupläne man erst nach einer sehr schwierigen Präparation erkannt hat. Die meisten haben Ähnlichkeit mit Gliederfüßern, manche müssen bedrohliche Räuber gewesen sein mit kreissägeartigen Mäulern, an Stielen beweglichen Zangen oder sogar mit fünf Augen im Kopf. Die ursprünglichen Funde stammen aus den Rocky Mountains der amerikanischen Westküste in British Columbia, inzwischen kennt man solche Fossilien aber auch aus China.

Als 144 ▶ Leitfossilien sind aber die 143 ▶ Trilobiten wichtiger, die im Laufe des Kambriums ihre Bauformen sehr oft und sehr schnell verändert hatten, außerdem Brachiopoden und die etwas eigenständigen Urbecher, die Schwämmen sehr ähnlich waren (vgl. Kap. 5); am Ende des Kambriums waren

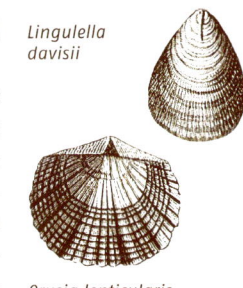

*Lingulella davisii*

*Orusia lenticularis*

**2.9** 154 ▶ Brachiopoden des Kambriums.

Quelle: Rothe 2000

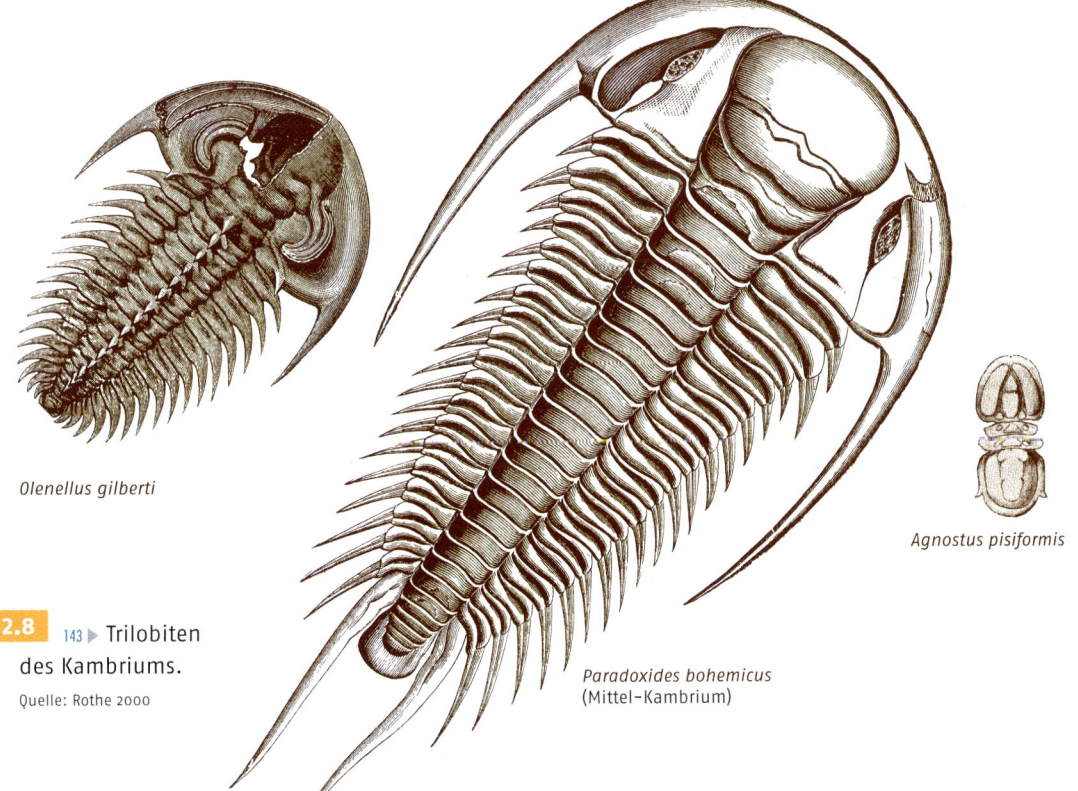

*Olenus truncatus* (Ober-Kambrium)

*Olenellus gilberti*

*Agnostus pisiformis*

*Conocoryphe sulzeri* (Mittel-Kambrium)

*Paradoxides bohemicus* (Mittel-Kambrium)

**2.8** 143 ▶ Trilobiten des Kambriums.

Quelle: Rothe 2000

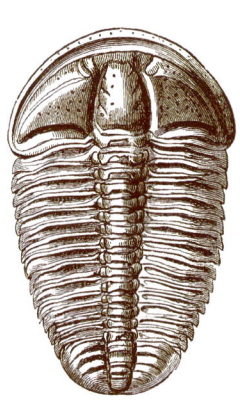

▶ **Kambrium**
ist der älteste Abschnitt der Erdgeschichte, in dem sich erstmals alle heutigen Tierstämme in Form von Fossilien nachweisen lassen (545 – 495 Millionen Jahre).

## 2 Eine kleine Geschichte der Erde
Erdgeschichtliche Zeitabschnitte – viele Namen mit unterschiedlichem Ursprung

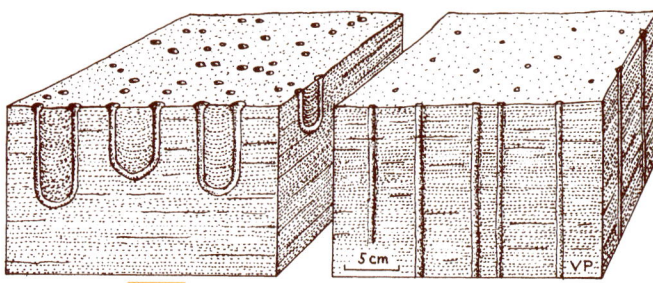

Diplocraterion- und Skolithos-Röhren

**2.10** Wurmgänge im Sandstein des Kambriums.
Quelle: Rothe 2000

Letztere schon wieder ausgestorben. Dazu kommen noch kleine Vorläuferformen von Kopffüßern und primitive Stachelhäuter. Würmer haben zwar keine Hartteile, aber sie können trotzdem fossile Spuren hinterlassen, weil sie die Sedimente durchwühlen: Es gibt in kambrischen Sandsteinen oft wie Orgelpfeifen parallel nebeneinander angeordnete Säulchen, die auf diese Weise entstanden sind.

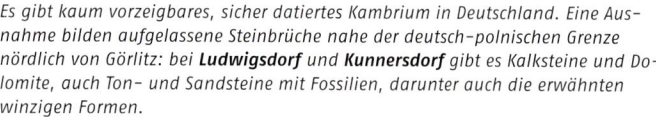

**Exkursionshinweise zum Kambrium:**

Es gibt kaum vorzeigbares, sicher datiertes Kambrium in Deutschland. Eine Ausnahme bilden aufgelassene Steinbrüche nahe der deutsch-polnischen Grenze nördlich von Görlitz: bei **Ludwigsdorf** und **Kunnersdorf** gibt es Kalksteine und Dolomite, auch Ton- und Sandsteine mit Fossilien, darunter auch die erwähnten winzigen Formen.

In **aufgelassenen Steinbrüchen** bei Sinatengrün im Fichtelgebirge gibt es Marmore, die aus kambrischen Archäocyathidenkalken entstanden sein könnten (Wunsiedeler Marmor). Auch die nahe gelegene Speckstein-Lagerstätte in Göpfersgrün gehört in diese Zeit.

### Ordovizium

Wie das Kambrium, so hat man auch das ▶ **Ordovizium** (495–443 Millionen Jahre) zuerst in Wales begründet. Der Name stammt von dem dort früher beheimateten keltischen Volksstamm der Ordovicer.

Auf das Kambrium folgt das 36 ▶ Ordovizium. Die Schichten sehen denen des 35 ▶ Kambriums oft so ähnlich, dass man unbedingt Fossilien braucht, um Kambrium von Ordovizium zu unterscheiden. Es sind meistens dunkle Tonschiefer, die aus dem Schlamm dieser Urmeere entstanden sind. Zur zeitlichen Einstufung sind wieder die 143 ▶ Trilobiten von Bedeutung, die nun Formen entwickelt hatten, die sich von den kambrischen deutlich unterscheiden. Als wichtigste Fossilgruppe kommen jetzt aber die „Schriftsteine" (156 ▶ Graptolithen) hinzu, die geradezu explosionsartig ständig neue Formen hervorgebracht hatten.

Aus anfangs noch am Boden festgehefteten Tierkolonien entwickelten sich freischwebende, was natürlich besonders günstig für ihre weltweite Verbreitung war. Dazu kommen auch hier Muscheln, Schnecken, 154 ▶ Brachiopoden, Korallen, Moostierchen, Stachelhäuter und erstmals auch fischähnliche Wirbeltiere ohne Kiefer. Bedeutend waren jetzt auch die Kopffüßer, von denen bis zu 9 m lange Gehäuse überliefert sind: Der *Orthoceras* (das „Geradhorn") war noch nicht eingerollt wie seine späteren Nachfahren, die 60 ▶ Ammoniten.

Schon im Ordovizium begannen sie aber, sich an der Spitze einzurollen, sodass eine Form wie ein Bischofsstab entstand. Daran zeigt sich die Tendenz, die im Sinne der Evolution dann später zu vollständig zusammengerollten Formen führt. Orthoceren kommen in manchen Kalksteinen des Ordoviziums so massenhaft vor, dass man von „Orthoceren-Schlachtfeldern" gesprochen hat. Sie haben sich aber nicht untereinander bekämpft, sondern wurden nur durch die Strömung zusammengespült, als sie schon tot waren.

Die Gesteine in Wales sind überwiegend dunkle Tonschiefer, die in tiefen Meeren abgelagert wurden. Es gab aber natürlich auch viele andere Gesteinsarten, zu denen die schon erwähnten Kalksteine gehören, die auch Riffe aufgebaut hatten; und vor allem gab es Sandsteine von außerordent-

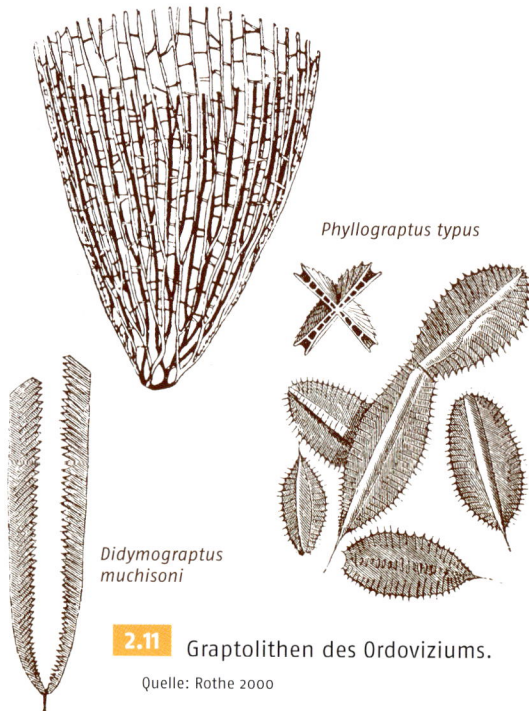

*Dictyonema flabelliforme*

*Phyllograptus typus*

*Didymograptus muchisoni*

**2.11** Graptolithen des Ordoviziums.
Quelle: Rothe 2000

lich guter Sortierung, die man in dieser Ausbildung nur in flachem, stark bewegtem Wasser antrifft. In den entsprechenden Flachmeeren sind die Körner ständig hin und her bewegt und gelegentlich zu schräggeschichteten Sandbarren aufgehäuft worden, wie wir das heute noch an den Friesischen Inseln beobachten können. Durch die spätere Gebirgsbildung sind die meisten Sandsteine dann metamorph, d. h. in Quarzite umgewandelt worden, die man bei uns z. B. im Vogtland sehen kann.

Im Thüringer Schiefergebirge gibt es auch ordovizische Eisenerze, deren Körner aussehen wie die kalkigen 121 ▶ Ooide (vgl. Kap. 4). Das Eisen stammt von nahe gelegenen Festlandsgebieten, ist durch Flüsse ins Flachmeer transportiert und dort in bewegtem Flachwasser wieder 118 ▶ ausgefällt worden. Diese Eisenerze sind früher geschmolzen und geschmiedet worden und daher kommt z. B. der Ortsname Schmiedefeld (vgl. Exkursionshinweise). Zu den ordovizischen Rohstoffen gehören auch Ölschiefer, die aus Algen entstanden sind, die man in Estland gewonnen und im 2. Weltkrieg sogar bis nach Schwaben transportiert hat, um daraus Öl zu extrahieren (nach Schwaben deshalb, weil es dort den ölhaltigen Posidonienschiefer gibt, der allerdings aus der 60 ▶ Jurazeit stammt, vgl. Jura). Der estnische Ölschiefer ist wie der Posidonienschiefer ein Gestein, aus dem unter bestimmten Bedingungen Erdöl entstehen kann.

Die Geologen hatten bis 1970 übersehen, dass es im Ordovizium auch eine Eiszeit gegeben hat; deren Spuren wurden dann ausgerechnet in der Sahara und auf der Arabischen Halbinsel gefunden. Bei dem heutigen heißen Klima dort waren solche Funde zunächst nicht sehr naheliegend, man muss aber bedenken, dass diese Eiszeit über 400 Millionen Jahre zurückliegt. Es sind Spuren von Gletschern, die ihren Untergrund geschrammt hatten, und Ablagerungen von Moränen. Treibende Eisberge sind damals bis nach Thüringen gelangt und haben dort die darin eingefrorenen Steine auf den Meeresboden fallen lassen. Das eher feinkörnige

**2.12** Anhäufung von Orthoceren („Schlachtfeld"). Polierter dunkler Kalkstein aus Marokko, wie er im Fossilienhandel erhältlich ist.
Foto: Dr. Günther Seybold

**2.13** Quarzit-Felsklippen am Alten Söll, Schöneck, „Balkon des Vogtlandes", Detail.
Foto: Verfasser

## 2 Eine kleine Geschichte der Erde
Erdgeschichtliche Zeitabschnitte – viele Namen mit unterschiedlichem Ursprung

**2.14** Griffelschiefer des Ordoviziums. Tagebau Schmiedefeld im Thüringer Schiefergebirge. Foto: Verfasser

▶ **Griffelschiefer**
sind durch Spaltung in 2 Ebenen (meistens Schichtung und Schiefrigkeit) zustande gekommene, stengelig zerfallende Gesteinsstücke.

▶ **Psilophyten**
sind primitive Pflanzen des Erdaltertums mit winzigen Anhängen anstelle der Blätter (Nacktpflanzen).

▶ **Silur**
ist ein System des Erdzeitalters, das nach dem keltischen Volksstamm der Silurer benannt ist (443 – 417,5 Millionen Jahre).

**Exkursionshinweise zum Ordovizium:**

*„Altes Söll"* in Schöneck, Vogtland: Die auch als „Balkon des Vogtlandes" bekannten Felsklippen zeigen Quarzite mit gut ausgebildeter Schrägschichtung, die in einem flachen Meeresbereich des Ordoviziums als Sandbarren entstanden sind.

*Schmiedefeld* im Thüringer Schiefergebirge, Geotop mit Schautafeln: Eisenerze des Ordoviziums waren Anlass für den Ortsnamen. Sie wurden hier im Tagebau gewonnen und sind zusammen mit 38 ▶ Griffelschiefern und Lederschiefern (den Zeugen für die ordovizische Eiszeit) aufgeschlossen.

Gestein, in dem man sie finden kann, heißt wegen seiner bräunlichen Farbe und Beschaffenheit Lederschiefer. Zu diesen Beobachtungen passt auch, dass am Ende des Ordoviziums plötzlich viele Tiergruppen ausgestorben sind, sodass sich die Lebewelt im nachfolgenden 38 ▶ Silur erst langsam von diesem Kälteschock erholt und dann auch wieder neue Arten herausgebildet hatte.

### Silur

Im 38 ▶ Silur, das auch nach einem keltischen Volksstamm, den Silurern, benannt ist, gab es ganz ähnliche Gesteine wie im 36 ▶ Ordovizium. Auch die Graptolithen existierten weiter. Die Kälte hatte sie aber dezimiert und zur Entwicklung neuer Formen gezwungen.

Für die Geologen ist das natürlich vorteilhaft, weil sie so die ordovizischen von den silurischen Schichten vor allem anhand dieser Fossilien gut unterscheiden können. Auch die Trilobiten und die Brachiopoden sind durch neue Arten vertreten.

Ganz wesentlich ist aber, dass im Silur die Besiedlung des Festlandes durch die Pflanzen erfolgt ist. Man kennt zwar Sporen niederer Pflanzen auch schon aus dem Ordovizium, aber das war wohl nur der Anfang. Über die Probleme, die die Pflanzen dabei zu bewältigen hatten, werde ich im Kapitel über die Fossilien noch mehr erzählen. Die silurischen Pflanzen hatten noch ganz kleine „Blätter", die eher wie Dornen aussahen; große Blätter verdunsten ja ziemlich viel Wasser, und das konnten

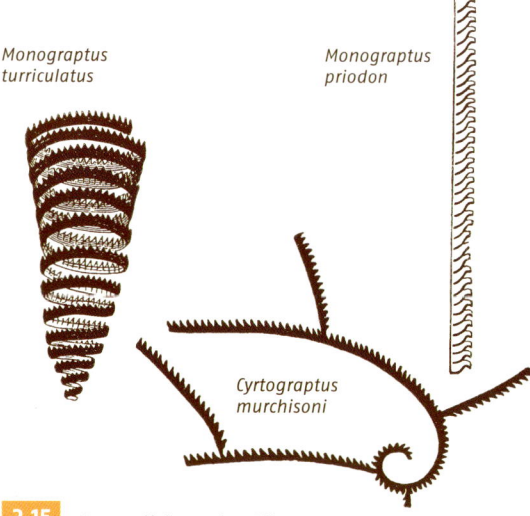

**2.15** Graptolithen des Silurs. Quelle: Rothe 2000

die anfänglichen 142 ▶ Leitbündel noch nicht in genügender Menge nachliefern. Sie sahen also im Vergleich mit modernen Pflanzen ziemlich nackt aus, weshalb sie auch als Nacktpflanzen (38 ▶ Psilophyten) bezeichnet werden.

Zusammen mit den Pflanzen waren nun auch schon einige Tiergruppen aus dem Meer in festländische Gewässer vorgedrungen. Dazu gehörten krebsähnliche Tiere, die bis zu 2 m lang werden konnten und damit die größten Gliederfüßer waren, die je auf der Erde gelebt haben.

Muscheln und Schnecken hatten sich gegenüber ihren ordovizischen Vorfahren kaum verändert, sie verharrten noch in einer Art von evolutionärem Schlaf, den sie erst sehr viel später beenden sollten, aber die Brachiopoden hatten viele neue Formen ausgebildet, die auch gute 144 ▶ Leitfossilien sind. Die Kopffüßer vor allem verfolgten zielstrebig ihre weitere Evolution, indem sie neben den erwähnten Orthoceren nun auch schon vollständig eingerollte Formen entwickelten.

Die Kalk-Architekten der damaligen Zeit waren vor allem Korallen, Moostierchen und Stachelhäuter, daneben aber immer auch Kalkalgen; sie alle zusammen haben auch Riffe aufgebaut, von denen die der schwedischen Insel Gotland besonders gut untersucht sind.

Es gab auch eine Weiterentwicklung der Wirbeltiere, denn nun sind erstmals sogar Fische mit Kiefern bekannt, die wie die kieferlosen 39 ▶ Agnathen der älteren Vorzeit ein Außenskelett aus Schuppen hatten; das waren die Panzerfische, und schließlich gab es auch schon Stachelhaie. Die Entwicklung der Fische fand offenbar in Süßwassertümpeln statt, wo die Tiere einem gewissen Anpassungsdruck durch die vom Meerwasser abweichende Umgebung ausgesetzt waren.

Die Gesteine des Silurs sind denen des Ordoviziums in vieler Hinsicht ähnlich, gegen Ende ist allerdings eine Zunahme festländischer Ablagerungen mit roten Farben zu beobachten, was auf zunehmende Trockenheit hinweist. Man kann das auch mit einem weltweiten Rückzug des Meeres (einer Regression) erklären. In einem späteren Kapitel werde ich erklären, dass sich Schichten zeitlich immer dann gut einstufen lassen, wenn es sich um Meeresablagerungen mit entsprechenden Fossilien handelt. Die festländischen Rotsedimente des ausgehenden Silurs liefern deshalb auch eine Erklärung dafür, warum die Grenze zwischen Silur und dem hangenden 40 ▶ Devon nicht überall leicht zu ziehen ist.

Dieser Rückzug des Meeres hatte eine tiefgreifende Ursache: Damals entstand nämlich das 40 ▶ Kaledonische Gebirge, das nach einem alten Namen für Schottland benannt ist. Im Sinne der Plattentektonik (vgl. Kap. 3) wurde der Ozean, der die Ablagerungen von 35 ▶ Kambrium, 36 ▶ Ordovizi-

*Cooksonia caledonica*

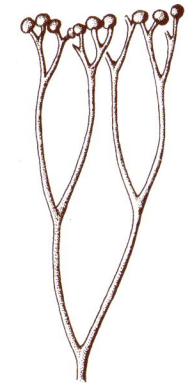

**2.16** Pflanze des Silurs.

Quelle: Rothe 2000

▶ **Agnathen**

sind kieferlose primitive Fische des Erdaltertums.

*Eurypterus fischeri*
(ca. 50 cm)

### Exkursionshinweise zum Silur:

*Im Thüringer Schiefergebirge an den Bahneinschnitten von **Lippelsdorf** und **Gebersdorf** und im Vogtland, im **Göltzschtal bei Mühlwand** südlich Reichenbach und bei Altmannsgrün gibt es Graptolithenschiefer. Am verlassenen Bahnhof von **Lippelsdorf** steht Ockerkalk an.*

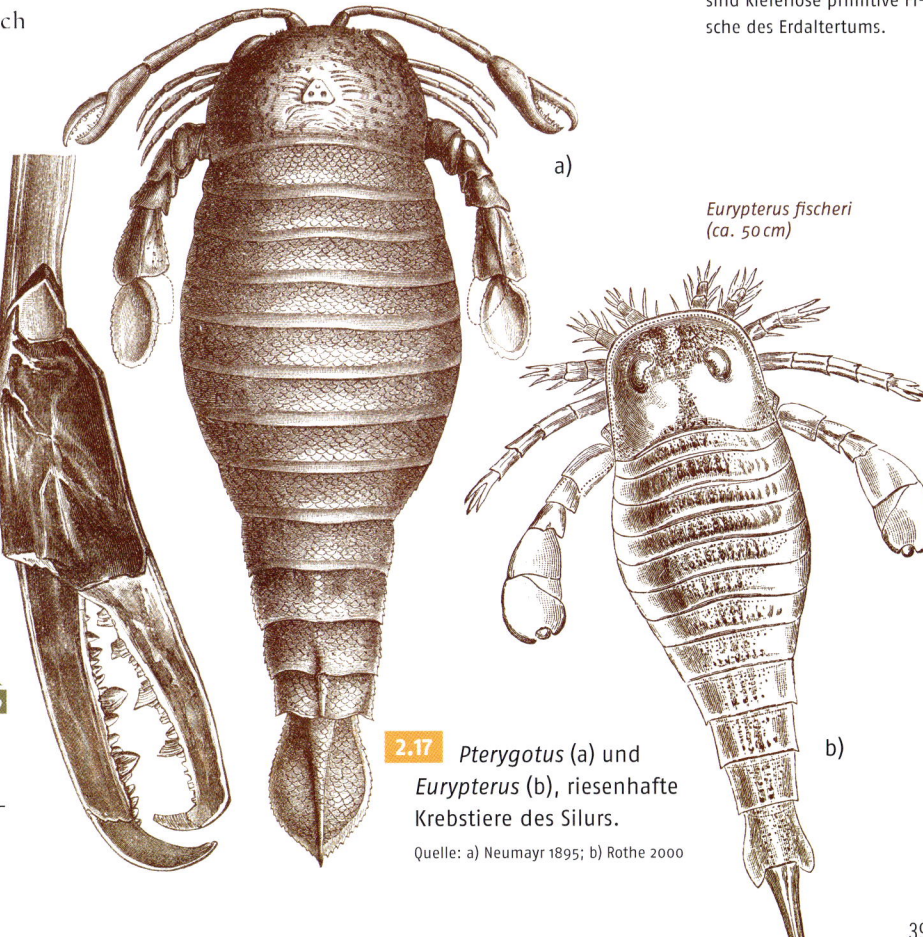

**2.17** *Pterygotus* (a) und *Eurypterus* (b), riesenhafte Krebstiere des Silurs.

Quelle: a) Neumayr 1895; b) Rothe 2000

## 2 Eine kleine Geschichte der Erde
Erdgeschichtliche Zeitabschnitte – viele Namen mit unterschiedlichem Ursprung

▶ **Devon**
ist ein System des Erdaltertums, das nach Devonshire benannt ist (417,5 – 358 Millionen Jahre).

▶ **Kaledonische Gebirgsbildung**
ist die Gebirgsbildung während des älteren Erdaltertums (Ordovizium–Silur). Sie wurde nach dem römischen Namen für Schottland – Caledonia – benannt.

um und Silur aufgenommen hatte, durch diese Gebirgsbildung geschlossen und seine Sedimente wurden verfaltet und steilgestellt, was man z. B. an den Küsten von Wales, aber nicht nur dort, gut sehen kann.

Das Gebirge verwitterte in der Folgezeit und wurde abgetragen, sodass die ersten Rotsedimente im jüngsten Silur diesen ersten Abtragungsprodukten entsprechen. Jene Vorgänge haben sich im nachfolgenden Devon fortgesetzt, von dem nun die Rede sein soll. Da Gebirgsbildungen immer mit tiefgreifenden Veränderungen verbunden sind, soll auch erwähnt sein, dass dabei Granite, Gneise und Basalte entstanden sind und dass damals schon ganze Gesteinsstapel in Form von Decken übereinandergeschoben wurden.

**2.18** Gefaltete und steilgestellte Schichten des 54 ▶ Paläozoikums an der Küste von Wales. Foto: Verfasser

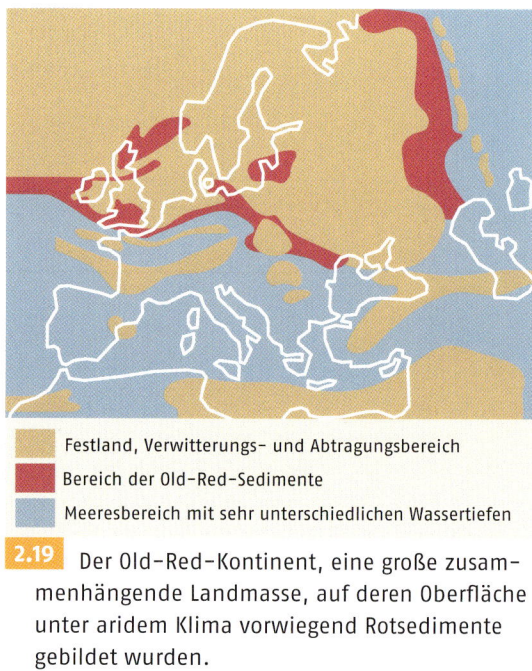

■ Festland, Verwitterungs- und Abtragungsbereich
■ Bereich der Old-Red-Sedimente
■ Meeresbereich mit sehr unterschiedlichen Wassertiefen

**2.19** Der Old-Red-Kontinent, eine große zusammenhängende Landmasse, auf deren Oberfläche unter aridem Klima vorwiegend Rotsedimente gebildet wurden.

### Devon

Im 40 ▶ Devon war durch die 40 ▶ Kaledonische Gebirgsbildung ein ganzer Kontinent neu entstanden, der wegen seiner überwiegend rot gefärbten Sedimente mit dem englischen Begriff „Old Red Continent" bezeichnet wird; er reichte von Kanada und Nordamerika über Grönland nach Schottland und Skandinavien. Seine Rotsedimente waren hauptsächlich aus dem Abtragungsschutt des Kaledonischen Gebirges gebildet worden, der im Wesentlichen zu Sandsteinen, 117 ▶ Konglomeraten und Tonschiefern verfestigt wurde.

Das Devon heißt so nach der englischen Grafschaft Devonshire, weil es dort zuerst beschrieben wurde. Devonische Sedimente überlagern in den meisten Gebieten des Kaledonischen Gebirges die älteren Ablagerungen nicht kontinuierlich, weil die darunter folgenden älteren Gesteinskomplexe (das Liegende) ja zuvor gefaltet und von Schmelzen durchdrungen worden waren. In einem solchen Fall reden die Geologen von einer 31 ▶ Diskordanz, die zeigt, dass ein gewaltiger Umbruch in der Erdgeschichte stattgefunden hat.

Manche der erwähnten Rotsedimente sind in episodisch austrocknenden Tümpeln abgelagert worden; ein solches Milieu war auch für die Evolution von Bedeutung, denn hier vollzog sich die Entwicklung von Wirbeltieren, die für die Erobe-

**2.20** Eine klassische Diskordanz, bei der die während der 40▶ Kaledonischen Gebirgsbildung gefalteten und steilgestellten Schichten des Silurs (A) von Rotsedimenten des Devons (B) überlagert werden. Siccar Point, Schottland. Quelle: Rothe 2000

> **Exkursionshinweise zu Diskordanzen:**
>
> **Heselbach** im Schwarzwald: An der B 462 bei Heselbach nördlich von Freudenstadt ist schon von der Straße aus ein Steinbruch zu erkennen. Das Grundgebirge aus Gneis und granitischen Gängen wird dort von einer horizontal verlaufenden alten Landoberfläche der 49▶ Permzeit gekappt und diskordant durch Sandsteine des Buntsandsteins überlagert.
>
> Die **„Fuchshalle"** im Stadtgebiet von Osterode/Harz, an der Auffahrt zum ehemaligen Krankenhaus, zeigt in einem aufgelassenen kleinen Steinbruch Kieselschiefer des Unterkarbons, die zu steilstehenden Spitzfalten verformt sind. Im oberen Teil werden diese Gesteine durch horizontal verlaufende Schichten aus Geröllen, dunklen Mergeln (Kupferschiefer) und dolomitischen Kalken des Zechsteins diskordant überlagert. Das Oberkarbon fehlt, weil währenddessen die 48▶ variskische Gebirgsbildung stattfand, die auch die Falten erzeugt hat.
>
> **Bohlenwand** bei Saalfeld: Im Saaletal bei Saalfeld-Obernitz erschließt ein Bereich hoher Felswände steilstehende, gefaltete und von Störungen durchsetzte Schichten des Mitteldevons bis Unterkarbons, die ganz oben diskordant von horizontal lagernden 54▶ Karbonaten des Zechsteins überdeckt sind.

rung des Festlandes maßgeblich wurden. Fische in diesen Tümpeln mussten nach Luft schnappen, wenn diese austrockneten. Unter diesem Evolutionsdruck hatte sich aus der Kiemenatmung der Fische allmählich die Lungenatmung der Landwirbeltiere herausgebildet. So entstanden im Devon die ersten Amphibien – Tiere, die sowohl im Wasser als auch auf dem Land leben konnten.

Auf dem Festland ging auch die im Silur begonnene Entwicklung der Landpflanzen weiter.

Daneben gab es im Meer treibenden Tang, der sich in einem besonderen Fall zu Riesenformen ausgewachsen hatte, sodass man die Tangbündel früher einmal für Bäume gehalten hatte; man gab ihm deshalb den Namen *Prototaxites*, was eine Vorläuferform der Eibe andeuten sollte.

Die Landpflanzen hatten immer noch sehr kleine, blattähnliche Anhänge, aber ihre Masse trug nun auch zur allmählichen Entwicklung einer sauerstoffreicheren Atmosphäre bei.

Im Rheinischen Schiefergebirge z. B. lässt sich beobachten, dass das Meer im Laufe des Devons wieder zurückkam und die Landgebiete überflutete; dementsprechend gibt es nun auch wieder Meeresfossilien. Die 156▶ Graptolithen waren inzwischen weitgehend ausgestorben, aber es gab eigenständige Formen von Trilobiten, Brachiopoden und Kopffüßern (die nun ganz eingerollte Gehäuse hatten, 145▶ Goniatiten, vgl. Kap. 5), dazu Muscheln, Schnecken und Stachelhäuter. Die Fossilien kommen in ganz unterschiedlichen Gesteinen vor, oft in Sandsteinen, aber auch in Kalken und Tonschiefern. Besonders gut sind sie in feinstkörnigen schwarzen Schiefern erhalten und manchmal darin in den goldglänzenden Pyrit (Schwefelkies) umgewandelt worden (solche schönen Stücke stammen vor allem aus dem Hunsrück, wo man sie beim Spalten von Dachschiefern immer wieder gefunden hat).

Devonische Kalksteine sind in bestimmten Gebieten massenhaft durch Riffe aufgebaut worden, deren Organismen kalkige Gehäuse bzw. Schalen hatten. Das waren vor allem die mit den Schwämmen verwandten 41▶ Stromatoporen und Korallen. Die Stromatoporen sind längst ausgestorben und die Korallen hatten damals noch ganz andere inne-

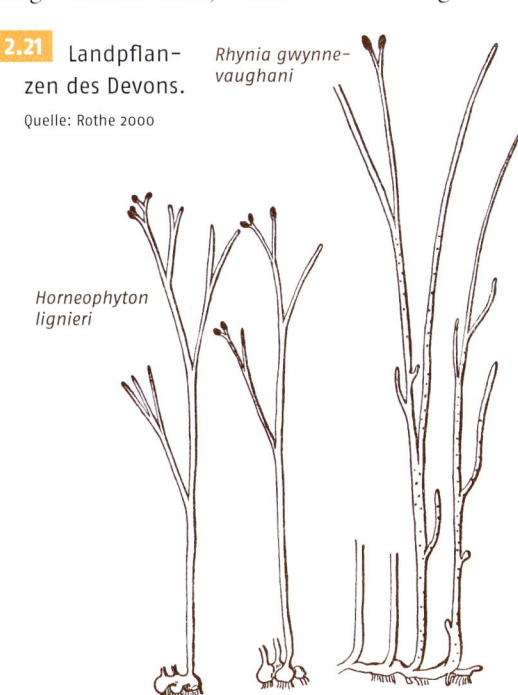

**2.21** Landpflanzen des Devons. Quelle: Rothe 2000

*Rhynia gwynne-vaughani*

*Horneophyton lignieri*

*Prototaxites psygmophylloides*

**2.22** *Prototaxites*, Tangpflanze devonischer Meere. Quelle: Rothe 2000

▶ **Stromatoporen** sind schwammähnliche Organismen mit kalkigen Gerüsten, die vor allem im Silur und Devon Riffe mit aufgebaut haben.

## 2 Eine kleine Geschichte der Erde
Erdgeschichtliche Zeitabschnitte – viele Namen mit unterschiedlichem Ursprung

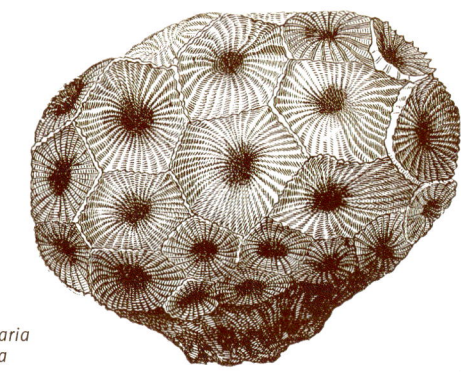

*Hexagonaria hexagona*

**2.24** *Hexagonaria*, eine devonische Korallenkolonie. Quelle: Rothe 2000

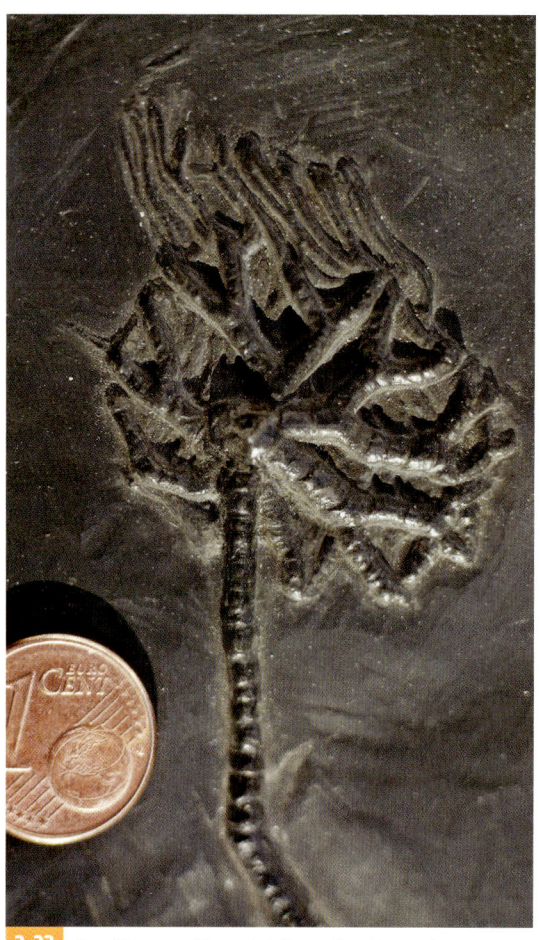

**2.23** Seelilie aus Tonschiefern des Unterdevons. Bundenbach, Hunsrück. Foto: Verfasser

re Baupläne, obwohl manche von ihnen äußerlich den heutigen Formen schon sehr ähnlich waren (vgl. Kap. 5).

In den Riffen lebten sie aber auch mit Algen, Brachiopoden und Stachelhäutern zusammen, es gab also eine richtige Lebensgemeinschaft. Im Rheinischen Schiefergebirge und im Harz sind solche Riffkalke manchmal viele hundert Meter dick. Weil die Korallen immer zusammen mit bestimmten Algen in Gemeinschaft (Symbiose) leben, die Licht brauchen, muss man sich fragen, wie diese Kalkmassen zusammengekommen sind, denn in mehrere hundert Meter tiefem Wasser gab es ja nicht mehr genügend Licht. Eine Teilantwort hat uns schon Charles Darwin gegeben, der die Riffe auf den Vulkanen in der Südsee untersucht hatte. Die Vulkane sinken dort, nachdem sie Lava zu In-

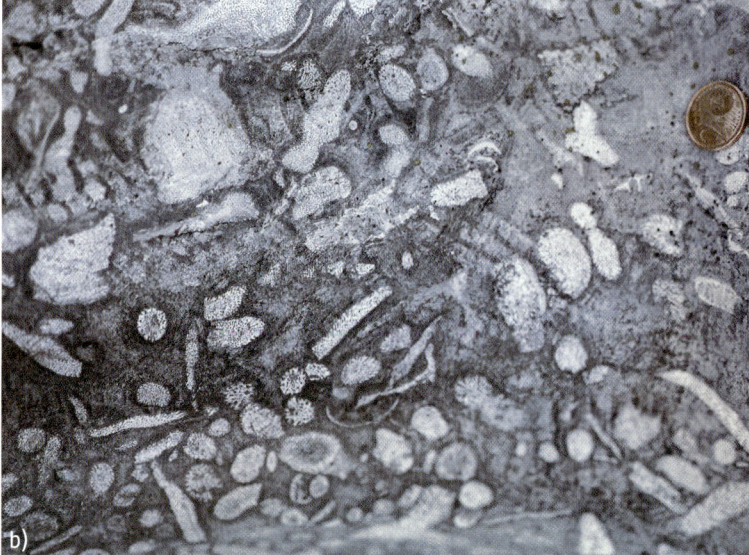

**2.25** a) Nepomuk-Statue aus Stromatoporenkalk auf der alten Lahnbrücke in Limburg;
b) Detail des Stromatoporenkalks, der die porigen Strukturen der Organismen zeigt.
Fotos: Verfasser

42

seln aufgetürmt haben, ganz langsam wieder unter den Meeresspiegel und die darauf wachsenden Korallenriffe sinken zusammen mit ihnen ab; dabei wachsen die Tiere in dem gut durchlichteten Flachwasser ständig weiter, produzieren Kalk und gleichen so das Absinken aus. Auch viele der devonischen Riffe sind auf solchen untermeerischen Vulkanen aufgewachsen, die man z. B. an ihren 93 ▶ Kissenlaven erkennen kann (vgl. Kap. 3). Es gibt aber auch welche, die sich am 43 ▶ Schelfrand nahe der damaligen Küste entwickelten, wo ebenfalls flaches Wasser vorherrscht, ganz ähnlich wie man das noch heute am Great Barrier Reef vor Australien beobachten kann. Sobald das Wasser zu tief wurde, hörte das Riffwachstum auf und andere Sedimente wurden über den Riffkalken aufgeschichtet.

In solchen Riffkalken, die man auch Massenkalke nennt, sind in geologisch junger Zeit, als sie schon längst Teile des Festlandes waren, viele der bekannten Tropfsteinhöhlen entstanden, u. a. im Harz und im Sauerland.

In den devonischen Meeren lebten nun auch schon richtige Fische, von denen manche aussahen wie unsere heutigen Rochen.

Von besonderer Bedeutung waren aber die sog. Quastenflosser, die man in den Rotschichten von Grönland und Schottland entdeckt hat. Ich hatte schon erwähnt, dass solche Schichten oft in Tümpeln entstanden waren, die von Zeit zu Zeit austrockneten; das war eigentlich kein geeigneter Lebensraum für Fische. Es ist deshalb auch nicht

**2.26** Konradsfelsen bei Villmar an der Lahn: Mitteldevonischer Massenkalk. Foto: Verfasser

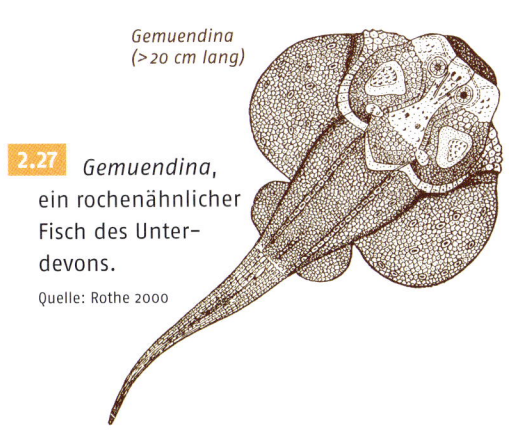

*Gemuendina* (>20 cm lang)

**2.27** *Gemuendina*, ein rochenähnlicher Fisch des Unterdevons. Quelle: Rothe 2000

*Latimeria* (rezent, ca. 1,5 m lang)

**2.28** Der heutige Quastenflosser *Latimeria*, ein lebendes Fossil aus dem Indischen Ozean. Quelle: Rothe 2000

▶ **Schelf** ist der Flachmeerbereich am Rand der Kontinente mit Wassertiefen bis 200 m.

## 2 Eine kleine Geschichte der Erde
### Erdgeschichtliche Zeitabschnitte – viele Namen mit unterschiedlichem Ursprung

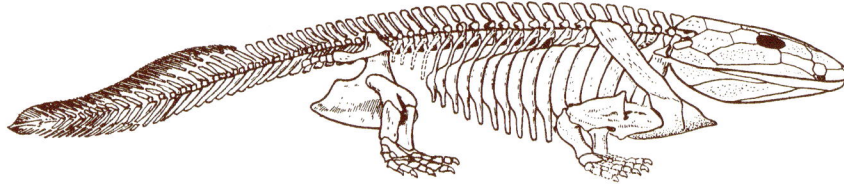

*Ichthyostega (ca. 1 m lang)*

**2.29** Das Amphibium *Ichthyostega*, eines der ersten Landwirbeltiere, dessen Schwanz noch auf seine Herkunft von den Fischen hinweist. Quelle: Rothe 2000

▶ **Metamorphose** ist die Umwandlung von Gesteinen unter Beibehaltung des festen Zustandes bei höherem Druck und/oder höheren Temperaturen.

verwunderlich, dass das erste Amphibium der Erdgeschichte aus solchen Ablagerungen stammt. Offenbar setzte damals eine Mode ein, aufs Land zu gehen. Aus Grönland stammt das aus zahlreichen Einzelfundknochen rekonstruierte Tier, das man *Ichthyostega* getauft hat; im Namen sollte schon deutlich werden, dass es noch Merkmale von Fischen (griech. Ichthys = Fisch) hatte. Es verfügte zwar einen den Fischen ähnlichen Schwanz, aber statt der Flossen über vier Beine (vgl. Kap. 5).

Außer Tonschiefern und Massenkalken gab es im Devon natürlich auch schichtige Kalksteine, deren Material oft von den Riffen aus in die benachbarten Meeresbecken geschüttet wurde, Sandsteine, die in Küstennähe und in flachen Meeresteilen entstanden waren, und viele Arten vulkanischer Gesteine. Basalte mit 93 ▶ Pillows zeigen, dass sie unter Wasserbedeckung ausgeflossen waren (vgl. Kap. 3). Sie sind später durch eine leichte 44 ▶ Metamorphose grün gefärbt worden, weil sich neue Minerale darin gebildet hatten: Dann nennt man sie nicht mehr Basalt, sondern Diabas. Solche Gesteine kann man bei uns besonders schön im Lahn-Dill-Gebiet, im Sauerland und im Harz beobachten.

In Nordamerika und Kanada hatten damals große Riffe ganze Riffgürtel gebildet, die riesige Lagunen vom offenen Meer abriegelten; in deren flachem Wasser sind dann, bei vorherrschend warmem Klima, bedeutende Lagerstätten von Steinsalz und Kalisalzen auskristallisiert. Zu den devonischen Rohstoffen gehören auch die Roteisensteine, deren

**2.30** Innerhalb des Oberharzer Diabaszuges sind bei Lerbach vergrünte Pillow-Basalte (Diabase) 34 ▶ aufgeschlossen. Quelle: Rothe 2000

**2.31** Schichtiger Roteisenstein, sog. Lahn-Dill-Erz. Aufgelassene Grube Lindenberg zwischen Münster und Wolfenhausen an der Lahn. Quelle: Rothe 2006

▶ **Karbon**
ist das „Steinkohlenzeitalter" der Erdgeschichte (358 – 296 Millionen Jahre).

Eisen nach Ende des Diabasvulkanismus vor allem aus dessen Lockergesteinen mobilisiert wurde; sie waren von der Keltenzeit an bis nach 1980 vor allem im Gebiet von Lahn und Dill, im Sauerland und im Harz Gegenstand eines intensiven Bergbaus.

Gegen Ende des Devons kam es wieder zu einem Massenaussterben, es war schon das zweite nach dem zwischen 36 ▶ Ordovizium und Silur. Auch hier nimmt man an, dass es durch eine Abkühlung des Klimas verursacht war, obwohl man nicht direkt Spuren einer Eiszeit gefunden hat.

**2.32** Lahn-„Marmor" der Varietät „Unica". Die Kalksteine wurden wesentlich durch Stromatoporen aufgebaut und durch Eisenoxid partienweise rot gefärbt. Foto: Verfasser

### Karbon

Im nachfolgenden 45 ▶ Karbon wurde es aber wieder ziemlich heiß auf der Erde, jedenfalls in den Gebieten, in denen man die bedeutendsten Steinkohlevorkommen der Erde finden kann; danach nennt man das Karbon ja auch das „Steinkohlenzeitalter". Bei der Besprechung der Fossilien werde ich noch auf die tropische Vegetation eingehen, die durch besondere Bäume und einen entsprechenden Klimagürtel gekennzeichnet ist, der sich über die ganze Erde hinweg von Osten nach Westen erstreckt hatte; deshalb gibt es karbonzeitliche Kohlen von China über Großbritannien bis nach Nordamerika.

**Exkursionshinweise zum Devon:**

**Weilburg an der Lahn**, Stadtgebiet: Auf engem Raum nebeneinander zu findende und teilweise auch mit Schildern gekennzeichnete Vulkangesteine (Diabas, Schalstein, Keratophyr), Kalke, bunte Tonschiefer und Eisenerze.

**Besucherbergwerk Grube Fortuna** bei Oberbiel: Roteisenstein-Lagerstätte, Abbaumethoden (www.grube-fortuna.de)

**Geotop „Unica"** in Villmar an der Lahn: Die vom Mitteldevon bis ins untere Oberdevon reichenden kalkigen Riffbauten bestimmen vielerorts die Landschaft im Lahntal zwischen Weilburg und flussabwärts über Limburg hinaus. Bei Villmar hat man großflächig angeschliffene, bunt gefärbte Kalke in einem überdachten Geotop geschützt, in denen man ▶ Stromatoporen, Korallen und Stachelhäuter in schichtigen Ablagerungen eines Riffschuttbereichs sehen kann. Die Lokalität ist ausgeschildert, am rechten Lahnufer gegenüber dem Ort.

## 2 Eine kleine Geschichte der Erde
Erdgeschichtliche Zeitabschnitte – viele Namen mit unterschiedlichem Ursprung

**2.33** Übertage anstehendes Steinkohlenflöz zwischen Sandsteinbänken. Ortseingang von Witten-Heven im südlichen Ruhrgebiet. Foto: Verfasser

Bei uns liegen große Vorkommen im Ruhrgebiet und im Saarland. Ihr Abbau war früher einfach, weil im südlichen Ruhrgebiet die Flöze an der Oberfläche „ausbissen". Die geologischen Verhältnisse sind aber dadurch gekennzeichnet, dass die Schichten nach Norden zu abtauchen, und deshalb musste man mit dem fortschreitenden Bergbau bis heute in immer größere Tiefen vorstoßen.

Die Tiergruppen entwickelten sich weiter und es gab alle im Devon schon erwähnten Stämme, auf die ich aus Platzgründen hier nicht weiter eingehen möchte. Nur die Libellen sollen erwähnt sein, die mit Flügelspannweiten bis zu 60 cm erstmals den Luftraum erobert hatten. In den sumpfigen Wäldern lebten auch Süßwassermuscheln und -schnecken und mit ihnen zusammen die ersten Pfeilschwanzkrebse. Amphibien wuchsen sich manchmal zu Riesenformen aus, manche wurden über 5 m

**2.34** Während des Oberkarbons gefaltetete Kalke und Schiefer des Unterkarbons. Profil an der Bahnlinie Lelbach–Rhena, nordwestlich von Korbach.
Foto: Verfasser

Küste der Aran-Inseln, Galway, Irland. Flachlagernder Kohlenkalk des Unterkarbons.
Foto: Wolfram Schwieder

## 2 Eine kleine Geschichte der Erde
Erdgeschichtliche Zeitabschnitte – viele Namen mit unterschiedlichem Ursprung

> **Variskische Gebirgsbildung**
> ist die Gebirgsbildung während der Karbonzeit, in der die meisten unserer Mittelgebirge entstanden. Der Name kommt vom römischen „curia variscorum" = Hof in Bayern.

groß. Gegen Ende des Karbons gab es auch schon die ersten Reptilien der Erdgeschichte. Weil Reptilien Eier legen, in denen ihre Nachkommen vor der Austrocknung geschützt sind, sind sie vom Wasser unabhängig.

Das bedeutendste Ereignis im Karbon war aber die nächste große Gebirgsbildung, bei der u. a. praktisch alle unsere deutschen Mittelgebirge entstanden sind. Im Sinne der Plattentektonik (vgl. Kap. 3) wurden die im Devon und Unterkarbon entstandenen Meeresablagerungen zu einem Faltengebirge zusammengeschoben, in dessen tieferen Stockwerken auch Granite und verwandte Gesteine entstanden.

Gelegentlich wurden sogar ozeanische Basalte auf die späteren Festlandsgebiete aufgeschoben. Nach einer römischen Bezeichnung für die Stadt Hof (curia variscorum) hat man dieses Gebirge das 48▶ Variskische Gebirge genannt. Seine Bildung hatte damals die ganze Erde erfasst und zu einer riesigen Landmasse zusammengeschweißt. Daher verwundert es nicht, wenn man variskische, d. h. gleichzeitig mit unseren Mittelgebirgen (Schwarzwald, Odenwald, Spessart, Rheinisches Schiefergebirge, Erzgebirge oder Harz z. B.) entstandene Gebirge auch in Frankreich, England, Nordafrika, im Ural oder in den nordamerikanischen Appalachen antrifft, denn den Atlantischen Ozean gab es damals noch nicht.

Wenn man in Deutschland Granite findet, sind sie meistens variskisch, d. h. etwa 300 Millionen Jahre alt.

### Granite

Granite und verwandte Tiefengesteine sind in vielen deutschen Mittelgebirgen so häufig anzutreffen, dass sich eine Nennung von einzelnen Lokalitäten erübrigt; die meisten Granite sind während des Oberkarbons entstanden. Bayerischer Wald, Fichtelgebirge, Schwarzwald und Odenwald bieten in vielen noch aktiven Steinbrüchen gute Aufschlüsse und der Harz mit dem Brocken auch ein überschaubares Beispiel. Hinzu kommen die im Norddeutschen Tiefland verstreuten Vorkommen von Findlingen, die von Gletschern aus Skandinavien herantransportiert wurden.

Im Verlauf einer Gebirgsbildung gibt es eine Phase, in der große Mengen von Schutt schon entstehen, solange das Gebirge noch unter Wasser ist. Nach einem Schweizer Ausdruck nennt man die daraus entstehenden Gesteine 49▶ Flysch, weil sie heute oft fließen, d. h. zu Rutschungen neigen, wenn es darauf regnet. Das sind Tonsteine und Sandsteine, deren Bestandteile durch große, vom Kontinentalhang abgerutschte Schlammwolken in der Tiefsee (die dem Gebirge vorausging) abgelagert wurden. Daraus sind später Grauwacken entstanden. „Grauwacke" ist ein Bergmannsausdruck aus dem Harz, wo man solche Gesteine zuerst beschrieben hat.

Diese Gesteine nenne ich manchmal „dreckige Sandsteine"; sie enthalten nämlich oft auch dunkle Fetzen von Tongesteinen, wodurch sie sich von den helleren Sandsteinen, die ja hauptsächlich aus Quarzkörnern aufgebaut sind, unterscheiden (vgl. Kap. 4).

**2.35** Durch die Verwitterung in Blöcke gespaltener und gerundeter Granit im Oberharz. Quelle: Rothe 2006

**2.36** Grauwacke, Söse-Talsperre, Harz. Kennzeichnend sind dunkle Farben (daher der Name) und eckige Quarz- und Gesteinsbruchstücke.

Quelle: Rothe 2002

Erst wenn ein Gebirge teilweise aus dem Meer herausgehoben wird, kommt es zu einer verstärkten Abtragung: Der dabei gebildete Schutt (Molasse) wird in das Vorland verfrachtet. Damit beginnt die Zerstörung des Gebirges, die wir bis heute auch an Muren-Abgängen und dem Geröll, das die Flüsse heraustransportieren, z. B. in den Alpen beobachten können.

Im jüngeren Karbon war auch wieder verstärkt Basaltmagma an der Erdoberfläche ausgeflossen, das aus tiefgreifenden Spalten direkt aus dem Erdmantel kam. Eigentlich begann mit diesen Spalten schon wieder die Zerstörung der großen Landmasse, die zuvor durch die variskische Gebirgsbildung zustande gekommen war. Auch das Klima veränderte sich allmählich wieder, was man u. a. daran erkennen kann, dass die tropische Pflanzenwelt der Steinkohlenwälder nach und nach durch eine Trockenvegetation abgelöst wurde. Auf den Südkontinenten (Afrika, Südamerika, Indien, Australien und in der Antarktis, die man zusammen als Gondwanaland bezeichnet) herrschte im jüngeren Karbon schon wieder eine Eiszeit, die in ihren Auswirkungen bis in unsere Gegend hinein wirksam war. Das Abschmelzen der dortigen Gletscher hat immer wieder zu einem Anstieg des Meeresspiegels geführt, der auch die ständig wiederholte Neubildung und Überflutung der Küstensümpfe steuerte.

### Perm

Im nachfolgenden 49 ▶ Perm, das nach einem alten Königreich im Vorland des Ural-Gebirges so benannt wurde, entstand bei uns eine Landschaft, die ganz anders aussah als die der tropischen Steinkohlenwälder. Die altertümlichen Karbonpflanzen wurden zunehmend durch größere Schachtelhalme und Koniferen abgelöst, die mit dem trocken gewordenen Klima besser zurecht kamen.

Man muss sich aber erst einmal deutlich machen, was da alles passierte: Das Variskische Gebirge wurde schon wieder abgetragen. Der meist rote Schutt enthält eine Menge Gneis und Granit, aber auch Rhyolith und große Quarze, die aus Gang- und Kluftfüllungen stammen. Viele dieser Komponenten sind noch eckig, was darauf hinweist, dass sie nicht weit bewegt worden sind. Den damaligen Verhältnissen entsprechende Bedingungen kann man heute in vielen Wüstengebieten antreffen, wo in den die meiste Zeit über trockenen Wadis auch solcher Schutt herumliegt. Dass dort selbst größere Gesteinsblöcke transportiert werden, kann man erleben, wenn in ganz kurzer Zeit so viel Regen fällt wie sonst im ganzen Jahr. So etwas nennt man Ruckregen und der kommt meist überraschend – man sollte also in Wadis nicht zelten, weil man sonst selbst in der Wüste ertrinken kann.

▶ **Perm**

ist das jüngste System des Erdaltertums, das nach dem gleichnamigen russischen Gouvernement im Vorland des Urals benannt ist (296 – 251 Millionen Jahre).

▶ **Flysch**

ist der Ausdruck für überwiegend in tiefem Wasser abgelagerte, meist fossilarme Sedimente, die an eine bestimmte Phase innerhalb einer Gebirgsbildung gebunden sind.

**Exkursionshinweise Unterkarbon:**

*Söse-Talsperre* und *alter Steinbruch* am Söse-Kopf: Das durch Grauwacken, Sandsteine und Tonschiefer geprägte Unterkarbon sollte man am besten im Harz erkunden (wo der von Bergleuten geprägte Begriff Grauwacke herstammt). Gut sind Grauwacken überall im Bereich der Talsperre 34 ▶ aufgeschlossen, wo man das Material auch zum Bau der Staumauer verwendet hat.

*Freilichtmuseum* bei Lehesten im Thüringer Schiefergebirge: Dachschiefer-Bergbau, Göpel, Spalter-Werkstätten (die der Kollege Wagenbreth vor dem Abriss bewahrt haben soll; Stichwort „Beseitigung grenznaher Schlupfwinkel").

*„Culmfalte"* bei **Ziegenrück**.

*Lehesten:* Thüringer Schieferpark Lehesten: Dachschieferbergbau und Verarbeitung (www.lehesten.de)

**Exkursionshinweise Oberkarbon:**

*Steinbruch Rauen*, **Witten-Gedern**: Mehrere Steinkohlenflöze mit ihren Begleitgesteinen, die die Zyklizität der Ablagerungen erkennen lassen (Naturdenkmal).

*Prallhang der Ruhr* am Gasthaus „Zum Deutschen", zwischen Hattingen und Niederwenigern: zwei steilgestellte Steinkohlenflöze.

*Bergbau-Museum und Geologischer Garten Bochum* (www.bergbaumuseum.de).

*Aufgelassene Steinbrüche bei* **Witten-Heven** *und „Am Kleff"*, **Witten**: Steinkohlenflöze in flacher Lagerung.

## 2 Eine kleine Geschichte der Erde
Erdgeschichtliche Zeitabschnitte – viele Namen mit unterschiedlichem Ursprung

▶ **Porphyre**
sind vulkanische Gesteine, die größere Kristalle in einer feinkristallinen Grundmasse enthalten.

**2.37** Der Rheingrafenstein bei Bad Münster am Stein, ein permzeitlicher Rhyolith. Foto: Verfasser

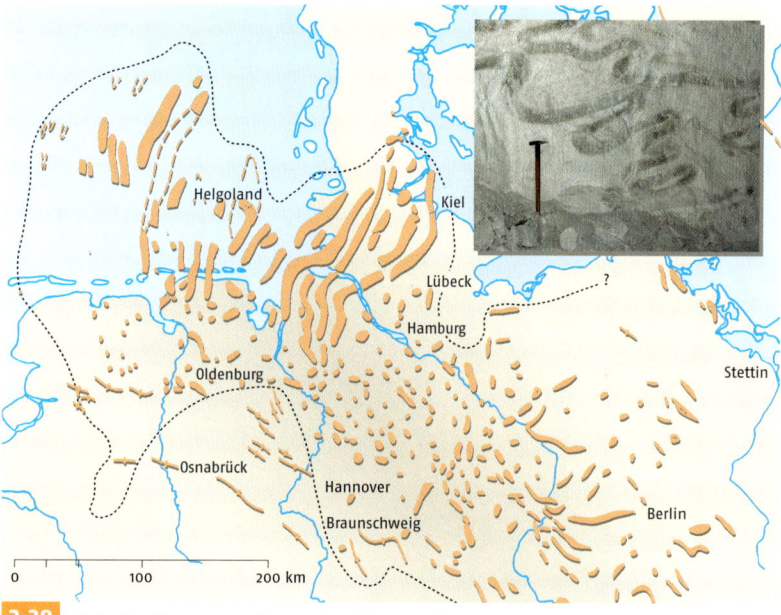

**2.38** Salz im Untergrund von Norddeutschland. Quelle: Rothe 2006
Foto: Salzbergwerk Zielitz bei Magdeburg. Foto: Prof. Dr. Thomas Kirnbauer

Der rot gefärbte Schutt der Permzeit, der wesentlich aus Sand und Geröll, aber auch Ton zusammengesetzt war, ist später zu viele hundert Meter dicken Gesteinspaketen verfestigt worden.

Die Tröge, in denen er sich ansammelte, sanken in der Spätphase der Gebirgsbildung weiter ein und dieses Absinken wurde durch den nachgelieferten Verwitterungsschutt wieder ausgeglichen. Außerdem gab es damals einen sehr intensiven Vulkanismus, durch den viele der sog. 50 ▶ Porphyre entstanden (die wir heute Rhyolithe nennen, vgl. Kap. 4); man kann sie u. a. am Donnersberg in der Pfalz oder am Rotenfels bei Bad Münster am Stein beobachten: helle Gesteine, in denen oftmals noch an den Strukturen erkennbar ist, dass die Schmelzen sehr zäh waren.

Der untere Teil des Perms heißt wegen der roten Gesteinsfarben Rotliegend. Der obere Teil heißt Zechstein; in dieser Zeit sind unter dem herrschenden Trockenklima mächtige Salzlagerstätten entstanden, die im Untergrund von Norddeutschland und unter der Nordsee vorkommen, wo sie für viele geologische Vorgänge bis heute maßgeblich sind.

Die Bezeichnung Zechstein stammt aus dem Mansfelder Land am östlichen Harzrand, wo die Bergleute über 800 Jahre lang Kupfererze gegraben hatten, die ein weniger als einen halben Meter dickes Flöz bilden. Als sie mit der Spitzhacke dieses Flöz abbauten, lagen sie auf dem Rotliegend (ohne Erz, deshalb nannten sie das rote tote = erzfreie Liegende, daher dann später Rotliegend) und über sich, im Hangenden des Erzes, „zäches" (d. h. zähes) Gestein, eben Zechstein (zu dem auch das Erz selbst gehört). Eine andere Deutung sagt, dass das Wort von den Zechenhäusern abgeleitet sei.

Halten wir also einmal fest, dass es zur Permzeit bei uns ziemlich warm und trocken gewesen ist und dass es zeitweise auch explosive Vulkane gegeben hat. Auf der Erde bestand damals noch immer die große zusammenhängende Landmasse, die durch die Variskische Gebirgsbildung entstanden war. In deren Innerem gab es größere Dünengebiete mit entsprechenden Sedimenten, zu denen z. B. auch rote Sandsteine in der Schichtenfolge des Grand Canyon gehören.

Das sind keine besonders günstigen Verhältnisse für die Überlieferung von Fossilien. Auch Meerestiere hatten in dem salzigen Wasser, das die permischen Flachmeere kennzeichnet, keine günstigen

Bluff, Utah, USA, Monument Valley. Was hier aussieht wie die Türme der Münchener Frauenkirche, sind Erosionsformen in Sandsteinen des Colorado-Plateaus.
Foto: Dipl.-Ing. Heinz Leib

## 2 Eine kleine Geschichte der Erde
Erdgeschichtliche Zeitabschnitte – viele Namen mit unterschiedlichem Ursprung

**2.39** Permzeitliche Rotsandsteine: Die horizontal lagernden Gesteinsbänke sind durch Verwitterung und Abtragung in zahlreiche Mauern und Türme aufgelöst. Bryce Canyon, Utah, USA.

Foto: Dipl.-Geogr. Jörg Eckert, aus Rothe 2002

**2.40** Großräumige Schrägschichtung, als Unterwasser-Dünen interpretiert, in Rotsandsteinen des obersten Rotliegend. Alter Steinbruch zwischen Langenlonsheim und Guldental im Nahegebiet.

Foto: Verfasser

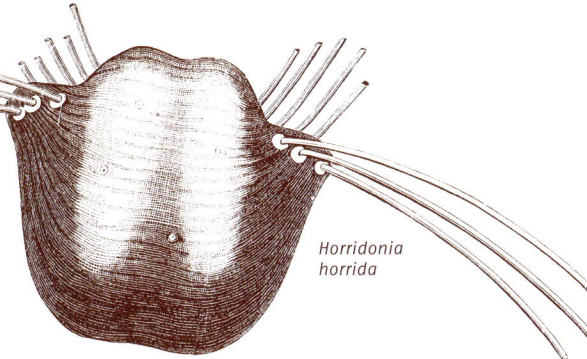

**2.41** *Horridonia*, ein auffälliger Brachiopode des Perms. Quelle: Rothe 2000

Lebensbedingungen. Man muss also auf der damaligen Erde nach Bedingungen suchen, unter denen „normale" Organismen gedeihen konnten. Dazu gehören unter anderem Riffbereiche, die von Algen und Moostierchen beherrscht wurden, oder nicht ganz so salzige Flachmeere, in denen dann auch 154 ▶ Brachiopoden leben konnten. In besonders warmen Meeresbereichen lebten Einzeller mit großen, vielkammerigen Kalkgehäusen, die man Großforaminiferen nennt. Im Unterschied zu den normalen 53 ▶ Foraminiferen, deren Schalen nur 0,5 bis wenige Millimeter messen, waren sie oft mehrere Zentimeter groß. Außerdem gab es immer noch altertümliche Kopffüßer und Korallen. Im Perm lebten auch die letzten 143 ▶ Trilobiten der Erdgeschichte. Unter den Brachiopoden fällt ein Tier auf, das mit seinen langen Stacheln auf der Schale aussah wie ein lanzenstarrender Krieger; man hat ihm den lateinischen Namen *Horridonia horrida* gegeben, da hört man den Horror förmlich heraus.

Die Funktion der Stacheln ist aber ganz harmlos gewesen, sie dienten wohl nur dazu, das Tier bei Wellenbewegung (Flachmeer!) auf dem Untergrund festzuhalten. Ähnliche militaristische Deutungen könnte man auch für den permischen Saurier *Dimetrodon* versuchen, der mit einem hohen Segel auf seinem Rücken ausgestattet war.

Wofür diesem etwa 2 m langen Raubtier das Segel eigentlich diente, ist bis heute unklar, man denkt aber daran, dass eine zwischen den Knochen aufgespannte Haut die Oberfläche für das Sonnenbad der Tiere vergrößert hatte, wodurch es sich schneller erwärmen konnte als seine Umgebung. Neben diesen großen Tieren gab es auch im Festlandsbereich ganz kleine: Im Schlamm austrocknender Binnenseen sind nämlich manchmal sogar die Fährten von Insekten erhalten geblieben, was man z. B. in den Rotliegend-Ablagerungen im rheinhessischen Nierstein beobachtet hat.

Am Ende des Perms kam es zum größten Massenaussterben der gesamten Erdgeschichte. Das war, nach jenem am Ende des

▶ **Foraminiferen** sind einzellige marine Organismen, die meist millimetergroße kalkige Gehäuse ausbilden; damit tragen sie die wesentlichen Komponenten zu den kalkigen Meeressedimenten bei.

**2.42** *Dimetrodon* (Kinderspielzeug); das Tier wurde etwa 2,50 m lang. Foto: Verfasser

**2.43** Trollfelsen, rotliegendzeitlicher, zementierter Abtragungsschutt des Rheinischen Schiefergebirges, durch jüngere Tektonik nach der Ablagerung verkippt. Foto: Verfasser

## 2 Eine kleine Geschichte der Erde
Erdgeschichtliche Zeitabschnitte – viele Namen mit unterschiedlichem Ursprung

▶ **Tethys**
ist ein nach der Gemahlin des Oceanos benanntes Meer, das sich in Ost-West-Richtung am Nordrand des ehemaligen Gondwanalandes von Indonesien über Kleinasien bis nach Südeuropa erstreckt hatte. Daraus sind später Gebirge wie der Himalaya, Hindukusch oder die Alpen entstanden. Das heutige Mittelmeer ist ein Rest dieses Tethysmeers.

▶ **Dropstones**
sind Steine, die aus Treibeis ausschmelzen, welche die Gletscher zuvor aus dem überfahrenen Untergrund aufgenommen hatten. In Meeressedimenten sind das oft grobe Partikel, die in feinkörnigem Schlamm abgelagert werden.

▶ **Paläozoikum**
ist das Erdaltertum (545 – 251 Millionen Jahre).

▶ **Trias**
ist das älteste System des Erdmittelalters, das in die drei Gruppen Buntsandstein, Muschelkalk und Keuper eingeteilt wird (Trias = Dreiheit) (251 – 200 Millionen Jahre).

▶ **Mesozoikum**
ist das Erdmittelalter (251 – 65 Millionen Jahre).

▶ **Dolinen**
sind trichterförmige Einsturzformen in Karstgebieten, die durch unterirdische Auflösung löslicher Gesteine (Kalk, Gips) entstehen; benannt nach dem slowenischen „dolina" für Tal.

▶ **Bachschwinden**
sind Stellen in Karstgebieten, an denen oberflächlich fließendes Wasser in unterirdische Gerinne versickert.

▶ **Karbonate**
sind Minerale in Verbindung mit $CO_3$; wichtig sind Calcit $CaCO_3$ und Dolomit $CaMg(CO_3)_2$.

**2.44** Wassergefüllte Doline im Gipskarst bei Questenberg am südlichen Harzrand. Foto: Verfasser

36 ▶ Ordoviziums und dem im 40 ▶ Oberdevon, nun schon das dritte und die Statistiken zeigen, dass damals etwa 75 – 90 % aller Tierarten ausgestorben sind. Die Forscher rätseln bis heute über die Ursache, es ist aber ziemlich wahrscheinlich, dass auch in diesem Fall eine Abkühlung des Klimas die wesentliche Rolle gespielt hat: Betroffen waren nämlich zunächst die tropischen Riffgemeinschaften, die sich in den 54 ▶ Tethysraum zurückzogen, ehe sie ganz abstarben; auch diese Ereignisse zogen sich über einen Zeitraum von ein paar Millionen Jahren hin. Erstmals waren auch Landwirbeltiere beteiligt, von denen die größeren Formen zuerst ausstarben, wahrscheinlich weil sie nicht mehr genügend Nahrung finden konnten, während kleinere noch weiterexistierten. Außer den Befunden an den Fossilien gibt es auch Hinweise auf Gletscher, die ihre Geschiebe als 54 ▶ „dropstones" in Südaustralien und auf der Breite von Sibirien hinterlassen haben; die große Landmasse von Gondwana reichte damals also von Pol zu Pol.

Alle bisher behandelten Zeitabschnitte der Erdgeschichte, mit Ausnahme des 30 ▶ Präkambriums, fasst man unter dem Begriff 54 ▶ Paläozoikum (Erdaltertum) zusammen.

### Trias
Mit der nun folgenden 54 ▶ Trias beginnt das Erdmittelalter (54 ▶ Mesozoikum), eine ganz neue Zeit, vor allem wenn man die Baupläne der Tiere betrachtet, die nach der erwähnten Aussterbe-Katastrophe eine neue Stufe der Evolution zu erklimmen begannen. Die Sedimente sahen anfangs noch ähnlich aus wie die des 49 ▶ Perms, jedenfalls auf den Kontinenten, die noch immer zu einer großen Landmasse vereinigt waren. Dort gab es überwiegend rote Sandsteine, die für ein weiterhin trockenes Klima sprechen. Bei uns ist das an den Gesteinen des Buntsandsteins deutlich, der in ganz Deutschland verbreitet ist. „Trias" bedeutet Drei-

**Exkursionshinweise Perm:**

*Tambach-Dietharz* im Thüringer Wald, Steinbrüche am Bromacker: Sandsteine des Rotliegend mit weltberühmten Tetrapoden-Fährten. Die zugehörigen Fossilfunde sind neben vielen anderen im Museum der Natur in Gotha zu sehen.

*Gaggenau-Hörden*, beim Sportplatz am gegenüberliegenden Ufer der Murg (man muss bei Niedrigwasser durch den Fluss waten): Typischer Rotliegend-Schutt mit Gneis-, Granit- und Porphyr-Bruchstücken.

*Schlossberg* in Schramberg: Beschildert, das Profil geht dort vom schlecht sortierten roten Schutt des Rotliegend über in die zeitlich dem Zechstein zugeordneten Karneoldolomithorizonte bis in den hangenden Buntsandstein, der vielfach Schichten mit Quarzkieseln enthält, auch oben an der Burg.

*„Trollfelsen"* im Trollbachtal unweit Bingen, wo der Rotliegend-Trogschutt schon wieder zu Felsburgen herausmodelliert ist.

*Kupferschiefer-Museum* in Hettstedt: Kupferschiefer wurde am östlichen Harzrand über 800 Jahre lang (zuletzt 1990, in Polen heute noch) abgebaut. Das Museum zeigt die Bergbaugeschichte, u. a. auch einen Nachbau der ersten Dampfmaschine Watt'scher Bauart (www.mansfeld-museum-hettstedt.de).

*Besucherbergwerk „Röhrigschacht"* nahe Wettelrode bei Sangerhausen: Grubenfahrt und Museum zum Kupferschiefer (www.roehrigschacht.de).

*Karstwanderweg* im südlichen Harzvorland von Osterode bis nach Sangerhausen: Großräumige Gipskarstlandschaft mit Höhlen, 54 ▶ Dolinen und 54 ▶ Bachschwinden (u. a. die Heimkehle bei Uftrungen).

*„Einhornhöhle"* bei Scharzfeld: In der Nähe von Herzberg sind infolge der paläo-geographischen Schwellensituation während des Zechsteins anstelle der Salze 54 ▶ Karbonate gebildet worden. Darin ist die auch für ihre paläolithischen Funde berühmte Höhle entstanden (www.einhornhoehle.de).

*„Korbacher Spalte"*: Karbonatischer Zechstein kennzeichnet auch das Gebiet bei Korbach. Das Gestein wird dort noch in großen Brüchen südlich der Stadt gewonnen und hat in der sog. Korbacher Spalte am südlichen Ortsausgang mit dem Procynosuchus auch ein Landwirbeltier geliefert, das mit südamerikanischen Formen verwandt ist.

**2.45** a) Buntsandstein im Steinbruch Igelsbach, Neckartal; b) Detail: Die Schrägschichtung zeigt den Transport durch einen Fluss an. Fotos: Verfasser

▶ **Bärlapper**
sind krautige immergrüne Pflanzen ohne sekundäres Dickenwachstum (Holzbildung).

heit und die Trias besteht dementsprechend aus den Einheiten Buntsandstein, Muschelkalk und Keuper.

### Buntsandstein

Der Buntsandstein ist eine Bildung des Festlandsbereichs.

Seine vorwiegend rot gefärbten Ablagerungen sind meistens durch Flüsse transportiert worden, die im vorherrschenden Trockenklima aber nicht immer Wasser führten. Die Pflanzen vor allem waren an ein solches Klima angepasst und es gab damals nur verhältnismäßig wenige Wirbeltierarten, von denen *Chirotherium*, ein Reptil, das „Handtier", das bekannteste ist; leider kennt man nur seine Fährten, die einer menschlichen Hand ähnlich sehen (daher sein Name).

Die Pflanzen waren überwiegend große Schachtelhalme und Koniferen; sie hatten zwar andere Namen, aber manche von ihnen sahen unseren heutigen Nadelbäumen schon sehr ähnlich. Eine ganz besonders charakteristische Pflanze der Buntsandsteinzeit, die noch zu den 55 ▶ Bärlappern zählt, war die 1–2 m hoch gewachsene *Pleuromeia*, die wohl ähnlich wie die Kakteen in heutigen Trockengebieten größere Mengen Wasser in ihrem Stamm speichern konnte.

Es ist immer wieder behauptet worden, der Buntsandstein sei eine reine Wüstenbildung. Das stimmt so aber nicht ganz, denn die Hauptmasse seiner Sedimente ist durch fließende Gewässer transportiert worden, die sie vom Schwarzwald und vom französischen Zentralmassiv bis in den Nordseeraum verfrachteten. Das waren neben zeitweise ständig Wasser führenden Flüssen auch solche, die

**2.46** Fährten des „Handtiers" *Chirotherium*, deren Verursacher man nicht kennt. Quelle: Rothe 2000

*Pleuromeia sternbergii*

**2.47** *Pleuromeia*, eine charakteristische Pflanze des Buntsandsteins. Quelle: Rothe 2000

10 cm

## 2 Eine kleine Geschichte der Erde
Erdgeschichtliche Zeitabschnitte – viele Namen mit unterschiedlichem Ursprung

**2.48** Netzleisten, durch Sand ausgefüllte Trockenrisse im Buntsandstein des Neckartals. Quelle: Rothe 2006

nur episodisch geflossen sind, was man an den Sedimentstrukturen erkennen kann, die für sog. Zopfmusterflüsse charakteristisch sind; bei denen kann sich die Fließrichtung kurzfristig ändern, wenn im Einzugsgebiet neuer Regen fällt. Daneben existierten auch episodisch austrocknende Tümpel, in denen eher toniger Schlamm abgelagert wurde. Wenn dieser austrocknete, kam es zur Bildung von Trockenrissen, die dann mit Sand ausgefüllt werden konnten. Weil der später zu Sandstein verhärtete Sand fester ist als der Ton, können solche Strukturen in Form von Netzleisten erhalten bleiben.

In solchen Tonschlamm-Ablagerungen hat das *Chirotherium* seine Fährten hinterlassen. Reine Dünenbildungen, die es auch gibt, sind eher selten zu finden. Wenn die Flüsse den schon manchmal leicht verfestigten Tonschlamm erodierten, formten sie daraus flache Gerölle, die man oft in den Sandsteinen eingelagert finden kann; sie sind meist nicht einmal gut gerundet, was darauf hinweist, dass sie nicht weit transportiert wurden.

### Muschelkalk

Während der Zeit des auf den Buntsandstein folgenden Muschelkalks war in Süddeutschland das Wasser eines Meeres aus dem Alpenraum in das nördliche Binnenland vorgedrungen und hatte dort Kalk und Ton abgesetzt; in den Gesteinen kann man oft Fossilien finden: Neben den namengebenden Muscheln waren das vor allem Brachiopoden, aber auch neue Formen von Kopffüßern, die jetzt 145 ▶ Ceratiten heißen, und viele Seelilien, von denen man ganze Kronen finden kann und

**Exkursionshinweise Trias**

Schichten der Trias sind in Deutschland so weit verbreitet, dass Hinweise auf einzelne Orte fast überflüssig sind. Der Reichtum an Buntsandstein hatte einmal zu der Bemerkung Anlass gegeben, dass dieses Gestein mit seinen nährstoffarmen Böden zu unserer „nationalen Misere" gehöre. Die Verbreitung reicht vom Schwarzwald bis nach Helgoland und im Osten noch weit über Thüringen hinaus. Die folgenden Hinweise ließen sich deshalb beliebig erweitern. Das gilt auch für den Muschelkalk ebenso wie für den Keuper.

**Buntsandstein:**

*Dahner Felsenland:* Felstürme aus Buntsandstein im Pfälzer Wald, wo die bevorzugte Verwitterung durch senkrechte Klüfte vorgezeichnet war.

*Teufelstisch* bei Hinterweidenthal: Wahrzeichen der Pfalz. Buntsandstein-Schichten unterschiedlicher Härte bedingen eine selektive Verwitterung, die den Tisch über seine Sockelgesteine herausragen lässt.

*Steinbruch der Fa. Wassum* bei Miltenberg am Main: Braunrote Sandsteine des Buntsandsteins, oft mit charakteristischer weißlicher Streifung und Schrägschichtung (Miltenberger Sandstein); die noch heute abgebauten Steine sind für eine Vielzahl bedeutender Bauwerke verwendet worden, u. a. für die Schlösser in Mannheim, Aschaffenburg und Darmstadt, die Frankfurter Paulskirche und das Senckenberg-Museum.

**2.49** Schichten des Unteren Muschelkalks im Steinbruch des Schotterwerks bei Leimrieth nahe Hildburghausen. Foto: Verfasser

Stiele, die oft schon in ihre Einzelteile zerfallen sind; deren Bruchflächen glitzern, wenn man die Kalksteine zerschlägt, weil sie aus relativ großen Kalkspatkristallen bestehen. An den Ceratiten lässt sich der Fortgang der Evolution besonders schön deutlich machen, weil sie mit weniger Baumaterial eine höhere Festigkeit ihrer Gehäuse erreicht hatten (vgl. Kap. 5).

Die kalkigen Sedimente zeigen eine große Vielfalt an Strukturen, aus denen man den Ablagerungsraum rekonstruieren kann. Zur Zeit des Unteren Muschelkalks bestand danach eine Art von kalkigem Wattenmeer mit Schlammflächen und Prielen, in denen schneller strömendes Wasser auch groben Muschelschill transportieren konnte. Es gibt viele Wühlspuren von bodenlebenden Organismen, was zu einer unruhigen Schichtung geführt hat: Danach hieß der Untere Muschelkalk früher „Wellenkalk"; heute Jena-Formation. Die Kalksteine und Mergel sind nämlich im Stadtgebiet und am dortigen Saale-Ufer besonders charakteristisch ausgebildet und die Profile durchgehend aufgeschlossen.

In manchen Schichten liegen ganze Trümmerhaufen von Kalksteinbrocken, deren Entstehung man auf Sturmflutereignisse zurückführt, die den allgemein sehr flachen Meeresbereich bis zum Grund aufgewühlt hatten. Zusammengerutschte Schichten mit sehr charakteristischen Oberflächenstrukturen lassen sich wahrscheinlich mit Erdbeben zu dieser Zeit erklären.

Während des Mittleren Muschelkalks muss das binnenländische Becken eine Zeitlang vom offenen Meer im Süden abgeriegelt worden sein; dabei waren Lagunen entstanden, in denen das Meerwasser verdunsten und seine Salzfracht absetzen konnte. Dieses Muschelkalksalz wird heute noch bergmännisch in der Umgebung von Heilbronn gewonnen.

**2.50** Ensemble von Steinsalzwürfeln aus dem Mittleren Muschelkalk von Kochendorf. Foto: Verfasser

### Muschelkalk:

**Muschelkalkmuseum Hagdorn** in Ingelfingen (www.ingelfingen.de)

**Besucherbergwerk Bad Friedrichshall:** *Salz des Mittleren Muschelkalks* (www.salzwerke.de)

**Hessigheimer Felsengärten:** *Fast 20 m hohe Muschelkalk-Felstürme, durch senkrechte Klüfte begrenzt; vom bergseitigen zusammenhängenden Fels sind sie durch eine breite Spalte getrennt. Sie gehören zum Oberen Muschelkalk, der hier auf teilweise aufgelöstem gipsführendem Mittleren Muschelkalk langsam zu Tal rutscht; deshalb sind die Türme leicht geneigt (Kletterfelsen).*

## 2 Eine kleine Geschichte der Erde
Erdgeschichtliche Zeitabschnitte – viele Namen mit unterschiedlichem Ursprung

**2.51** Bunte Keuperletten am Stromberg. Foto: Verfasser

Erst im Oberen Muschelkalk kam dann das Meer wieder ungehindert zurück und brachte vor allem Ceratiten und Seelilien aus dem südlichen Alpenraum mit. Es bestimmte die Verhältnisse bis zum Anfang der dritten Abteilung der Trias, die nach ihren meist lettenartigen Gesteinen Keuper heißt.

▶ **Lettenartige Gesteine** sind unverfestigte Schiefertone, die bei Befeuchtung aufquellen und beim Austrocknen blättern.

### Keuper

Keupergesteine sind bunt, es gibt gelbe Sandsteine und rote und grüne Tonsteine, alle sind überwiegend festländische Bildungen, auf die das Meer nun kaum noch Einfluss hatte.

Dementsprechend gibt es nur wenige Tierfossilien und auch eine eher spärliche Pflanzengesellschaft, was mit dem meist trockenen Klima dieser Zeit zusammenhängt. Man hat in letzter Zeit aber an einzelnen Orten doch große Ansammlungen von Fossilien gefunden, die regelrechte Fossil-Lagerstätten bilden; dazu gehört auch der beim Bau der Autobahn erschlossene Fundplatz Kupferzell, wo zahlreiche gut erhaltene Saurierskelette ausgegraben wurden (*Mastodonsaurus, Nothosaurus, Tanystropheus*).

Unter den Wirbeltieren des Keupers gilt der *Mastodonsaurus giganteus* als das größte, weltweit bekannte Amphibium.

Sein Artname weist schon auf die gigantische Größe hin, allein sein Schädel war über einen Meter lang. Er hat Fische gefressen, von denen vor allem die Zähne erhalten geblieben sind. Solche Zähne hat es auch schon im Muschelkalk gegeben, sie sind auffällig durch ihre schwarz glänzende Far-

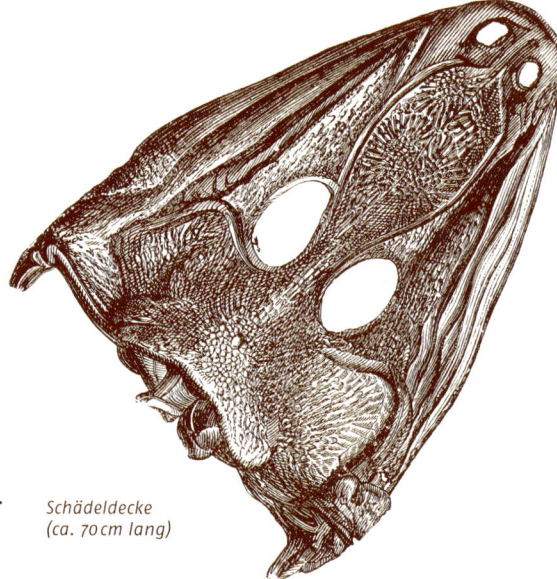

**2.52** *Mastodonsaurus giganteus.* Quelle: Rothe 2000

Schädeldecke (ca. 70 cm lang)

be (Zahnschmelz), die sie von den meist hellgrauen Kalksteinen deutlich abhebt.

Die Korngrößen der Triasgesteine zeigen einen interessanten Trend: Im Buntsandstein überwiegen Sandsteine, aber es gibt darin auch immer wieder Geröllschichten. Im Keuper dagegen ist das Material meist viel feiner, obwohl es auch hier Sandsteine gibt, deren Körner von schneller fließenden Flüssen transportiert worden waren. Wenn man dann noch bis ins Perm zurückgeht, wird man überwiegend grobkörnigem Schutt begegnen. Aus dieser Abnahme der Korngrößen durch die Zeit lässt sich folgern, dass die Abtragung des 48 ▶ Variskischen Gebirges ständig fortgeschritten war: Die hohen Berge der Anfangszeit sind allmählich flacher geworden und damit stand weniger Gefälle, d. h. weniger Transportenergie zur Verfügung. Das meiste war durch Flüsse transportiert worden, die nun zunehmend träger flossen. Im Keuper sind dann auch häufiger Binnenseen erkennbar und viel von dem feinkörnigen Tonmaterial ist vom Wind über weite Ebenen verblasen worden, sodass manche Sedimente dem Löss der 72 ▶ quartären Eiszeiten ähnlich sind. Nur ganz kurzzeitig war auch hin und wieder das Meer auf diese flachen Ebenen zurückgekehrt und hat Kalksteine mit Fossilien hinterlassen.

Im Süden, im Alpengebiet, war aber alles anders. Von dort war das Meer schon in der Muschelkalkzeit auf das nördlich davon gelegene Festland übergeschwappt. Dieses südliche Meer war so etwas wie ein Vorläufer unseres heutigen Mittelmeers und aus seinen Ablagerungen bestehen im Wesentlichen die Kalkalpen. Man nennt das die „alpine" Trias, um sie von der gerade besprochenen Trias aus Buntsandstein, Muschelkalk und Keuper zu unterscheiden, die mit dem Begriff „germanische" Trias bezeichnet wird (was zwar ihr Hauptverbreitungsgebiet kennzeichnet, es gibt die gleiche Ausbildung aber auch in Frankreich und Spanien).

In Schichten der alpinen Trias kann man die ganze Artenfülle von Meeresfossilien finden, zu denen Algen, Kopffüßer, Brachiopoden, Korallen, Stachelhäuter und viele andere gehören; damit kann man die Schichten viel besser gliedern als die der germanischen Trias. Außerdem lässt sich daran wieder besonders gut die Evolution verfolgen, die nach dem großen Massenaussterben am Ende des Perms neuen Schwung bekam. Bei den Kopffüßern änderten sich die Verstärkungen der Gehäuse, so-

*(Zahn, 4–5 cm)*

**2.53** Fisch-Zahn von *Ceratodus kaupi*.
Quelle: Rothe 2000

dass man sie deutlich von denen des Erdaltertums unterscheiden kann (vgl. Kap. 5). Ganz ähnlich ist das technische Prinzip bei den Korallen, die nun eine andere Symmetrie bekamen: Durch die Einschaltung zusätzlicher Wände (Septen) wird ihr Skelett mit weniger Masse an Baumaterial zugleich stabiler. Die Brachiopoden entwickelten neue Familien und auch die Muscheln und Schnecken hatten andere Formen herausgebildet, so viele verschiedene, dass ich sie hier nicht aufzählen kann. Erwähnen will ich aber die Muschel *Megalodon*, deren besonders dicke Schalen in bestimmten Gesteinen der Alpen aussehen wie die Fußstapfen von Kühen, deshalb nennt man sie manchmal auch „Kuhtritte".

Vor allem in den Kalkalpen kann man sehen, dass alle diese Tiere, im Zusammenwirken vor allem mit den immer daran beteiligten Kalkalgen und auch zusammen mit Stachelhäutern (Seelilien,

**2.54** *Megalodon*, eine große Muschel aus der alpinen Trias.
Foto: Prof. Dr. Richard Höfling, aus Rothe 2000

## 2 Eine kleine Geschichte der Erde
Erdgeschichtliche Zeitabschnitte – viele Namen mit unterschiedlichem Ursprung

**2.55** Die Nördlichen Kalkalpen, hier das Hochvogel-Gebiet in den Allgäuer Alpen mit dem Prinz-Luitpold-Haus, sind wesentlich aus Karbonatgesteinen der alpinen Trias aufgebaut. Foto: Martin Schmitteckert, aus Rothe 2006

▶ **Jura**
ist das auf die Trias folgende System des Erdmittelalters, das nach den Gebirgen vom Schweizer Jura bis zur Frankenalb benannt ist (200 – 142 Millionen Jahre).

▶ **Ammoniten**
sind Kopffüßer des Erdmittelalters, die nur im Meer gelebt haben.

Seeigel, Seesterne), die mächtigen Kalkkomplexe aufgetürmt hatten, die dem Gebirge auch seinen Namen gegeben haben. Deutschlands höchster Berg, die Zugspitze, besteht aus Triaskalken und das gilt wesentlich auch für alle anderen höheren Berge der Nördlichen Kalkalpen und der Dolomiten. Vieles davon sind Riffbildungen, wie wir sie, allerdings unter Beteiligung anderer Kalkorganismen, auch schon im Zusammenhang mit dem Erdaltertum erwähnt hatten.

### Keuper:

**Keuperweg bei Heilbronn:** Wanderweg, der in den früher außerordentlich bedeutenden Steinbrüchen am Jägerhaus beginnt, wo seit 800 Jahren Schilfsandstein des Unteren Keupers gewonnen wurde (www.museen-heilbronn.de).

**Steinbruch Fa. Abele** bei Weiler am Steinsberg/Kraichgau: Abbau von Schilfsandstein.

### Jura
Während in den Meeren, aus deren Ablagerungen später die Alpen entstanden, die Sedimentation auch in der Folgezeit kontinuierlich weiterging, war im Gebiet der germanischen 54 ▶ Trias ein plötzlicher Wechsel eingetreten: Die zur Keuperzeit noch festländischen Gebiete wurden wieder vom Meer überflutet; dieser Abschnitt der Erdgeschichte wird nach dem Juragebirge, das von Franken bis in die Schweiz reicht, 60 ▶ Jura genannt. In vielen Teilen der Erde hatte damals das Meer die Landgebiete zurückerobert, weil der Wasserspiegel besonders hoch gestiegen war.

Juraschichten sind für Fossiliensammler der Himmel auf Erden, weil in manchen Schichten die Gesteine fast nur aus 60 ▶ Ammoniten bestehen. Die Evolution hatte inzwischen einen dritten Typ von Gehäusen entstehen lassen, in dem die Kammern durch hochkompliziert gebaute Wände voneinander getrennt sind (vgl. Kap. 5).

Zunächst sollten wir uns aber die Gesteine anschauen, weil schon in der Landschaft der Wechsel ihrer Farben auffällt: am meisten natürlich die hellen Kalksteine, die die Höhen der Schwäbischen und Fränkischen Alb kennzeichnen. Man kann diese Felsen, die oft Steilwände bilden, manchmal schon von weitem erkennen, z. B. wenn man auf der Autobahn von Stuttgart nach München fährt.

Unterhalb dieser hellen Kalke, die zum Oberen Jura gehören, sind die wegen der weicheren Gesteine flacheren Hänge in Schwaben und Franken oft mit Obstbäumen bestanden. Sie gehören in den Mittleren Jura und bestehen überwiegend aus Mergeln und Sandsteinen, die durch Eisenhydroxid braun gefärbt sind. In manchen Gegenden ist so viel Eisen in den Gesteinen konzentriert worden, dass man von Erzen sprechen muss (Brauneisenerz). Dieses Erz wurde früher in Bergwerken abgebaut, die heute für Besucher wieder zugänglich sind, z. B. in Aalen oder an der Weser in Nähe der Porta Westfalica.

Besonders reiche Vorkommen gab es in Lothringen. Die Eisenerze sind meist aus stecknadelkopfgroßen Körnchen zusammengesetzt, wie man sie ähnlich bei den Kalken als 121 ▶ Ooide beobachten kann (vgl. Kap. 4). Sie zeigen durch ihren schaligen Aufbau eine Entstehung in ganz flachem, stark bewegtem Wasser an, was darauf hinweist, dass sie in

**2.56** *Dactylioceras*-Bank, Schlaifhausen, Fränkische Alb.
Foto: Naturkundemuseum Bamberg

der Nähe von Küsten gebildet worden sein müssen.

Noch tiefer unten in der Jura-Schichtfolge begegnen uns dunkle, oft schwarze Tonsteine, die in der Landschaft nur dadurch auffallen, dass sie ebene Felder bilden: Die dementsprechend „Filder" genannte Landschaft liegt im Vorfeld der Schwäbischen Alb, wo der Filderkohl wächst.

Mit den schwarzen, braunen und „weißen" Farben (die eher gelblich sind) der Gesteine können

**2.57** Weißjura-Felsen im oberen Donautal.
Foto: Verfasser

## 2 Eine kleine Geschichte der Erde
### Erdgeschichtliche Zeitabschnitte – viele Namen mit unterschiedlichem Ursprung

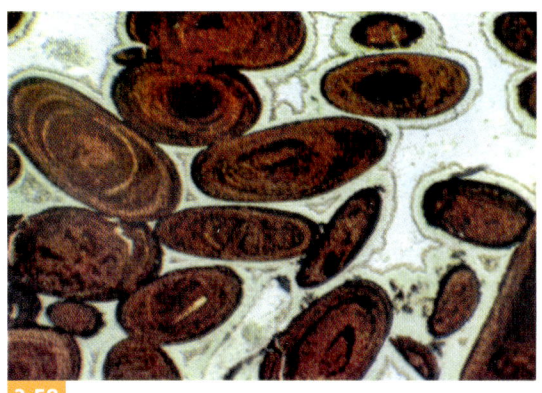

**2.58** 121 ▶ Oolithisches Brauneisen des Braunen Jura in Lothringen. Quelle: Bubenicek 1961

wir, noch ganz ohne Fossilien, den Jura schon einmal grob unterteilen: Man sagt Schwarzjura, Braunjura und Weißjura. Es gibt aber auch ältere Bezeichnungen wie Lias, Dogger und Malm oder Unterer, Mittlerer und Oberer Jura usw. Wir wollen hier bei den Farbbezeichnungen bleiben, weil sie auch dem wissenschaftlich noch nicht vorgebildeten Wanderer verständlich sind.

Der nächste Schritt zur Gliederung ist dann die Suche nach Fossilien. Zum Glück liegen die Schichten in der Schwäbischen Alb, die ich hier als Beispiel behandle (weil da alles einmal angefangen hat), vollkommen ungestört übereinander, unten liegt immer das Ältere. Wenn man die Schichten durchklopft, findet man in diesem Übereinander immer wieder andere Formen von Fossilien und das zeigt sehr schön, wie bestimmte Arten ausgestorben waren und durch neuere, die gleichzeitig jünger waren, abgelöst wurden. Die wichtigsten Fossilien für die Schichtengliederung im Jura sind die Ammoniten, aber Brachiopoden und Muscheln spielen dabei auch eine große Rolle. Die Schichten enthalten außerdem noch weit mehr Fossilgruppen, die die Lebewelt der damaligen Meere deutlich machen. Zu ihnen gehören 146 ▶ Belemniten („Donnerkeile"), Schnecken, Stachelhäuter und einige der spektakulärsten Wirbeltiere der gesamten Erdgeschichte. Die schönsten Funde von Seelilien und Meereswirbeltieren stammen aus dem Schwarzjura von Holzmaden, wo sie im Museum Hauff bewundert werden können; an der Autobahn von Stuttgart nach München steht ein Schild, das auf die „Urweltfunde" mit dem Skelett eines Meereskrokodils hinweist.

Im Museum sieht man dann die Gesteinsplatten mit den meterlangen Stielen der Seelilien und deren Kronen, vor allem aber die Fischsaurier (Ichthyosaurier), die ihre Jungen schon lebend zur Welt brachten (vgl. Kap. 5), und daneben Massen von Muscheln, die frühere Forscher einmal Posidonien genannt hatten; danach heißt der Posidonienschiefer noch heute so. Dessen dunkle, tonige Gesteine sind außerordentlich fein geschichtet und verhältnismäßig reich an organischen Substanzen, was sie unter anderem zu Erdöl-Muttergesteinen macht.

**2.59** BAB-Schild „Urweltfunde". Foto: Museum Hauff

Seegrasschiefer. **2.60** Organische Substanzen in dunklen Tongesteinen werden von bodenlebenden Organismen als Nahrungsquelle genutzt, sodass deren Fressgänge hell erscheinen. Der Name leitet sich von der Ähnlichkeit mit Pflanzen ab. Quelle: Rothe 2002

Ihr Ablagerungsmilieu wird mit dem heutigen Schwarzen Meer verglichen, wo ähnliche, sauerstoffarme Verhältnisse am Boden herrschen, die eine Zerstörung der organischen Substanz verhindern. Nicht ganz so sauerstoffarm waren die Verhältnisse, als – auch im Schwarzjura – der sog. Seegrasschiefer entstand; er hat mit Gras nichts zu tun, die Schichten sehen aber so aus: hellere Strukturen im dunklen Ton, die zustande kommen, weil bodenlebende Tiere die organische Substanz verwertet hatten.

Beim Posidonienschiefer spricht man auch davon, dass er aus 63 ▶ Faulschlamm entstanden ist, und beim Seegrasschiefer von Halbfaulschlamm, in dem gerade noch Organismen leben konnten; in solchen Milieus wird bei Gegenwart von Schwefel auch Pyrit ($FeS_2$) gebildet und das erklärt, warum viele der Fossilien aus dem Schwarzjura so golden glänzen.

**2.61** Ammonit des Schwarzen Jura (*Dactylioceras*) in Pyrit-Erhaltung. Foto: Verfasser

Natürlich gab es auch Fische im Juramer; manche, die kleinen Sprotten ähnlich sehen, kann man auf Gesteinsplatten des Weißjura von Solnhofen gelegentlich massenhaft finden. Aus diesen Schichten stammt auch *Archaeopteryx*, dessen griechischer Name „Urvogel" bedeutet.

Bisher hat man von ihm nur neun Skelette und eine einzelne Feder gefunden. Dieser Vogel war etwa so groß wie eine Krähe. Das Wichtigste ist, dass er noch viele Merkmale von Reptilien hatte, die die späteren echten Vögel im Verlauf der weiteren Evolution verloren haben: z. B. Zähne im Schnabel, Krallen an den Fingern und einen Schwanz, der aus einzelnen Wirbeln zusammengesetzt ist. Neben dem *Archaeopteryx* gab es im Weißjura aber noch andere Flieger, die anstelle von Federn Flughäute hatten, die zwischen den Fingern ausgespannt wurden. Diese Tiere stammen letztlich von den Sauriern, d. h. von Reptilien ab und die im Exkurs erwähnten *Rhamphorhynchus*, *Pterodactylus* oder *Pteranodon* sind keine Vögel, sondern Flugsaurier gewesen (vgl. Kap. 5).

▶ **Faulschlamm**
ist ein meist dunkles, feinkörniges Sediment mit einem hohen Anteil an organischer Substanz, die unter Sauerstoffabschluss umgebildet wird. Das beste Beispiel sind die Ablagerungen am Boden des Schwarzen Meeres.

## Als die Tiere den Luftraum eroberten

Der „Urvogel" *Archaeopteryx* ist wahrscheinlich das bedeutendste Fossil, das jemals gefunden wurde. Mit seinen Reptilien-Merkmalen und den Federn ist er noch immer das klassische Missing Link zwischen Reptilien und Vögeln, obwohl man inzwischen auch Dinosaurier kennt, die befiedert waren, ohne fliegen zu können. Das Fliegen ist innerhalb der Erdgeschichte mehrfach „erfunden" worden; ganz neu in diesem Zusammenhang sind etwa 125 Millionen Jahre alte Fossilfunde aus der Mongolei von Tieren, die unseren heutigen Flughörnchen ähnelten. Aber schon während des ▶ Karbons waren Libellen mit Flügelspannweiten von über 50 cm durch die Schuppen- und Siegelbaumwälder geflattert. Im Jura ist *Rhamphorhynchus* aktiv geflogen, ohne Federn zu besitzen (vgl. Kap. 5), und der *Pterodactylus* („Flugfinger") segelte mit einer zwischen einem verlängerten Finger und dem Körper ausgespannten Flughaut. In der nachfolgenden ▶ Kreidezeit waren riesige Segelflieger wie *Pteranodon* oder *Quetzalcoatlus* unterwegs. Das Prinzip, mit einer Flughaut zu segeln, beherrschen bis heute die erstmals im ▶ Tertiär erscheinenden Fledermäuse, die zu den Säugetieren gehören.

*Meganeura*, eine Riesenlibelle mit 60 cm Flügelspannweite aus dem Karbonzeitalter.
Quelle: Rothe 2000

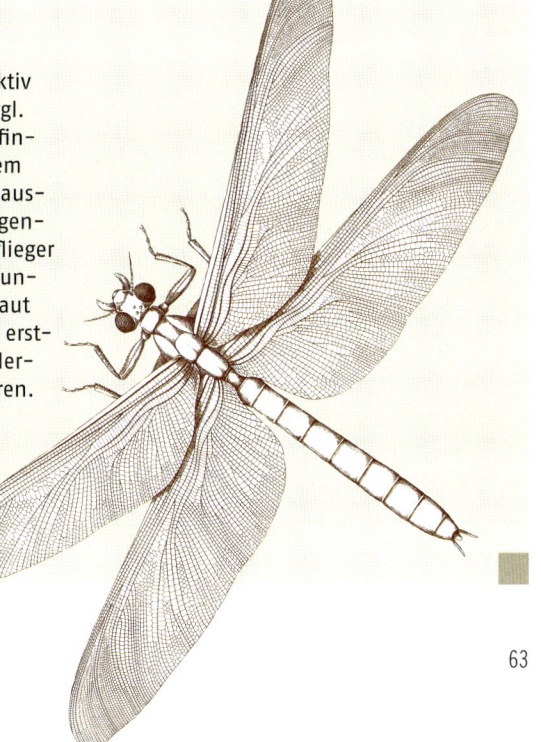

## 2 Eine kleine Geschichte der Erde
Erdgeschichtliche Zeitabschnitte – viele Namen mit unterschiedlichem Ursprung

**2.62** Querschnitt durch einen Schwamm aus dem Weißjura in Form dunkler Ringstruktur in angeschliffenem Kalkstein, wie er als Fußbodenbelag, Treppenstufen oder Fensterbänke verwendet wird.
Foto: Verfasser

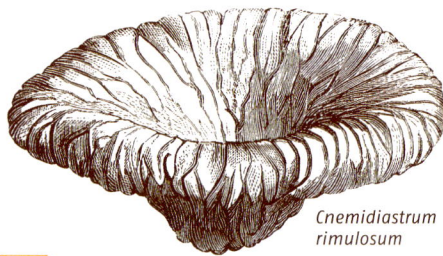

*Cnemidiastrum rimulosum*

**2.63** Vollständiger Schwamm aus dem Weißjura *Cnemidiastrum*.
Quelle: Rothe 2000

▶ **Der Begriff Fazies** leitet sich vom latein. facies = Gesicht ab und bezeichnet die petrographischen und paläontologischen Merkmale einer Ablagerung, die es gestatten, deren Bildungsbedingungen zu rekonstruieren.

Über diesen schon hoch entwickelten Tieren hätte ich die auch noch wichtigen Meereslebewesen beinahe vergessen, nämlich Korallen, die im Weißjurameer am Aufbau von Riffen mit beteiligt waren, und die primitiven Schwämme, deren Querschnitte man oft auf Fußbodenplatten und Fensterbänken sehen kann.

Schwämme sind in bestimmten Schichten des Weißjura besonders häufig, sodass die alten 10 ▶ Geologen von einer „Verschwammung" der Schichten und von Schwammriffen gesprochen hatten, die die sonst meist gut geschichteten Sedimente in Form massiger Gesteine unterbrochen hatten.

Landpflanzen sind in Meeresablagerungen natürlich zunächst nicht zu erwarten, es gibt aber (auch im Museum Hauff oder im Zementwerk von Dotternhausen bei Balingen ausgestellt) ganze, meterlange Baumstämme, die als Treibholz in das Meer gelangt sein müssen; daran sind gelegentlich Seelilienkolonien festgeheftet.

### Exkursionshinweise Jura:

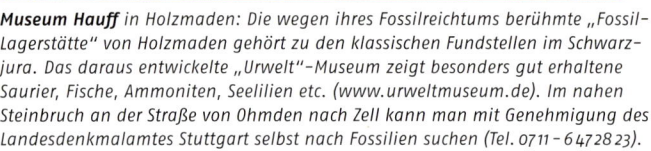

**Museum Hauff** in Holzmaden: Die wegen ihres Fossilreichtums berühmte „Fossil-Lagerstätte" von Holzmaden gehört zu den klassischen Fundstellen im Schwarzjura. Das daraus entwickelte „Urwelt"-Museum zeigt besonders gut erhaltene Saurier, Fische, Ammoniten, Seelilien etc. (www.urweltmuseum.de). Im nahen Steinbruch an der Straße von Ohmden nach Zell kann man mit Genehmigung des Landesdenkmalamtes Stuttgart selbst nach Fossilien suchen (Tel. 0711 - 6472823).

**Zementwerk Fa. Holcim** bei Dotternhausen (das alte Firmenzeichen war die Seelilie Seirocrinus): Steinbruch im Schwarzjura wie Holzmaden und Werksmuseum.

**Besucherbergwerk „Tiefer Stollen"** bei Aalen-Wasseralfingen: 121 ▶ Oolithische Eisenerze des Braunjura (www.bergwerk-aalen.de)

**Besucherbergwerk Kleinenbremen** an der Porta Westfalica: Oolithische Eisenerze des Braunjura (www.bergwerk-kleinenbremen.de)

**Aufgelassener Steinbruch** in Arnegg: Korallenriff des Weißjura mit Riffschutt und rotbraunem tertiärem Lehm in 114 ▶ Karstspalten; der Lehm enthält Bohnerze.

**Parkplatz am Lochenstein** oberhalb Balingen: Zwergfauna in Weißjuramergeln, was auf stärker salziges Wasser einer Lagune hinweist.

**Hochwanger Steige**, Straße von Oberlenningen zur Albhochfläche: In Weißjurakalken entlang der Straßenböschung sind besonders häufig Schwämme zu finden.

**Alter Steinbruch** an der Straße von Tieringen nach Hossingen: Übergang von gut gebankten Weißjurakalken mit Ammoniten in massige, löcherige, dolomitische 54 ▶ Karbonate.

**Steinbruch Jungnau** zwischen Gammertingen und Sigmaringen: Durch tektonische Aktivität im Lauchertgraben (Erdbebengebiet) stark zerrüttete Weißjurakalke.

**Kalkwerk Marienhagen** bei Alfeld an der Leine: Weißjurakalk des Korallenooliths. Der norddeutsche Weißjura ist in seiner Ausbildung dem in England ähnlicher als dem in Süddeutschland.

**2.64** 64 ▶ Schwamm- versus Bankfazies (Letzteres sind die parallelschichtigen Partien).
Quelle: Verändert nach Gwinner 1971

An einem Treibholz-Stamm festgewachsene Seelilien-Kolonie (Erläuterung siehe S. 153).

Foto: Museum Hauff

## 2 Eine kleine Geschichte der Erde
Erdgeschichtliche Zeitabschnitte – viele Namen mit unterschiedlichem Ursprung

**2.65** Kreidefelsen auf Rügen, Königsstuhl. Quelle: Rothe 2006

▶ **Kreide**
ist das auf den Jura folgende, jüngste System des Erdmittelalters, das nach dem weichen Kreidekalkstein so heißt (142–65 Millionen Jahre).

### Kreide

Gegen Ende der Jurazeit war das Meer bei uns immer flacher geworden und hatte sich schließlich ganz zurückgezogen. So war die folgende Kreidezeit zunächst vor allem durch Sümpfe mit Brackwasser und eine von Flüssen und ihren Deltas bestimmte Landschaft geprägt. Dadurch gab es naturgemäß nicht so viele Fossilien. Die kreidezeitlichen Landpflanzen waren gegenüber denen des 60 ▶ Weißjura in ihren Bauplänen noch kaum verändert.

Die 66 ▶ Kreide heißt zwar so nach dem charakteristischen weichen Kalkstein, aus dem man früher Tafelkreide gemacht hat, aber den gab es erst seit der Oberkreide.

Die Gesteine der älteren Unterkreide sind meist Sandsteine und Tone, die in den sumpfigen Gewässern entstanden waren und von Flüssen transportiert wurden. Erst die noch heute weichen Kalke der Oberkreide sind wieder Meeresablagerungen, die hauptsächlich aus den winzig kleinen Skeletten von bestimmten Kalkalgen bestehen (vgl. Kap. 5). Zusammen mit ihnen lebten in diesen Meeren auch Kieselschwämme und lieferten den aus Kieselsäure ($SiO_2$) bestehenden Opal, aus dem später die Feuersteine entstanden sind, die in den Kalken manchmal lagenweise angereichert sind.

Das Meer war also zurückgekehrt und hatte nun wieder eine Menge neuer Lebensformen mitgebracht. Infolge der weiteren Evolution hatten die Tiere ihre Baupläne seit dem Jura wieder einmal verändert, daher gibt es nun u.a. 60 ▶ Ammoniten und 146 ▶ Belemniten, die typisch für die Kreide sind. Je näher wir uns diese Fossilien ansehen, umso rätselhafter werden sie. Bei bestimmten Muschelfamilien gab es eine geradezu rasante Evolution, die Formen der Klappen veränderten sich mehrmals in nur wenigen Millionen Jahren und manche wurden fast 1 m groß. Andere sahen gar nicht mehr aus wie Muscheln, weil sich eine der Klappen zu einem Turm ausgewachsen hatte, auf dem die andere wie ein Deckel draufsaß.

Auch von den Kopffüßern der Kreide ist Riesenwachstum bekannt, manche Ammoniten hatten einen Durchmesser von über 2 m und unter den Belemniten gab es meterlange Exemplare. Wenn man sich Lobenlinien von

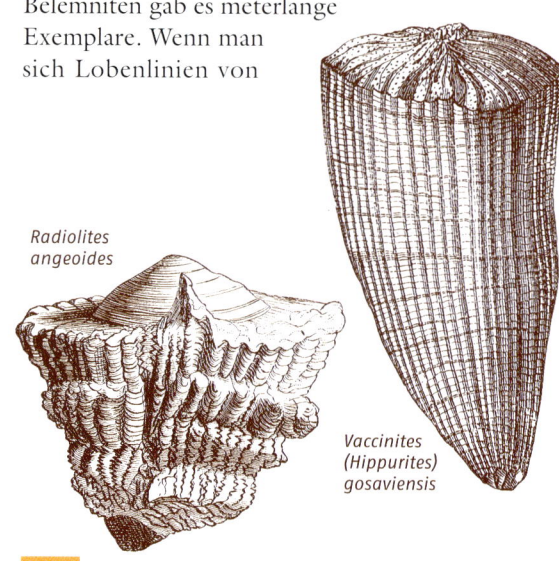

*Radiolites angeoides*

*Vaccinites (Hippurites) gosaviensis*

**2.66** 148 ▶ Rudisten, ungewöhnliche Muscheln. Quelle: Rothe 2000

Oberkreide-Ammoniten ansieht (vgl. Kap. 5), dann wird man verblüfft feststellen, dass sie in ihrer Geometrie wieder den älteren Vorläuferformen ähnlich geworden sind, also einfacher gefältelt als bei den „echten" Ammoniten der Jurazeit. Es gibt welche, die wie die der 54 ▶ Trias gebaut sind (Ceratiten), und solche, die denen des Erdaltertums gleichen (145 ▶ Goniatiten). Die Evolution war in der Kreidezeit also irgendwie rückwärtsgelaufen und wir wissen bis heute nicht recht warum. Möglicherweise bestand ein Zusammenhang mit den klimatischen Verhältnissen, denn die Kreidezeit war ungewöhnlich warm und es gab damals kein Eis an den Polen. Wegen des dadurch viel höheren Meeresspiegels hatten die Kreidemeere sehr weit auf die Festländer übergegriffen und dieses Meerwasser war auch wesentlich wärmer als das heutige. Eine mögliche Erklärung für diese Erwärmung gibt uns die Tatsache, dass damals in verhältnismäßig kurzer Zeit ungewöhnlich große Basaltmassen gefördert worden waren, was man vor allem am Meeresboden im Pazifischen Ozean festgestellt hat. Man vermutet, dass damals das Magma von ganz tief unten, sogar aus dem Bereich des äußeren Erdkerns, aufgestiegen war.

Vom Festland ist zweierlei sehr Wesentliches zu berichten: Dort hatten sich nämlich die Blütenpflanzen entwickelt und rasend schnell über die Erde verbreitet und außerdem waren die Dinosaurier zu Herrschern der Erde geworden.

Über Dinosaurier ist schon so viel geschrieben worden, dass ich mir hier selbst eine Zusammenfassung darüber ersparen kann. Es gibt heute nicht nur in vielen Museen ausgestellte Skelette dieser oft riesenhaften Echsen, sondern auch vollkörperliche Nachbildungen. Die größten dieser Tiere waren Pflanzenfresser, mit einem wahrscheinlichen Körpergewicht von etwa 100 Tonnen! Man muss sich vorstellen, welche gigantischen Nahrungsmengen solche Tiere brauchten. Es ist auch nicht leicht zu erklären, wie alle Körperteile mit Blut versorgt werden konnten, vor allem das Gehirn. Man kennt ja keine Weichteile und daher kann man über deren vermutlich riesige Herzen und einen besonders hohen Blutdruck nur spekulieren, indem man heute lebende Tiere zum Vergleich heranzieht: Giraffen haben im Vergleich mit uns Menschen einen dreifach höheren Blutdruck und ein Finnwal hat ein 200 kg schweres Herz, mit dem er 1000 Liter Blut in der Minute pumpen kann.

Von Dinos sind aber nicht nur Knochen überliefert, sondern auch Ei-Gelege und Fußspuren, die sich im Gestein erhalten haben.

Am besten kann man sich bei uns über solche Tiere im Dinosaurierpark von Münchehagen bei Hannover informieren. In dieser Gegend hatte man zuerst entsprechende Fußspuren gefunden und danach den Park drumherum angelegt, in dem man jetzt allen gängigen Arten begegnen kann; in den Bäumen sind sogar die großen Flugsaurier aufgehängt, von denen manche bis zu 15 m Flügelspannweite hatten.

Am Ende der Kreidezeit war die Erde dann wieder von einem geradezu spektakulären Massenaussterben betroffen. Den meisten ist davon aber nur bekannt, dass damals, vor 65 Millionen Jahren, die Dinosaurier ausgestorben sind. Tatsächlich sind von diesem Ereignis aber noch viele andere Tiergruppen betroffen gewesen, vor allem die Kopffüßer, die ja im Meer gelebt hatten. Es gibt in den jüngeren Schichten keine Ammoniten mehr; auf deren rückläufige Evolution zu den primitiveren Baumustern früherer Epochen der Erdgeschichte hatte ich schon hingewiesen, sodass man diese Entwicklung auch als Degeneration bezeichnen kann. Das Aussterben kam also nicht so plötzlich wie das meistens dargestellt wird, sondern es zog sich über mehrere Millionen Jahre hin. Wie schon bei den früheren Aussterbeereignissen (im 36 ▶ Ordovizium, 40 ▶ Devon und 49 ▶ Perm) muss man wohl auch hier eine Klimaveränderung als die wesentliche Ursache annehmen, die die Entwicklung eher langfristig

**2.67** *Tyrannosaurus*-Plastik im Saurierpark Münchehagen. Quelle: Rothe 2000

## 2 Eine kleine Geschichte der Erde
Erdgeschichtliche Zeitabschnitte – viele Namen mit unterschiedlichem Ursprung

**2.68** Kalksteinbruch bei Hoppenstedt im Harzvorland. Oberkreide-Kalksteine und rote Knollenkalke, die auch hier am nördlichen Harzrand tektonisch verstellt wurden; sie bilden Teile einer Sattelstruktur.
Foto: Verfasser

▶ **Tertiär**
ist das älteste System der Erdneuzeit (65 bis etwa 2 Millionen Jahre).

### Exkursionshinweise Kreide:

**Sandsteinbrüche** bei Obernkirchen: Unterkreide; Baustein für die Weserrenaissance, wird noch heute abgebaut.

**Dörenther Klippen** im Teutoburger Wald: Schräggeschichtete Unterkreide-Sandsteine mit bizarren Verwitterungsformen

**Externsteine** bei Bad Meinberg: Felstürme aus Unterkreide-Sandstein

**Kalksteinbrüche** bei **Lengerich** am Teutoburger Wald: Oberkreide. Abbau Dyckerhoff-Zementwerke, auch aufgelassene Steinbrüche.

**Saurierpark Münchehagen:** Gründet auf Spurenfunden in Gesteinen der Unterkreide. Heute ist dort die ganze Vielfalt der bekannten Dinosaurier-Arten ausgestellt (www.dino-park.de).

**Elbsandsteingebirge:** Die in Türme und vielfältig geformte Felsgruppen aufgelösten Sandsteine der Oberkreide belegen einen küstennahen Ablagerungsraum.

**Rügen, Kliffküste, Königsstein:** Weiße Kreidekalke mit Lagen von Feuersteinen, die die Stauchung der Kreide durch den Eisvorstoß aus Skandinavien während des 72 ▶ Quartärs erkennbar machen. Bei der Aufarbeitung durch die Brandung werden Feuersteine angereichert.

**Teufelsmauer** bei Neinstedt: Durch junge Tektonik am nördlichen Harzrand steilgestellte Unterkreide-Sandsteine, seit 1852 Naturschutzgebiet.

**Kalkbruch** bei Hoppenstedt, nördliches Harzvorland

beeinflusst hat. Es wird aber zusätzlich mit dem „großen Knall" argumentiert, dem Absturz eines Meteoriten, dessen Krater man jetzt auf der Yucatán-Halbinsel entdeckt hat und den man gerade weiter erforscht. Außer diesem Krater ist in der Grenzschicht zwischen Kreide und 68 ▶ Tertiär inzwischen an vielen Orten der Erde auch das seltene Element Iridium gefunden worden, das in Meteoriten häufiger ist als in irdischen Gesteinen. Die Gegner der „Impakt-Hypothese", wie sie genannt wird, sagen allerdings, dass das Iridium auch aus dem in dieser Grenzzeit besonders intensiven Vulkanismus stammen könnte. Es könnte also sein, dass der Meteorit auf der Erde eingeschlagen war, als sich die Lebewelt aufgrund veränderter Umweltbedingungen ohnehin im Niedergang befunden hatte. Das heiße Treibhausklima der Kreidezeit muss sich auch sehr kurzfristig abgekühlt haben und auf solche Veränderungen reagieren als Erste immer die Landpflanzen. In Nordamerika hat man in Nähe der Grenzschicht große Mengen an Farnsporen gefunden und Farne kommen mit kühlerem Klima besser zurecht als Blütenpflanzen, die sich im nachfolgenden Tertiär dann allerdings schnell wieder erholt und weiterentwickelt hatten.

### Tertiär

Im frühen 68 ▶ Tertiär war es wieder bald so heiß geworden, dass tropische Pflanzen gedeihen und selbst in Deutschland Krokodile und Affen leben konnten.

Zum Verständnis sollte ich auch erwähnen, dass schon in der 60 ▶ Jurazeit die während der Trias noch weitgehend zu einer großen Landmasse vereinigten Kontinente auseinanderzudriften begannen; damit begann unter anderem auch die Entwicklung des Atlantischen Ozeans. Dieser nur plattentektonisch zu verstehende Prozess hatte sich während der Kreide verstärkt und im Tertiär begannen die Kontinente schon, ihre heutigen Umrisse anzunehmen (vgl. Kap. 3).

Damit setzte die geologische Neuzeit der Erde ein, in der wir heute noch leben. Wie nach allen anderen Massenaussterbeereignissen entwickelte sich innerhalb der Erdneuzeit (69 ▶ Neo- oder Känozoikum) auch eine vom Erdmittelalter stark verschiedene Lebewelt: Das Reptilien-Zeitalter war mit dem Untergang der Dinosaurier vorbei und die schon seit der Trias bekannten, aber bis dahin nur kleinen und völlig unbedeutenden Säugetiere konnten sich jetzt entfalten, weil sie plötzlich keine Konkurrenten mehr hatten.

Das Tertiär in Europa war von einem vielfachen Kommen und Gehen flacher Meere bestimmt, die von den Ozeanen aus auf ein weitgehend eingeebnetes Festland übergriffen: So findet man in den Schichten oft Land- und Meerestiere abwechselnd übereinander.

Was aber hat es mit dem geologischen Zeitbegriff „Tertiär" auf sich? Um das zu erklären, muss man weit in die Anfänge geologischer Forschung zurückgehen. Im 18. Jahrhundert hatte der italienische Bergwerksdirektor Arduino, der später Mineralogieprofessor wurde, nämlich schon eine grobe Gliederung der geologischen Zeitabschnitte versucht und dabei „Monti primari" (meist Gneis und Granit), „Monti secondari" (Marmor und schichtige Gesteine mit Fossilien) und „Monti terziari" (unverfestigte Gerölle, Sand und Ton) unterschieden; von daher kommt der Begriff „Tertiär". Die Zuweisungen der Zeitabschnitte zu den Gesteinen sind heute nicht mehr haltbar, weil wir ja sogar tertiärzeitlichen Granit (z. B. in den Alpen) kennen. Außerdem sind viele Sedimentgesteine des Tertiärs nicht mehr locker, sondern fest.

Das erwähnte Übereinander von Land- und Meerestieren in den Tertiärschichten hatte früher zu der Annahme geführt, dass jeweils die gesamte Lebewelt durch eine Art von Sintflut vernichtet worden wäre, die später durch eine ganz neue ersetzt wurde. Auch dieser Gedanke hat sich nicht halten lassen, und zwar deshalb nicht, weil die Tiere in den jüngeren Schichten immer auch verwandtschaftliche Merkmale mit denen der älteren gemeinsam hatten; auch hier gab es also allmähliche Evolution anstelle von plötzlicher Revolution.

Tertiärtiere und -pflanzen aufzuzählen würde auch wieder zu viel Platz in diesem Buch beanspruchen, aber ein paar Gruppen möchte ich doch vorstellen.

Zunächst die Pflanzen, die uns die ersten Hinweise auf das warme Klima dieser Zeit geben. In Deutschland wuchsen Palmen, Zimt- und Lorbeerbäume, Magnolien und Sumpfzypressen. Wir kennen diese Vegetation vor allem deshalb so gut, weil man ihre Vertreter gelegentlich massenhaft in den Braunkohlegruben finden kann. Dabei ist interessant, dass die Pflanzen in den Braunkohlen des älteren Tertiärs ein wärmeres Klima anzeigen als die in den Braunkohlen des jüngeren Tertiärs, in denen schon mehr Weiden, Pappeln, Birken, Buchen, Ulmen, Ahorn und Nussbäume gefunden werden, die allesamt eher in gemäßigtem Klima gedeihen. Hier zeigt sich der Klima-Trend einer allmählichen Abkühlung, den man mit raffinierten Analysemethoden auch bei den Mikrofossilien in den Meeressedimenten gefunden hat. Dieser Trend führt von den tropischen Verhältnissen, die wir z. B. aus den Gegebenheiten der alttertiären Grube Messel ableiten können, allmählich bis zum 72 ▶ Quartär, in dem wieder einmal Eiszeiten die Verhältnisse auf der Erde bestimmt hatten.

Im Tertiär wuchs auch erstmals Gras in größeren Mengen und diese Entwicklung steht in engem Zusammenhang mit der Entwicklung der Pferde. Die Messeler Urpferdchen waren nur etwa so groß wie mittelgroße Hunde und haben Laub gefressen, wie man aus ihrem fossilen Mageninhalt weiß. Gräser sind ziemlich hart, sie enthalten Opal-Körnchen und das wirkt wie ein Schleifmittel auf die Zähne. Die späteren Pferde hatten sich dann hauptsächlich von Gras ernährt und dementsprechend längere Zähne entwickelt, die dieser Abnutzung länger widerstehen konnten. Wir sagen ja auch von Menschen, die besonders lange Zähne haben, sie hätten ein Pferdegebiss. Die Evolution der Pferde im Tertiär zeigt, wie die Zähne im Laufe von einigen Zehnermillionen Jahren immer länger wurden und im Quartär hatten sie schließlich die heutigen Längen erreicht (vgl. Kap. 5).

Bei den wirbellosen Tertiärtieren gibt es eine Unzahl von unterschiedlichen Muscheln und Schnecken, die den heutigen schon sehr ähnlich sind, bei manchen sind sogar noch die Farben der

▶ **Neo-/Känozoikum** ist die Erdneuzeit (65 Millionen Jahre bis heute).

## 2 Eine kleine Geschichte der Erde
Erdgeschichtliche Zeitabschnitte – viele Namen mit unterschiedlichem Ursprung

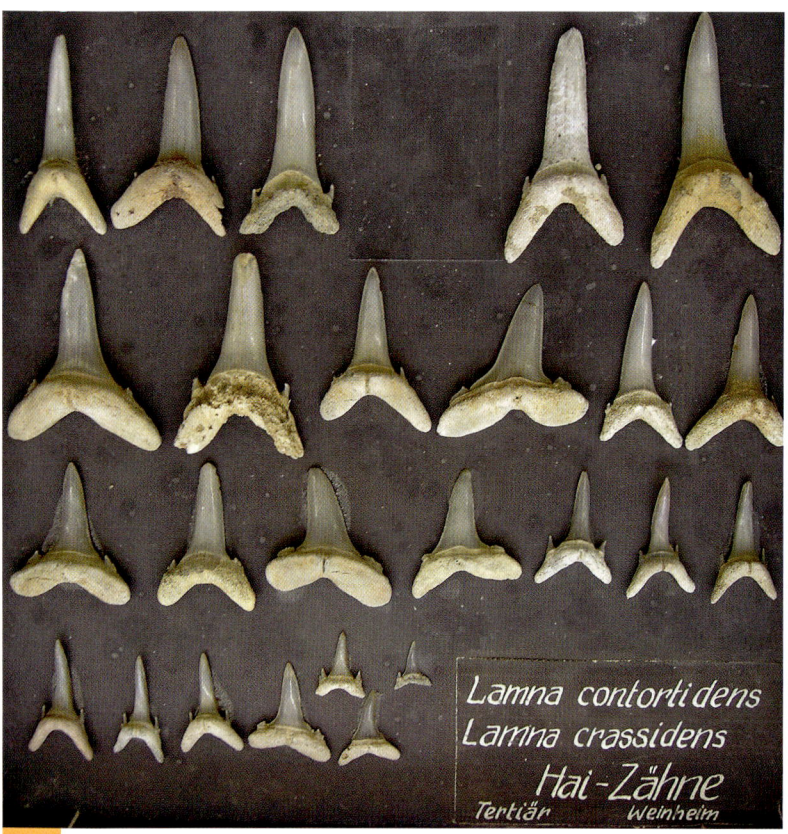

**2.69** Haizähne aus dem Tertiär des Mainzer Beckens (die Gattung *Lamna* heißt heute *Odontaspis*). Weinheim bei Alzey. Foto: Verfasser

▶ **Ostrakoden**
sind Muschelkrebse – millimetergroße kalkschalige Tiere –, deren verschiedene Arten im Meer, im Brack- oder im Süßwasser leben.

findet man fossile Insekten, bei denen noch die feinsten Strukturen erhalten geblieben sind, im Bernstein. Dieses fossile Baumharz wird heute noch an den Ostseestränden aus den dortigen Tertiärschichten ausgespült. Beim Kauf solcher Fundstücke sollte man aber vorsichtig sein, weil viele davon Fälschungen sind, bei denen man heutige Insekten in Kunstharz eingebettet hat.

Das Tertiär ist auch eine Zeit der Mikrofossilien: 53 ▶ Foraminiferen, 119 ▶ Radiolarien und 70 ▶ Ostrakoden sind in manchen Schichten massenhaft vertreten, und viele sind ganz ausgezeichnete 144 ▶ Leitfossilien für deren relative zeitliche Gliederung.

Wirbeltiere sind außer den erwähnten Urpferdchen neben vielen anderen Tiergruppen auch durch Haifische, Rüsseltiere und Affen vertreten. Von den Haifischen findet man vor allem die sehr harten und deshalb fossil gut erhaltungsfähigen Zähne manchmal massenhaft, z. B. in den Sandgruben von Rheinhessen.

Beim Sammeln muss man aufpassen, dass man sich nicht in die Finger pickt, denn sie sind noch genauso spitz wie bei den lebendigen Haien. Demgegenüber waren die Seekühe harmloser, deren Knochen in vielen Museen wieder zu vollständigen Skeletten zusammengesetzt wurden.

Frühe Rüsseltiere, letztlich die Vorläufer unserer Elefanten, lebten schon in den Galeriewäldern, die die Flüsse begleiteten, aber ihre krummen Stoßzähne waren noch kurz (vgl. Kap. 5).

Schalen erhalten geblieben. Seeigel waren häufig und auch sie sahen schon in vielen Fällen so aus wie die heutigen. Besonders erwähnen möchte ich die Insekten und davon zuerst die Prachtkäfer mit ihren bunten, schillernden Farben, die uns Hinweise auf tropisches Klima geben, weil sie heute auch nur in den Tropen leben.

Man kennt sie aus der Grube Messel und aus den Braunkohlenschichten vom Geiseltal bei Halle, aber auch aus der Rhön, wo jüngere, dem Messel-See vergleichbare Schichten bei Sieblos an der Wasserkuppe gefunden wurden. Hauptsächlich aber

Schließlich lässt sich auch nicht mehr verheimlichen, dass schon vor über 3 Millionen Jahren menschenähnliche Affen auf zwei Beinen durch die ostafrikanische Savanne spaziert sind. Man hat dort Fußspuren gefunden, die in vulkanische Asche eingedrückt waren, und auch ein Skelett, das nach einem Beatles-Song, den die Forscher während seiner Untersuchung gerade hörten, „Lucy" getauft wurde. Diese nur etwa 1,50 m große Lucy ist wahrscheinlich dort gelaufen und hat die Fußstapfen hinterlassen, die den zweibeinigen, aufrechten

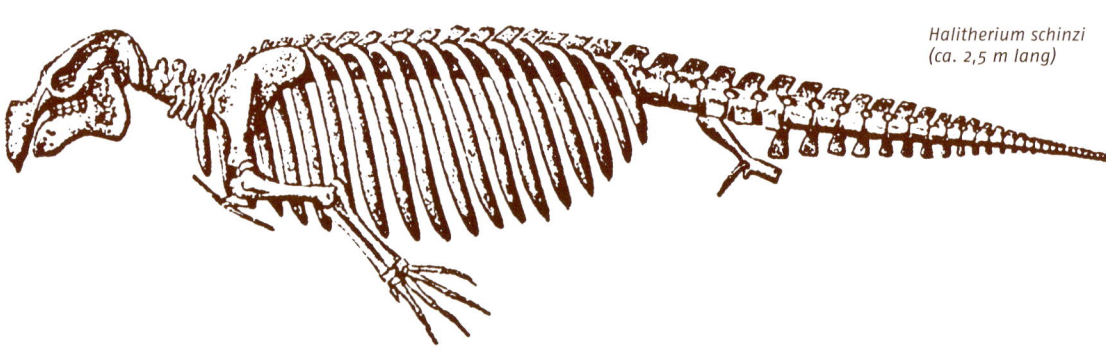

*Halitherium schinzi*
(ca. 2,5 m lang)

**2.70** Seekuhskelett (*Halitherium schinzi*) aus Tertiärsanden des Mainzer Beckens.
Quelle: Rothe 2000

**2.71** Basaltsäulen. Giant's Causeway, Nordirland.
Foto: Dipl.-Ing. Werner Kürsten

Gang beweisen. Es gibt inzwischen viele weitere Funde, aus denen man den Stammbaum der Primaten (Herrentiere) zusammenzusetzen versucht. Dabei zeigt sich aber, dass die Evolution gelegentlich doch in Sackgasssen geführt zu haben scheint, man kann auch keine gerade Linie von den Affen zu den Menschen finden. Bei solchen Stammbäumen muss man immer daran denken, dass die Fundstücke im Vergleich zu den zahllosen Exemplaren bei den wirbellosen Tieren außerordentlich selten sind. Nicht jeder neue Fund eines Schädels bedingt gleich eine neue Art! Nach dem heutigen Stand der Forschung gibt es aber keine Zweifel mehr daran, dass die „Wiege der Menschheit" im Tertiär von Afrika gestanden hat und dass sich von dort aus die Menschen später über verschiedene Wanderwege die ganze Erde erobert haben. Wir werden beim Quartär noch einmal darauf zurückkommen.

Für uns ist das Tertiär auch noch deshalb von Bedeutung, weil in dieser Zeit wichtige und weithin sichtbare Landschaftsstrukturen entstanden sind; allen voran die Alpen. Hauptsächlich im Tertiär wurden nämlich die Meeresströge des Erdmittelalters zu dem Hochgebirge zusammengeschoben, von dem auch die Deutschen Alpen ein kleiner Teil sind.

Das alte 48 ▶ variskische Gebirge unterlag während des Tertiärs einer tiefgründigen Verwitterung, bei der dicke Tonschichten gebildet wurden, die die Keramikindustrie gut gebrauchen kann. Damals entstand auch der Oberrheingraben, der seitdem das südliche Deutschland von Basel bis Frankfurt am Main durchzieht. Fast alle großen Vulkanlandschaften Kontinentaleuropas haben ihren zeitlichen Ursprung im Tertiär; dazu gehören u. a. Auvergne, Eifel, Westerwald, Meißner, Vogelsberg, Hegau, Kaiserstuhl, und dieser Vulkangürtel lässt sich bis nach Böhmen weiterverfolgen. Alle diese Vorkom-

---

**Exkursionshinweise Tertiär:**

*Umgebung von Alzey* in Rheinhessen, dort gibt es berühmte Fundpunkte für Tertiärfossilien auf engem Raum, überwiegend als Geotope bzw. Naturdenkmäler geschützt („Zeilstück", „Trift", „Wirtsmühle", „Neumühle").

*Die großen Kalk-Steinbrüche der Zementindustrie (Dyckerhoff, Heidelberger Zement, Anmeldung erforderlich) bei* **Göllheim**, **Rüssingen** *und* **Mainz-Amöneburg**.

**Doberg bei Bünde/Ostwestfalen**

**Grube Messel** bei Darmstadt (www.grube-messel.de)

**Fossilien- und Heimatmuseum Messel** (www.messelmuseum.de)

**Naturmuseum und Forschungsinstitut Senckenberg**
(www.senckenberg.de)

**Hessisches Landesmuseum Darmstadt** (www.hlmd.de)

*Scheibenberg* im Erzgebirge: Basaltsäulen, die im Gelehrtenstreit zwischen Neptunisten und Plutonisten des 18. Jahrhunderts eine Rolle gespielt haben.

**Geiseltalmuseum** in Halle an der Saale

**Sieblos-Museum** in Poppenhausen an der Wasserkuppe
(www.sieblos-museum.de)

## 2 Eine kleine Geschichte der Erde
### Erdgeschichtliche Zeitabschnitte – viele Namen mit unterschiedlichem Ursprung

men sind aber relativ unbedeutend, wenn man sie mit denen der weltweiten Ozeanböden vergleicht. Zu den bedeutenden und gut erforschten Landgebieten gehören auch die Vulkane in Schottland, seinen Inseln und in Irland, wo die Basaltsäulen von Giant's Causeway ein beeindruckendes Pflaster bilden.

Wichtige Tertiärbasalte findet man auch auf Island und auf sämtlichen mittelatlantischen Vulkaninseln von den Azoren über Madeira und die Kanarischen bis hin zu den Kapverdischen Inseln.

▶ **Quartär**
ist das jüngste System der Erdneuzeit (seit etwa 2 Millionen Jahren).

### Quartär

Das nachfolgende 72 ▶ Quartär, das sich vom Begriff (das Vierte) sinnvoll an das Tertiär anschließt, wurde früher einmal als Diluvium bezeichnet, was man etwa mit „Sintflut-Zeitalter" gleichsetzen kann. Daran zeigt sich, dass sich die alten 10 ▶ Geologen in ihrer Namensgebung noch an der Überlieferung durch die Bibel orientiert hatten, die ja von der Sintflut erzählt.

Die Abtrennung dieses jüngsten Zeitabschnitts der Erdgeschichte war notwendig geworden, weil man in den auf das Tertiär folgenden Ablagerungen große Gesteinsblöcke gefunden hatte, die wir heute Findlinge nennen.

Es gab aber zunächst keine rechte Erklärung, wie sie dort hingekommen waren, und man dachte zunächst an gewaltige Wassermassen, die sie transportiert hätten, eben eine Art Sintflut. Erst im späten 19. Jahrhundert fand man dann die richtige geologische Erklärung: Bei Wurzen in Sachsen und bei Berlin war an bestimmten Stellen der ältere Untergrund durch Gletscher geschrammt worden und solche Spuren kannte man schon von modernen Gletschern.

Das Eis enthält ja immer auch Steine, die den Untergrund, über den es gleitet, aufkratzen. Damit konnte man beim Quartär nun vom „Eiszeitalter" sprechen, das sich von dem im allgemein warmen Tertiär ganz wesentlich unterschied. Die weiteren Untersuchungen haben dann deutlich gemacht, dass die gesamte Nordhalbkugel der Erde jahrhunderttausendelang unter einen mehrere Kilometer dicken Eispanzer geraten war. Wo kein Eis war, herrschten Verhältnisse wie in der heutigen Tundra, in der nur Tiere leben konnten, die mit den niedrigen Temperaturen zurechtkommen. Zu ih-

2.72 Findling aus skandinavischem Granit an der Küste von Rügen. Foto: Klaus Rittner

**2.73** Findling im Alpenvorland. Foto: Klaus Rittner

nen gehörte u. a. das Mammut mit seinen Fettpolstern und dem dicken Fell. Sein Lebensraum wird deshalb auch als Mammutsteppe bezeichnet.

Heute teilt man das Quartär, das früher in Diluvium und Alluvium untergliedert wurde, in Pleistozän und Holozän. Diese Gliederung nimmt die Terminologie aus dem Tertiär auf, dessen jüngste Stufe als Pliozän bezeichnet wird – und so ergibt sich eine kontinuierliche Altersreihe für die Erdneuzeit ( 69 ▶ Neo- bzw. Känozoikum). Das 73 ▶ Pleistozän reicht bis etwa 10 000 Jahre vor heute zurück, seitdem leben wir im 73 ▶ Holozän, der Nacheiszeit, die allerdings auch durch kleinere geologisch wirksame Ereignisse noch weiter unterteilt werden kann; das hängt vor allem mit kurzfristigen Klimaschwankungen zusammen.

In der Fortführung der Zeitbegriffe aus dem Tertiär wird, ohne dass man das damals, d. h. im 19. Jahrhundert, schon wissen konnte, deutlich, dass die Abkühlung des Klimas, die schließlich zu den Eiszeiten des Quartärs geführt hat, ihren Anfang schon im Tertiär hatte: Mit raffinierten Analyseverfahren ( 73 ▶ Isotope des Sauerstoffs) an den Kalkschalen mariner Kleinlebewesen ließ sich zeigen, dass der Temperaturverlauf des Ozeanwassers

**2.74** Gletscherschrammen bei Niederaudorf. Foto: Klaus Rittner

▶ **Pleistozän**
ist die ältere Epoche des Quartärs (ca. 2 Millionen bis etwa 10 000 Jahre vor heute).

▶ **Holozän**
ist die Nach-Eiszeit, die vor etwa 10 000 Jahren begann und in der wir noch heute leben.

▶ **Isotope**
sind Elemente, deren Atomkerne die gleiche Ordnungszahl, aber unterschiedliche Massen haben, z. B. Sauerstoff $^{16}O$, $^{17}O$, $^{18}O$.

**2.75** Zwei Lösse (gelb) mit dazwischenliegendem Boden (braun), der eine Warmphase anzeigt. Weiße Hohl bei Nußloch. Foto: Dr. Manfred Löscher

**2.76** Würmzeitliche Moräne bei Oberaudorf am Inn. Foto: Klaus Rittner

schon seit nahezu 50 Millionen Jahren einen nur gelegentlich unterbrochenen Abkühlungstrend aufweist.

Die quartären Eiszeiten, ursprünglich vier, die durch wärmere Zwischeneiszeiten unterbrochen waren, haben wir alle in der Schule gelernt: Günz, Mindel, Riß und Würm. Sie sind nach Flüssen im Alpenvorland benannt und das zeigt auch, dass diese Gliederung aus festländischen Ablagerungen, nämlich den von Gletschern hinterlassenen Moränen, abgeleitet war. In Norddeutschland entsprechen ihnen zeitlich nur annähernd die Elster-, Saale- und Weichsel-Eiszeit. Nachdem man aber die erwähnten Sauerstoff-Isotope als Indiz für die Meerwasser-Temperaturen zur Verfügung hatte, ist diese Gliederung wesentlich verfeinert und erweitert worden. Damit lassen sich innerhalb der ungefähr 2 Millionen Jahre für das Quartär heute periodische Wechsel von Kalt- und Warmphasen rekonstruieren, die jeweils etwa 100 000 Jahre gedauert haben. Diese werden auf periodische Änderungen der Exzentrizität der Erdbahn zurückgeführt, womit auch deutlich wird, dass an der Entstehung von Eiszeiten astronomische Gegebenheiten beteiligt sind. Was man an den Meeressedimenten herausgefunden hatte, versucht man heute auch näherungsweise auf das Festland zu übertragen, wobei vor allem Bodenbildungen eine Rolle spielen, die ja ganz entscheidend durch klimatische Bedingungen gesteuert werden.

Zu den Charakter-Sedimenten der Kaltzeiten gehört vor allem der Löss, feinster Staub, der aus den Ablagerungen der Flussufer ausgeblasen wurde, als die Vegetation infolge der Kälte weitgehend abgestorben war. In den hellgelben Löss-Ablagerungen sind immer wieder bräunliche Schichten zu sehen, die Böden darstellen, welche erst unter einem wieder wärmer gewordenen Klima entstehen konnten, bei dem u. a. Feldspäte in die für den Nährstoff- und Wasserhaushalt wichtigen Tonminerale umgewandelt wurden (vgl. Kap. 4). Löss an sich ist nämlich noch nicht fruchtbar, aber die Lösslehm-Böden unserer Bördelandschaften sind mit die besten Böden, die es überhaupt gibt.

Das zweite Charakter-Sediment sind die Moränen, deren weitgehend unsortiertes Material, das neben Sand und feinem Staub vor allem die großen Brocken enthält, die man Geschiebe nennt (weil sie der Gletscher nicht rollt, sondern schiebt).

Aus deren unterschiedlichen Gesteinen lässt sich ermitteln, aus welchem Herkunftsgebiet sie stammen. Im Süden kam das Material aus den Alpen und in Norddeutschland war Skandinavien das Liefergebiet. Moränen sind als Erhebungen auch in der Landschaft zu erkennen, manchmal sind sie zu lang gestreckten, bogig verlaufenden Wällen aneinandergereiht wie Girlanden; sie markieren, wie weit das Eis vorgestoßen war. Es gibt sogar ältere Moränen, die von jüngeren überfahren und dabei gestaucht wurden, sodass sich in den Ablagerungen Falten und Brüche gebildet haben wie in einem Gebirge.

Wo das feinkörnige Material später ausgewaschen wurde, blieben oft nur noch große Blöcke zurück, die man wegen ihrer fremden Herkunft als 75 ▶ Erratica bezeichnet oder einfach als Findlinge; daraus haben die Menschen der Vorzeit vielfach ihre Megalith-Gräber errichtet, wobei „Megalith" nichts anderes heißt als großer Stein; sie sind heute durch Obelix schon den Kindern vertraut!

Das eiszeitliche Inventar ist aber noch wesentlich vielfältiger, denn fließendes Wasser hat das Material oft ausgehöhlt oder umgelagert, sodass Gletschermühlen oder Flussterrassen mit groben Geröllen entstanden und Seen, in denen die feinkörnige Fracht abgesetzt wurde. Solche Ablagerungen sind immer Indizien für wärmere Abschnitte, und dazu gehören dann auch Seesedimente, die durch Algenblüten zustande kamen (119 ▶ Kieselgur in der Lüneburger Heide z. B.); auch Kalk wurde in solchen Seen gefällt, was nur unter warmem Klima möglich ist.

Parallel zum Außenrand vor den Moränengürteln formte das viele Schmelzwasser in den Sommermonaten die Urstromtäler, denen noch heute einige unserer großen Flüsse folgen. Die Seen in ganz Norddeutschland und im Alpenvorland sind allesamt Produkte der quartären Eiszeit, d. h. Zungenbecken von Gletschern oder 75 ▶ Toteiskessel (Sölle).

Der Tierwelt des Eiszeitalters sind viele eigene Bücher gewidmet, sodass wir uns hier auf wenige Beispiele beschränken können. Das erwähnte Mammut ist ja eigentlich ein Elefant und nach der Lebensweise kann man grundsätzlich Steppenele-

**2.77** Gletschermühle am Maloja-Pass, Schweiz.
Foto: Klaus Rittner

▶ **Erratica**
sind Gesteinsblöcke, die durch Gletschereis in eine ihnen geologisch fremde Gegend transportiert wurden.

▶ **Toteiskessel**
sind von Gletschern oder Inlandeis abgetrennte, kleinere schuttbedeckte Eismassen, bei deren Abschmelzen verhältnismäßig tiefe Hohlformen entstehen, die von Seen ausgefüllt werden.

## 2 Eine kleine Geschichte der Erde
### Erdgeschichtliche Zeitabschnitte – viele Namen mit unterschiedlichem Ursprung

## Eiszeiten und Heißzeiten

Klimawandel ist für 10▶ Geologen ein völlig selbstverständlicher Vorgang; an vielen Zeugnissen innerhalb der einige Milliarden Jahre andauernden Erdgeschichte lässt sich belegen, dass es immer wieder Eiszeiten und Heißzeiten gegeben hat, gelegentlich in dieser Hinsicht sogar extreme Epochen: eine Phase im jüngsten 30▶ Präkambrium, während der die Erde wahrscheinlich ein einziger riesiger Schneeball gewesen ist, und eine Warmphase, in der während der 60▶ Kreidezeit sogar die Pole eisfrei gewesen sind und Meeresspiegelstände und Wassertemperaturen Rekordhöhen erreicht hatten.

Was wir gegenwärtig als Katastrophenszenario in den Medien serviert bekommen, ist in der Erdgeschichte also keine Ausnahme, sondern die Regel: Temperaturwechsel sind eine Begleiterscheinung erdgeschichtlicher Prozesse, aber nicht alle sind mit der plattentektonischen Situation der Kontinente erklärbar, sondern sie scheinen auch mit Änderungen der Erdbahn und/oder mit der Sonnenaktivität in Verbindung zu stehen; diesbezüglich gibt es noch viel Forschungsbedarf. Eiszeiten entstehen offenbar nur, wenn größere zusammenhängende Festlandsbereiche in Polnähe liegen.

### Heiße Zeit vor 100 Millionen Jahren

Die extreme Erwärmung während der Kreidezeit scheint dagegen mit einem enorm verstärkten Vulkanismus erklärbar, bei dem mit den Laven große Wärmemengen aus dem Erdinneren über sog. 77▶ Plumes an die Oberfläche gelangt waren; das im Zusammenhang damit geförderte $CO_2$ hat dann zusätzlich auch einen entsprechenden Treibhauseffekt bewirkt. Mittlerweile hat man aber auch innerhalb der Kreide Kaltphasen nachweisen können, für deren Entstehung ein im 72▶ Quartär wirksamer Selbststeuerungsmechanismus diskutiert wird (s. u.). Die geologisch jungen Vereisungen der Quartärzeit – die für die meisten von uns die Eiszeit schlechthin bedeuten – verstehen wir heute besser als die der älteren Erdgeschichte – dazu gehört auch eine Vereisung der Sahara während des Ordoviziums –, weil wir aufgrund der genaueren Altersbestimmungen an ihren Hinterlassenschaften Periodizitäten ermitteln können, die mit Änderungen der Erdbahn-Parameter zusammenhängen.

### Erdbahn-Schwankungen machen das Klima

Daraus ergibt sich, dass bei der gegenwärtigen plattentektonischen Konstellation etwa alle 100 000 Jahre mit einer Eiszeit zu rechnen ist. Innerhalb des über 2 Millionen Jahre andauernden Quartärs hat es etwa 20 Wechsel zwischen Warm- und Kaltzeiten gegeben, wobei die kurzfristigen Schwankungen noch nicht einmal berücksichtigt sind; das ist wesentlich mehr, als wir mit Günz-, Mindel-, Riß- und Würm-Eiszeit in der Schule gelernt haben.

Eissturz am Lämmerten-Gletscher: wie lange noch? Quelle: Rothe 2000

Den entsprechenden Temperaturverlauf hat man mit physiko-chemischen Methoden (73 ▶ Isotopen des Sauerstoffs) vor allem an Meeresablagerungen rekonstruieren können. Selbst die sog. Nacheiszeit, die vor etwa 10 000 Jahren mit dem Rückzug des skandinavischen Inlandeises aus unserer Region begonnen hatte, ist nicht vor Klimaschwankungen bewahrt geblieben, denn es gab innerhalb dieses relativ kurzen Zeitraums mehrmals wärmere und kältere Phasen: Besonders bekannt ist die auf das mittelalterliche Klimaoptimum (eine Zeit, in der es sogar etwas wärmer war als heute) folgende „Kleine Eiszeit", während der vom 16. Jahrhundert bis etwa 1800 allgemein tiefere Temperaturen herrschten als heute. Damals hat Pieter Breughel seine niederländischen Winterlandschaften gemalt. Solche historischen Dimensionen sind uns vertrauter als die, in denen sich normalerweise die Erdgeschichte abspielt.

## Beitrag der Vulkane

Auch kurzfristige geologische Prozesse können das Klima beeinflussen: Dem Ausbruch des Vulkans Tambora (1815) war 1816 ein „Jahr ohne Sommer" gefolgt mit Hungerkatastrophen, weil die Ernte verdarb. Eine ähnliche Situation entstand nach dem Ausbruch des Krakatau (1883). Solche Ereignisse haben auch in den Eisbohrkernen Grönlands und der Antarktis Signaturen hinterlassen.

Wenn wir uns heute Sorgen um ein von uns selbst verursachtes „Kippen" des Klimas machen, sollten wir deshalb die geologischen Umstände nicht außer Acht lassen. Längerfristig betrachtet leben wir nämlich gegenwärtig wahrscheinlich in einer Zwischeneiszeit. Man muss sich dazu klarmachen, dass es die altsteinzeitlichen Menschen in der als Eem-Warmzeit bezeichneten letzten Warmperiode, vor 130 000 bis 115 000 Jahren, schon wärmer hatten als wir. Um auch ein Beispiel aus der Gletscherwelt anzufügen: Innerhalb der Nacheiszeit hat man 10 Eisvorstöße unterscheiden können, die von wärmeren Episoden unterbrochen waren, während der die Gletscher wieder felsigen Untergrund freigegeben hatten. Das zeigt auch

Kreidezeitliche, etwa 100 Millionen Jahre alte Ablagerungen eines warmen Flachmeers (Oued Zehar/Marokko). Diese Gegend, heute eine Wüste, war vor über 450 Millionen Jahren von Gletschereis bedeckt. Foto: Verfasser

der Fund des „Ötzi", der in einem heute noch vereisten Gebiet vor etwa 5000 Jahren auf nacktem Fels umgekommen war.

## Das Problem des menschlichen Zeitmaßes

Unser Hauptproblem bei der gegenwärtigen Klimadiskussion scheint mir, dass wir nicht fähig sind, über unsere gewohnten Zeitvorstellungen hinaus zu denken, und das hängt natürlich vor allem mit unserer kurzen Lebensspanne selbst zusammen. Für die derzeit heftig diskutierte Frage, ob wir mit dem Verbrennen der fossilen Energierohstoffe das Klima anheizen, gibt es aus geologischer Sicht noch erheblichen Forschungsbedarf. Um es einmal ins Positive zu wenden, könnte die gegenwärtig beobachtete Erwärmung uns kurzfristig vielleicht vor einer neuen Eiszeit bewahren, die nach den aus der Geologie ableitbaren Gegebenheiten eigentlich bevorsteht.

Zu den bedrohlichen Ereignissen im Zusammenhang mit klimatischen Veränderungen gehören auch der Anstieg des Meeresspiegels und die Zunahme von Sturmfluten, denen die Anwohner der Nordsee seit dem Mittelalter mit einer Erhöhung der Wurtensiedlungen und Deiche begegnet sind. Die davon betroffenen Menschen wissen aber meist nichts über Transgressionen und Regressionen, die zum geologischen Geschehen gehören, seitdem es Wasser auf der Erde gibt.

▶ **Plumes**
sind diapirartig im Erdmantel aufsteigende heiße Ströme, relativ eng begrenzt und am Kopf manchmal federbuschartig, daher der Name. Solche Plumes sind die Ursachen für die Hot Spots.

## 2 Eine kleine Geschichte der Erde
### Erdgeschichtliche Zeitabschnitte – viele Namen mit unterschiedlichem Ursprung

fanten von Waldelefanten unterscheiden, womit gleichzeitig gesagt ist, dass die Steppentiere Kaltzeit- und die Waldtiere Warmzeitformen sind. Das wird auch durch die Fossilfunde anderer Tiere erhärtet, die mit den jeweiligen Elefanten zusammengelebt haben müssen.

Zur eiszeitlichen Lebenswelt gehörten auch Höhlenbär, Höhlenlöwe und Höhlenhyäne (vgl. Kap. 5).

Tiere und Pflanzen sind während des Quartärs immer wieder den klimatischen Verhältnissen gefolgt, d. h., sie haben oft weite Wanderungen unternommen, um Rückzugsgebiete zu erreichen, in denen sie überleben konnten; aus denen sind sie dann später immer wieder in die wärmeren Zonen eingewandert.

Mit den Pflanzen, die auf klimatische Änderungen schneller reagieren als die Tiere, lassen sich die vielfältigen Klimaschwankungen des Quartärs heute recht genau verfolgen, das gilt besonders für die nacheiszeitliche Epoche des 73  Holozäns, also für etwas mehr als die letzten 10 000 Jahre. Die Informationen dazu sind in Form von Pollen überwiegend in See-Ablagerungen und Mooren gespeichert. Kälteperioden sind darin vor allem durch Gräser und Kräuter, Warmzeiten anhand von Pollen entsprechender Bäume nachweisbar. Die Auszählung von Tausenden der winzigen Pollenkörner unter dem Mikroskop (um eine gute Statistik zu erhalten) ist zwar ein mühsames Geschäft, aber es hat sich gelohnt, weil man damit unter anderem die quartäre Waldgeschichte Mitteleuropas rekonstruieren konnte. Außerdem hat man dabei gelernt, dass das Klima auch in relativ kurzen Zeiträumen immer wieder beträchtliche Sprünge machen kann. Das bekannteste Ereignis in diesem Zusammenhang war die sog. „Kleine Eiszeit" vom 16. bis ins 19. Jahrhundert, für die es auch Hinweise von besonders weit vorgestoßenen Alpengletschern gibt. Vor etwa 8000 – 5000 Jahren dagegen gab es eine als Klimaoptimum bezeichnete Warmzeit, während der die Gletscher noch wesentlich stärker abgeschmolzen waren als heute. Wahrscheinlich ist also auch die gegenwärtige Erderwärmung nur eine Episode, der vielleicht schon bald wieder eine Kaltzeit folgen könnte.

### Exkursionshinweise Quartär:

**Aufschlüsse im Quartär sind fast überall anzutreffen:** Löss, Dünen, Böden, Hangschutt, Blockströme in den Mittelgebirgen, die Seen und ihre Ablagerungen in Norddeutschland und im Alpenvorland, Moränen, Findlinge und andere Spuren der quartären Eiszeiten, Moore im Küstenbereich und im Binnenland, die Produkte des jüngsten Vulkanismus und schließlich die vielen Höhlen, die in den Kalkkomplexen besonders des Devons und des Juras entstanden waren. Eine Aufzählung würde den Rahmen sprengen.

**Sehenswert sind** im Löss entstandene Hohlwege (Weiße Hohl bei Nußloch, Lössschlucht bei Zeutern im Kraichgau und Reste im Kaiserstuhl), das Felsenmeer bei Reichenbach im Odenwald, das Moormuseum Elisabethfeen und die Eifelmaare, auch die Wingertsberg-Wand bei Mendig, wo der Laacher-See-Ausbruch detailliert mit Schautafeln dokumentiert ist. Gletscherschliffe zeigen die Steinbrüche im Muschelkalk von Rüdersdorf bei Berlin. Über Höhlen siehe Kempe & Rosendahl 2008.

### Literaturempfehlungen

Berner, U. & Streif, H. (Hrsg.): Klimafakten – Der Rückblick – ein Schlüssel für die Zukunft. BGR, GGA, NLFB, Vertrieb E. Schweizerbart'sche Verlagsbuchh., Stuttgart 2004 (4. Aufl.)

Geyh, M.: Handbuch der physikalischen und chemischen Altersbestimmung. Wissenschaftl. Buchgesellsch., Darmstadt 2005, 211 S.

Hauschke, N. & Wilde, V. (Hrsg.): Trias – Eine ganz andere Welt – Mitteleuropa im frühen Erdmittelalter. Verlag Dr. Friedrich Pfeil, München 1999, 647 S.

Koenigswald, W. v.: Lebendige Eiszeit. Klima und Tierwelt im Wandel. Wissenschaftl. Buchgesellsch., Darmstadt 2002, 190 S.

Probst, E.: Deutschland in der Urzeit. Von der Entstehung des Lebens bis zum Ende der Eiszeit. Orbis Verlag, München 1999, 479 S.

Rothe, P.: Erdgeschichte – Spurensuche im Gestein. Wissenschaftl. Buchgesellsch., Darmstadt 2000, 240 S.

Stanley, S. M.: Krisen der Evolution. Artensterben in der Erdgeschichte. Spektrum-der-Wiss.-Verlagsgesellschaft 1989, 246 S.

Stanley, S. M.: Historische Geologie. Spektrum Verlag, Heidelberg, Berlin, Oxford 1994, 632 S.

# 3 Dynamik, die von innen kommt:
## über Plattentektonik, Gebirgsbildung, Erdteile auf Wanderschaft, Vulkanismus und Erdbeben

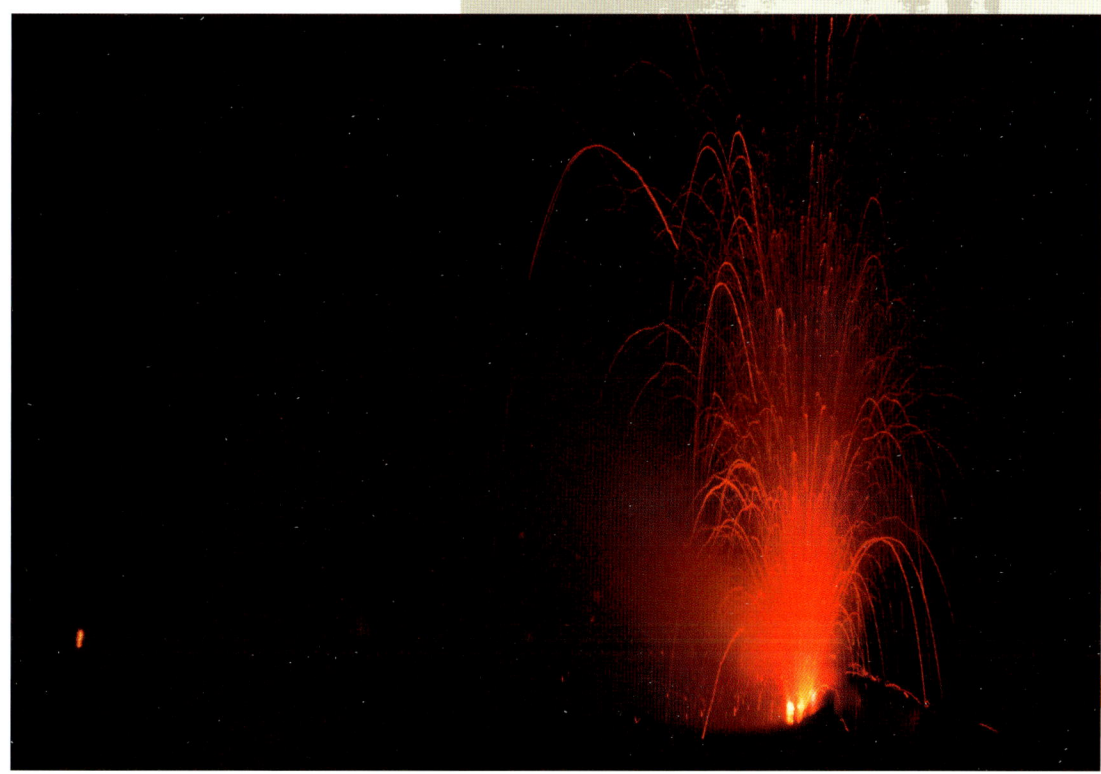

**3.1** Ausbruch des Stromboli, Italien.
Foto: Verfasser

## Plattentektonik

In jedem Schulatlas kann man sehen, dass die gegenüberliegenden Küsten von Afrika und Südamerika aussehen wie Teile eines großen Puzzlespiels; wenn man beide Kontinente gedanklich zusammenschiebt, dann passen sie ziemlich gut aneinander, aber die Passung ist nicht ideal wie beim richtigen Puzzle, sondern nur ungefähr. Das war auch Alfred Wegener schon aufgefallen, der 1912 ein Buch geschrieben hat, in dem von einer Wanderung der Kontinente die Rede war: In unserem Beispiel sollten sich also Afrika und Südamerika im Laufe langer geologischer Zeiten voneinander wegbewegt haben, während sich gleichzeitig der Atlantische Ozean geöffnet hat. Die meisten Geologen waren aber von dieser Idee nicht gerade begeistert. Mit Ausnahme von denen, die in Afrika, Südamerika, Australien und Indien arbeiteten, lehnten eigentlich alle diese Kontinentalverschiebungstheorie ab; das hing auch damit zusammen, dass Wegener kein Geologe war, sondern 79 ▶ Meteorologe und 10 ▶ Geophysiker. Die Forscher auf den Südkontinenten hatten aber gute Gründe, Wegeners Idee anzuerkennen, weil dort viele fossile Landtiere, vor allem solche der 54 ▶ Triaszeit, irgendwie miteinander verwandt sind – und die konnten ja nicht über das Wasser gelaufen sein. Später kamen noch andere Beobachtungen hinzu. Man hatte nämlich den Südatlantik schon um 1920 mit Echoloten erkundet und dabei eine verblüffende Feststellung gemacht: In der Mitte zwischen

▶ **Meteorologen**
sind Forscher, die sich mit der Physik der Atmosphäre und den Wechselwirkungen zwischen dieser und der festen und flüssigen Erdoberfläche befassen.

# Dynamik, die von innen kommt
## Plattentektonik

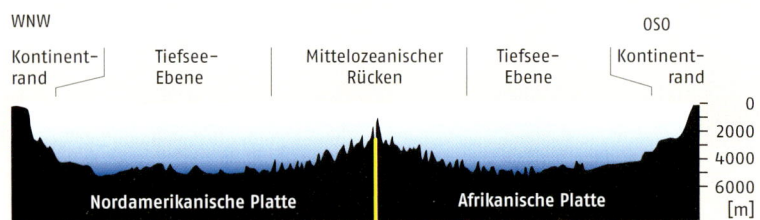

**3.2** Topographie des Meeresbodens entlang eines Profils von New York nach Dakar. Man erkennt, wie ziemlich genau in der Mitte das untermeerische Gebirge des Mittelatlantischen Rückens aufragt, das aus geologisch jungen Basalten besteht. Quelle: Frisch & Meschede 2007

▶ **Ozeanische Kruste** ist die komplex aufgebaute Erdkruste im Bereich der Ozeane, die – von oben nach unten – aus Sedimenten, Lavaströmen und einem Gangsystem von überwiegend basaltischer Zusammensetzung besteht.

den beiden Kontinenten gibt es ein lang gestrecktes untermeerisches Gebirge, das ziemlich genau parallel zu den Küstenrändern verläuft; der Ozean ist also keine einfache „Badewanne", die in der Mitte am tiefsten ist.

Das hoch aufragende Gebirge ist aber eine andere Art von Gebirge als etwa die Alpen, die fast überwiegend aus Sedimentgesteinen aufgebaut sind, denn sein Baustoff ist Basalt, wie wir ihn von den meisten Vulkanen her kennen. Aus den Formen der Basaltlava können wir ableiten, dass die Lava unter dem Meerwasser ausgeflossen sein muss, denn man findet dort viele 93 ▶ Pillow-Basalte, wie wir sie im Kapitel über den Vulkanismus noch näher kennenlernen werden. Wenn man in einem Gedankenexperiment das Wasser aus dem Ozean ablässt, dann taucht dieses untermeerische Gebirge auf und man könnte sehen, dass dessen Höhenzüge, die durch die dunklen Basalte bestimmt werden, nur genau in dessen Mitte – die zugleich am höchsten aufragt – noch dunkel aussehen. Man hat später durch Tiefseebohrungen herausgefunden, dass die Basalte von der Mitte aus nach beiden Seiten hin zunehmend von kalkigen und damit hellen Ablagerungen bedeckt sind, sodass es wie Schnee auf den Bergen aussieht. Der Kalk stammt von kalkschaligen Organismen (meist 53 ▶ Foraminiferen, die bei den Fossilien noch näher behandelt werden), die in den obersten Wasserschichten leben und deren Gehäuse nach dem Absterben auf den Meeresgrund sinken. Mehr noch: Die kalkigen Schichten werden umso dicker, je weiter sie vom Zentralbereich des untermeerischen Gebirges entfernt sind, und am dicksten sind sie in der Nähe der Küste, wo zum Kalk der Organismen nun noch Sand und Ton hinzukommen, die von den Kontinenten her angeliefert wurden. Die Bohrungen ha-

ben gezeigt, dass darunter überall Basalt liegt, der zur sog. 80 ▶ Ozeanischen Kruste gehört. Physikalische Altersbestimmungen zeigen auch, dass die Basalte von der Ozeanmitte zu den Rändern hin immer älter werden, sodass auch mehr Zeit für die Anhäufung von Kalkschlamm und andere Ablagerungen zur Verfügung stand.

In diesem Zusammenhang gibt es noch mehr Merkwürdigkeiten. Die Basalte sind nämlich streifenartig, parallel zur Mittelachse des untermeerischen Gebirges, symmetrisch nach beiden Seiten angeordnet und die Streifen sind unterschiedlich magnetisiert.

Dies kann man damit erklären, dass die Basalte magnetische Minerale in sehr kleinen Mengen enthalten, die sich, solange die Lava noch flüssig ist, auf das Magnetfeld der Erde hin ausrichten. Sobald die Schmelze zu Gestein erstarrt, sind diese Minerale darin räumlich festgelegt, sie haben das zur Zeit ihrer Bildung herrschende Magnetfeld „einge-

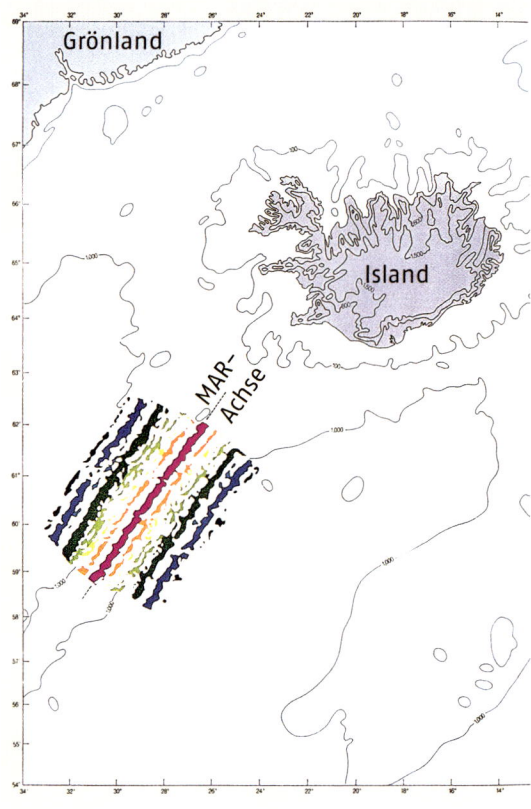

**3.3** Das Streifenmuster des Ozeanbodens am Reikjanes-Rücken südlich von Island. Quelle: Rothe 2000

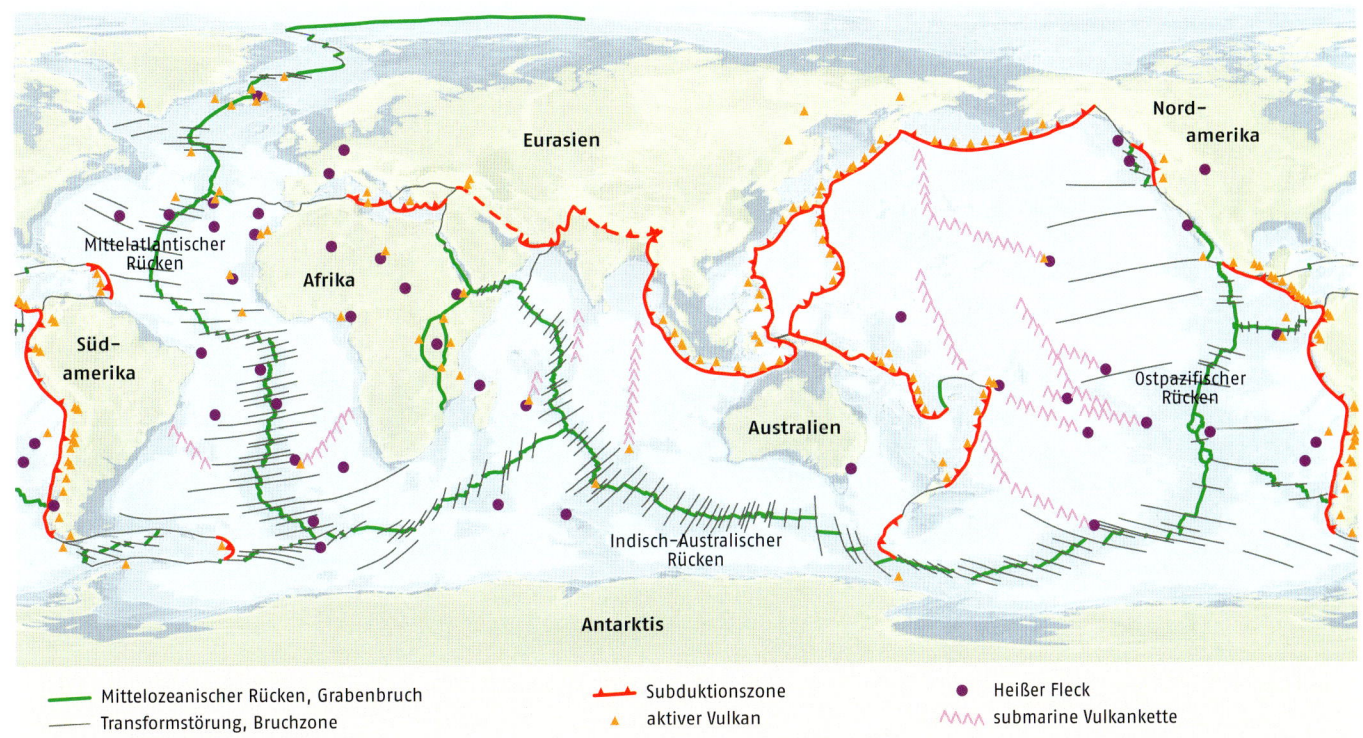

**3.4** Die Mittelozeanischen Rücken, ein weltumspannendes System. Quelle: Frisch & Meschede 2007

— Mittelozeanischer Rücken, Grabenbruch
— Transformstörung, Bruchzone
▲▲ Subduktionszone
▲ aktiver Vulkan
● Heißer Fleck
∿∿ submarine Vulkankette

froren". In den ganz jungen Basalten weisen sie zum Nordpol, in solchen, die ein paar hunderttausend Jahre alt sind, aber zum Südpol und so ging das in den vergangenen Millionen Jahren der Erdgeschichte immer hin und her; das bedeutet, dass sich das Magnetfeld viele Male umgekehrt haben muss. Die Forscher vermuten, dass der Grund dafür in den Verwirbelungen des flüssigen äußeren Erdkerns zu suchen ist (vgl. Kap. 1).

Diesem Streifenmuster, das man sich wie das bei einer Registrierkasse im Kaufhaus vorstellen kann, die den Wechsel zwischen schwarzen und weißen Streifen auf den Warenpaketen erfasst, hat man nun die physikalisch bestimmten Altersdaten der Basalte zugeordnet. Damit kann man manchmal schon allein an der Streifenfolge ablesen, wie alt die Gesteine sind. So brauchte man nur noch Magnetometer, die man bequem hinter den Forschungsschiffen herziehen kann, um in allen Ozeanen solche Streifenmuster zu erkennen und daraus das Alter des Ozeanbodens abzuleiten. Dieses Muster ist nur zu erklären, wenn sich die Meeresböden von den sog. ▶ Mittelozeanischen Rücken aus ausbreiten, die ein alle Ozeane umspannendes System der Erde bilden.

Das untermeerische Gebirge im Atlantik heißt Mittelatlantischer Rücken, dessen höchste Erhebungen örtlich sogar aus dem Meer auftauchen: einige der Azoreninseln gehören dazu, vor allem aber das große Island, wo man auch die Nahtstelle besichtigen kann, die die Symmetrieachse dieses Gebirges bildet. Diese ist praktisch der Nullpunkt der Zeitskala für den Mittelatlantischen Rücken. Man kann dort auch direkt sehen, was die Geologen eine Plattengrenze nennen. Das ist aber nur ein sehr kleiner Bereich in einem sehr komplizierten Spiel mit Ozeanen und Kontinenten. In Island kann man auch tätigen Vulkanismus studieren, ebenso Geysire und in den heißen Quellen baden, die von diesem Vulkanismus geheizt werden.

Zum Strukturinventar der Mittelozeanischen Rücken gehören auch weitreichende Brüche, die man ▶ Transformstörungen nennt; sie durchschneiden die Rücken etwa senkrecht zu deren Verlauf und man hat herausgefunden, dass sich an diesen Störungen vor allem weiträumige Horizontalverschiebungen ereignen.

Transformstörungen sind also auch Plattengrenzen, aber sie sind nicht auf den ozeanischen Be-

▶ **Mittelozeanische Rücken**
sind ein weltumspannendes System untermeerischer Gebirgszüge von überwiegend basaltischer Zusammensetzung.

▶ **Transformstörungen**
sind Seitenverschiebungen, die die ozeanische oder kontinentale Kruste durchschneiden.

# 3 Dynamik, die von innen kommt
## Plattentektonik

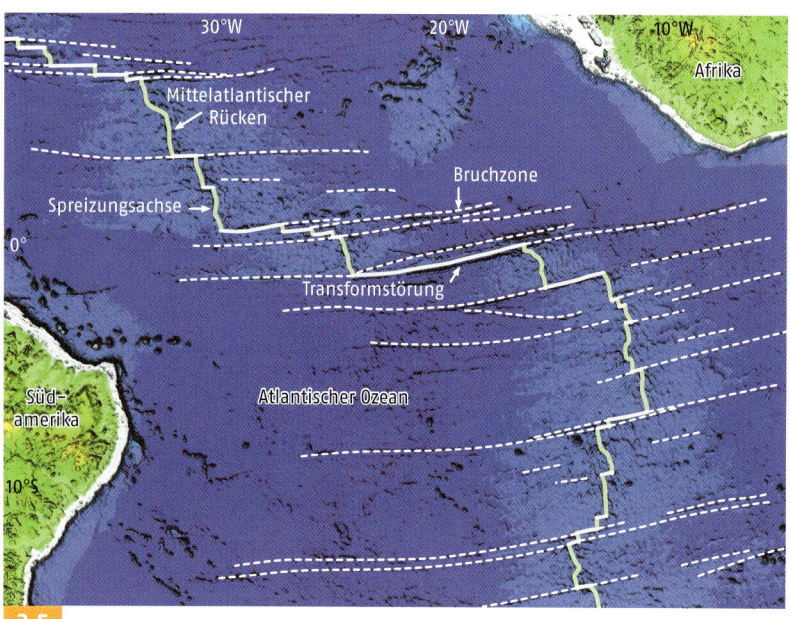

**3.5** Transformstörungen im mittleren Atlantik. Quelle: Frisch & Meschede 2007

▶ **Lithosphärenplatten** sind feste Gesteinsschalen der Erde, die sowohl kontinentale als auch ozeanische Kruste sowie einen Teil des Erdmantels umfassen.

▶ **Asthenosphäre** ist der Bereich des Oberen Mantels der Erde unterhalb der festen Lithosphärenplatten und reicht meist von etwa 100–250 km Tiefe.

reich beschränkt, sondern kommen auch auf dem Festland vor; eine der bekanntesten ist die San-Andreas-Verwerfung in Kalifornien; die Plattentektoniker haben hierfür mal ein Zukunftsszenario entworfen, nach dem das klimatisch heiße Südkalifornien in einigen Zehnermillionen Jahren an den kühlen Küstenwäldern von British Columbia, Kanada, vorbeidriftet.

Wegeners Vorstellung, wie sich die Kontinente bewegt haben könnten, lässt sich mit Schiffen vergleichen: Die aus leichteren Gesteinen bestehenden Kontinente sollten auf den schwereren Gesteinen der Ozeane schwimmen, die dazu aber irgendwie plastisch sein mussten. Die Plattentektonik weicht von dieser Vorstellung insofern ab, als auch die Kontinente, wie wir heute wissen, Wurzeln aus schwereren Gesteinen haben, die aber starr sind. Sie bewegen sich zusammen mit diesen Wurzeln als eine Art von Platten-Sandwich auf einem zähplastischen Untergrund. Die feste Platte nennt man 82 ▶ Lithosphärenplatte und den darunterliegenden Bereich 82 ▶ Asthenosphäre (das heißt nach dem griech. schwach, nicht fest). Um es anschaulich zu machen, kann man sich die Kontinente vorstellen wie Schiffe, die in die Lithosphärenplatten wie in Eisschollen eingefroren sind, wobei sich dann beide zusammen auf dem Wasser (d. h. der Asthenosphäre) bewegen. Die Bewegungen laufen für unsere Zeitvorstellungen außerordentlich langsam ab,

so langsam, dass sie Wegener mit den damals verfügbaren Instrumenten gar nicht nachweisen konnte. Heute dagegen sind wir mit der Satellitennavigation in der Lage, die Plattenbewegungen direkt zu messen, und wir wissen daher auch, dass ihre Geschwindigkeit in der Größenordnung von mehreren Zentimetern pro Jahr liegt. Nicht alle Platten bewegen sich aber gleich schnell: Beim Atlantik sind es etwa 2 cm/Jahr, und das ist, um einen gerne verwendeten Vergleich zu erwähnen, etwa so schnell wie unsere Fingernägel wachsen. Die schnellsten Plattenbewegungen werden derzeit im Pazifik gemessen, wo sie etwa 15 cm/Jahr erreichen.

Jetzt tun sich aber folgende Fragen auf: Wenn sich die Meeresböden ausbreiten, werden die Ozeane ständig größer, während die Kontinente etwa gleich groß bleiben; man müsste daraus folgern, dass sich die Erde ausdehnt und damit als Himmelskörper auch größer wird. Anschaulich kann man sich das machen, wenn man die Kontinente dicht nebeneinander wie ein zusammengesetztes Puzzle auf einen auf bestimmte Größe aufgeblasenen Luftballon aufkleben und ihn danach weiter aufblasen würde; dann entfernen sie sich voneinander, wobei zwischen ihnen die Ozeane in Form der größer gewordenen Luftballonhülle sichtbar werden. Die Astronomen sagen uns aber, dass sich unser Planet in seinem Ausmaß nicht oder doch nur sehr unwesentlich verändert hat. Wohin also mit dem überschüssigen Material, das da an den untermeerischen Gebirgen ständig neu herausquillt? Um dieser Frage nachzugehen, müssen wir zunächst noch eine Etage tiefer steigen, nämlich in den Erdmantel, dessen oberster Bereich die schon erwähnte Asthenosphäre bildet. Hier läuft das Förderband, das die Lithosphäreplatten huckepack nimmt und in unterschiedliche Richtungen verfrachtet. In seinem oberen Teil, in etwa 100 km Tiefe sind die Bestandteile vorhanden, aus denen die Basaltschmelzen entstehen, die wir dann am Ozeanboden oder auf Island antreffen. Noch viel tiefer, nämlich am äußeren Kern der Erde, in etwa 2900 km, ist praktisch die meiste Wärme gespeichert, die noch aus der anfänglichen Bildungsepoche stammt (vgl. Kap. 1). Diese Wärme scheint in Form großer Schläuche an die Oberfläche zu steigen und sie heizt dabei die Gesteine im oberen Erdmantel zu einem heißen Brei auf, der offenbar recht beweglich ist. In diesem heißen Brei scheinen sich Wirbel zu bilden, Strömungen, die einander begegnen oder sich voneinander weg bewegen, horizontale und sogar vertikale – ein ziemliches Durcheinander, das sich in seinen Auswirkungen bis zur Oberfläche der Erde hin bemerkbar macht; das hat mal jemand mit dem Wettergeschehen in der Atmosphäre verglichen, wo es ähnliche Verwirbelungen gibt. Hier driften dann die darüberliegenden Lithosphäreplatten aufeinander zu oder voneinander weg (wie wir das schon für den Atlantik angedeutet hatten). Das Aufeinanderzudriften muss irgendwann natürlich zu Kollisionen führen. Wir kennen solche Kollisionsbereiche: Es sind die Gebiete, in denen Faltengebirge wie die Alpen entstanden sind. Im Falle der Alpen hat die Afrikanische Platte, die auch heute noch nach Norden wandert, allmählich einen alten Ozean zugeschoben, von dem das heutige Mittelmeer nur noch ein Rest ist. Dabei wurden die zuvor in dem Ozean gebildeten Gesteinsmassen zusammengedrückt, in Falten gelegt und auch in Form von Decken übereinandergestapelt; insgesamt wurde der Raum also stark eingeengt.

Ozeane können nicht nur neu entstehen und sich im Laufe von Jahrmillionen verbreiten, sondern sich auch wieder schließen. Das gilt besonders für ihre schwere Kruste, die ja im Wesentlichen aus Basalt besteht. Wenn man die Gebirge im Westen von Nordamerika (die Rocky Mountains) oder die südamerikanischen Anden in das Plattenpuzzle einordnet, dann liegen sie an Grenzen, wo die ozeanische Kruste des Pazifiks an die kontinentale Kruste der beiden Kontinente grenzt. An dieser Grenze liegt der Schlüssel für die Tatsache, dass sich Ozeane verbreitern können, ohne dass sich die Erde ausdehnt. Hier wird nämlich ein Teil des Pazifiks wieder in den Erdmantel zurückbefördert, die Ozeankruste taucht auf einer schrägen Bahn unter die Kontinente ab und das erklärt viele geologische Erscheinungen in solchen Gegenden: An der Plattengrenze begegnen sich in diesem Fall Kontinent und Ozean, die sich zuvor aufeinander zu bewegt hatten, und so etwas bezeichnet man als einen aktiven Kontinentalrand. Ein passiver Kontinentalrand dagegen liegt da vor, wo der Kontinent an einen Ozean grenzt und zusammen mit der darunter liegenden Ozeankruste eine Platte bildet, aber keine Plattengrenze; das ist z. B. am Westrand von Afrika der Fall, wo die große Afrikanische Platte bis zum Mittelatlantischen Rücken reicht, also den halben Atlantik mit einschließt.

Beim Zusammenstoß der Pazifischen Platte am aktiven Kontinentalrand, der durch den Westrand von Nord- und Südamerika markiert wird, entsteht eine sog. 83▶ Subduktionszone; sie heißt deshalb so, weil dort eine Platte unter die andere hinabgezogen wird (vom latein. subducere). Es könnte auch sein, dass sie geschubst wird, so genau weiß man

▶ **Subduktionszone** ist der Bereich, an dem Lithosphärenplatten – bestehend aus meist ozeanischer Kruste mit den auflagernden Meeressedimenten – in tiefere Bereiche abtauchen.

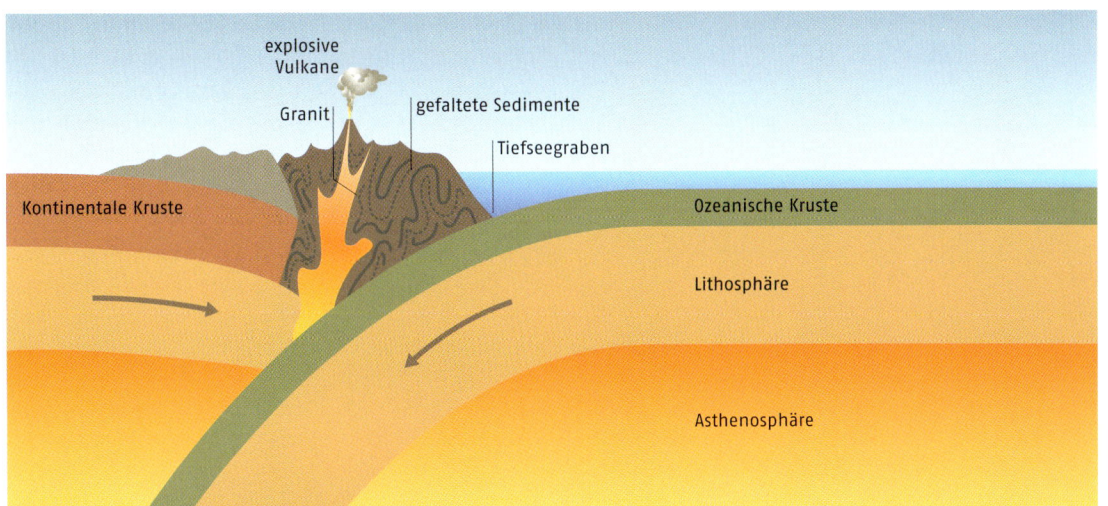

**3.6** Schematische Darstellung einer Subduktionszone. Die – hier von rechts kommende – Lithosphärenplatte mit der schweren ozeanischen Kruste taucht unter die leichtere kontinentale Kruste ab und schiebt dabei die zuvor aufgelagerten Sedimente zu einem Faltengebirge zusammen. In den tieferen Bereichen schmelzen die Gesteine; die dabei entstehenden Magmen erstarren entweder zu granitähnlichen Plutoniten oder eruptieren als explosive Vulkane.

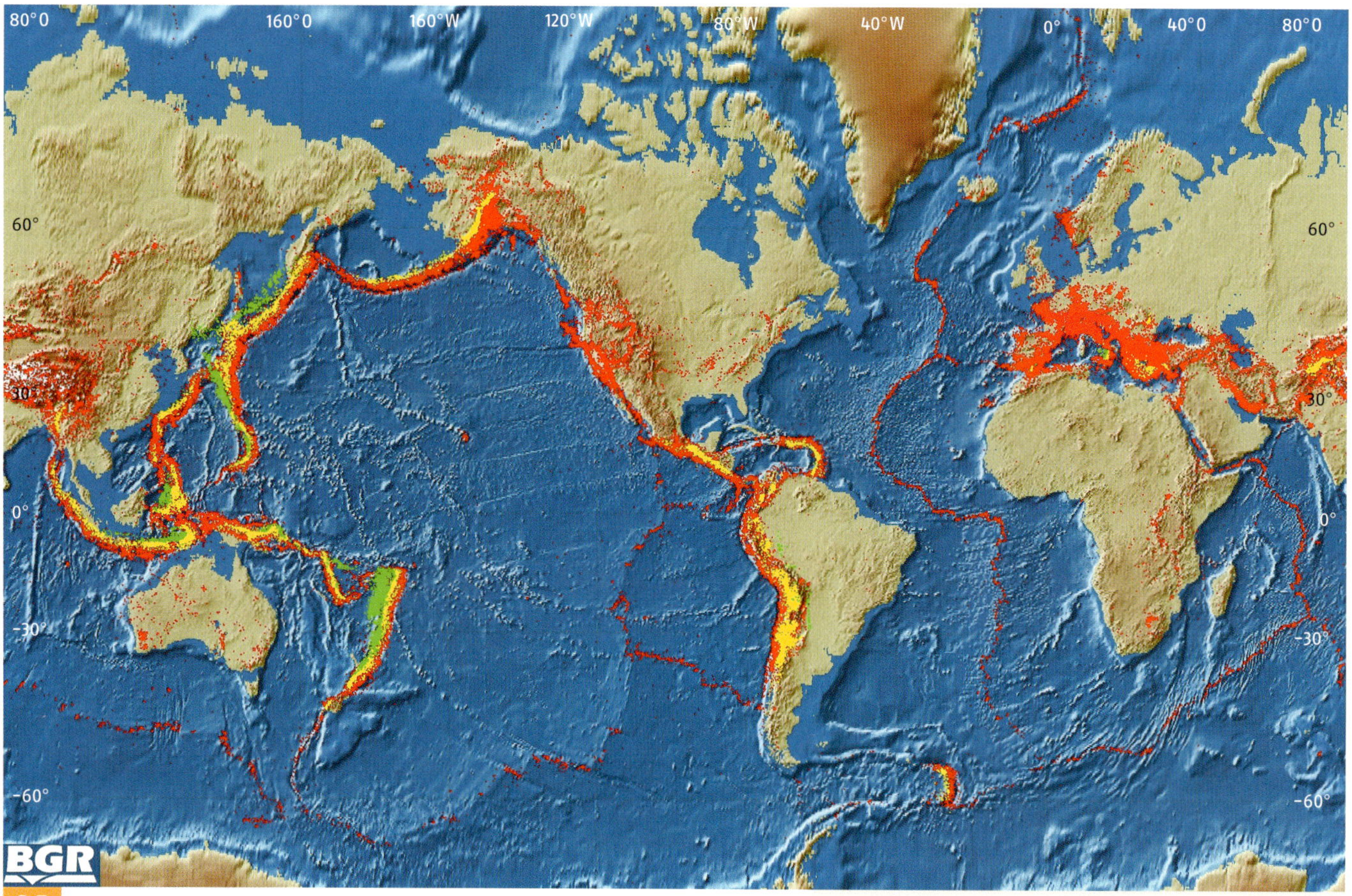

## 3 Dynamik, die von innen kommt
### Plattentektonik

**3.7** Der „Feuerring" um den Pazifik, der seinen Namen einer Häufung von Vulkanen und Erdbeben verdankt. Quelle: Frisch & Meschede 2007

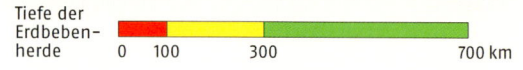

Tiefe der Erdbebenherde   0   100   300   700 km

▶ **Pazifischer Feuerring** ist der Randbereich des Pazifischen Ozeans, an dem sich Vulkane und besonders starke Erdbeben über Subduktionszonen häufen.

das noch nicht, es ist aber wahrscheinlicher, dass Zugkräfte am Werk sind, die von der ozeanischen Platte ausgehen, weil diese wegen ihrer basaltischen Zusammensetzung schwerer ist als die der Kontinente und dadurch eher zum Absinken neigt.

In Subduktionszonen passiert eine ganze Menge: Zum Beispiel ist der Vulkanismus dort besonders intensiv, weil das schräg abtauchende Material der Platte zunehmend wärmer wird und in größerer Tiefe schließlich sogar wieder aufschmilzt. Diese neue Gesteinsschmelze ist aber anders zusammengesetzt als jene, welche die Mittelozeanischen Rücken aufbaut (ich hatte erwähnt, dass dort Basalt entsteht, dessen Ausgangsmaterial aus dem Erdmantel stammt). Die Schmelzen an solchen aktiven Kontinentalrändern entstehen nur teilweise aus Ozeanbodenbasalten, weil deren Material mit den darüber abgelagerten Sedimenten vermischt wird, außerdem kommt natürlich eine Menge Meerwasser hinzu. Das führt zu einer ganz anderen Zusammensetzung der Schmelzen, die später in den Randgebirgen aufsteigen können oder explosive Vulkane entstehen lassen. Wenn die Schmelzen innerhalb dieser Gebirge in einigen Kilometern Tiefe wieder zu festen Gesteinen werden statt auszubrechen, dann entstehen daraus Granite oder granitähnliche Gesteine. Wenn sie dagegen zur Oberfläche durchstoßen, entstehen oft hochexplosive Vulkane wie der erst 1980 wieder ausgebrochene Mt. St. Helens. Ähnliche Vulkane, die die hier diskutierten Kontinentalränder begleiten, sind manchmal aneinandergereiht wie eine Perlenkette, die von Alaska im Norden über Mexiko bis hin nach Feuerland reicht. Diese Kette lässt sich rund um den Pazifik weiterverfolgen mit Beispielen in Kamtschatka, Japan (Fudschijama) oder den Philippinen, wo der Pinatubo erst vor wenigen Jahren wieder explodiert war. Man nennt diese Gebiete deshalb zusammenhängend auch den 84 ▶ „Feuerring", der dem Pazifik praktisch seinen Rahmen gibt und der in einer ganzen Kette von Subduktionszonen seinen Ursprung hat.

Eine andere Besonderheit dieses Bereichs sind die vielen und oft schweren Erdbeben; keine anderen Gebiete der Erde sind darin den aktiven Kontinentalrändern vergleichbar. Erdbeben entstehen dort durch das mechanische Abtauchen der ozeanischen Platte unter die Kontinente. Solange die Gesteine starr bleiben, können sich Spannungen zwischen den Platten oder einzelnen ihrer Teile aufbauen, und das geschieht so langsam, wie sich die Platten aufeinander zu, aneinander vorbei oder

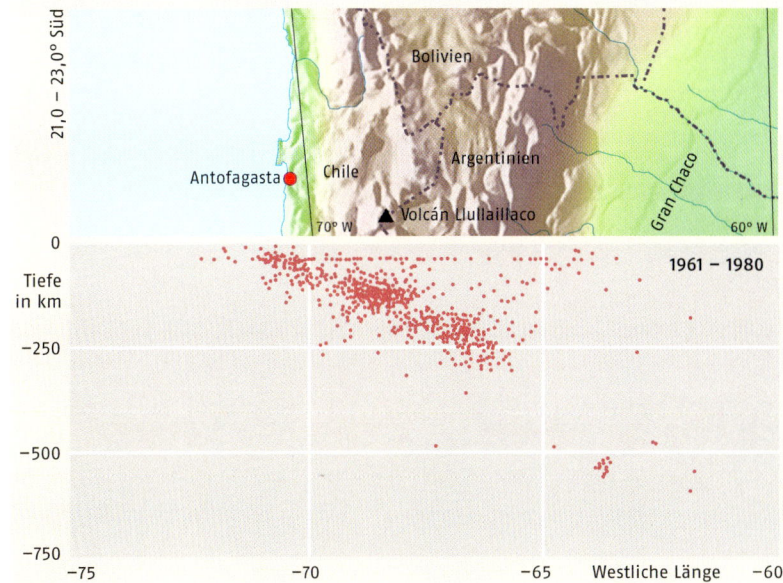

**3.8** Lage der Erdbebenherde im Bereich der Anden. Quelle: nach Miller 1992

übereinander bewegen. Wenn diese Spannungen zu groß werden, reagieren die Gesteine mit einem plötzlichen Bruch, die Folge ist dann ein Erdbeben, das an der Oberfläche die Häuser wackeln oder einstürzen lässt, Straßen und Eisenbahnschienen verbiegt. Kalifornien und Japan sind davon besonders schwer betroffen und die Schäden sind auch deshalb so groß, weil in diesen Ländern so viele Menschen dicht beieinander leben.

Die Erdbebenherde, in denen diese Brüche beginnen, liegen meist noch innerhalb der Erdkruste, also oft nur ein paar Kilometer tief.

Die Erdbebenforscher haben mit ihren 85 ▶ Seismographen auch herausgefunden, dass die Herde an den aktiven Kontinentalrändern von der Küste zum Landesinneren hin immer tiefer liegen. Daraus wiederum haben die Plattentektoniker abgeleitet, dass die abtauchende Platte sich wie ein Brett unter den Kontinent schiebt; sie ist ja starr und wird erst in sehr großer Tiefe wieder weich und schließlich sogar aufgeschmolzen.

Eine dritte Besonderheit im Zusammenhang mit Subduktionszonen sind die schon erwähnten Faltengebirge: Die zuvor gebildeten Meeressedimente

▶ **Seismographen** sind Geräte zum Registrieren von Erdbebenwellen.

**3.9** Eng zusammengeschobene, steilgestellte Kalksteinbänke in den französischen See-Alpen, eine „Knautschzone" zwischen Afrika und Europa.
Foto: Verfasser

# 3 Dynamik, die von innen kommt
## Plattentektonik

▶ **Seismische Tomographie**
ist ein Verfahren, mit dem man das Innere der Erde mit Hilfe von Erdbebenwellen erforscht. In wärmeren Bereichen haben diese geringere Geschwindigkeiten als in kälteren.

▶ **Terran**
ist ein allseitig von Störungen begrenztes Krustenstück, das sich bezüglich Schichten, Baustil und geologischer Geschichte wesentlich von denen seiner Umgebung unterscheidet.

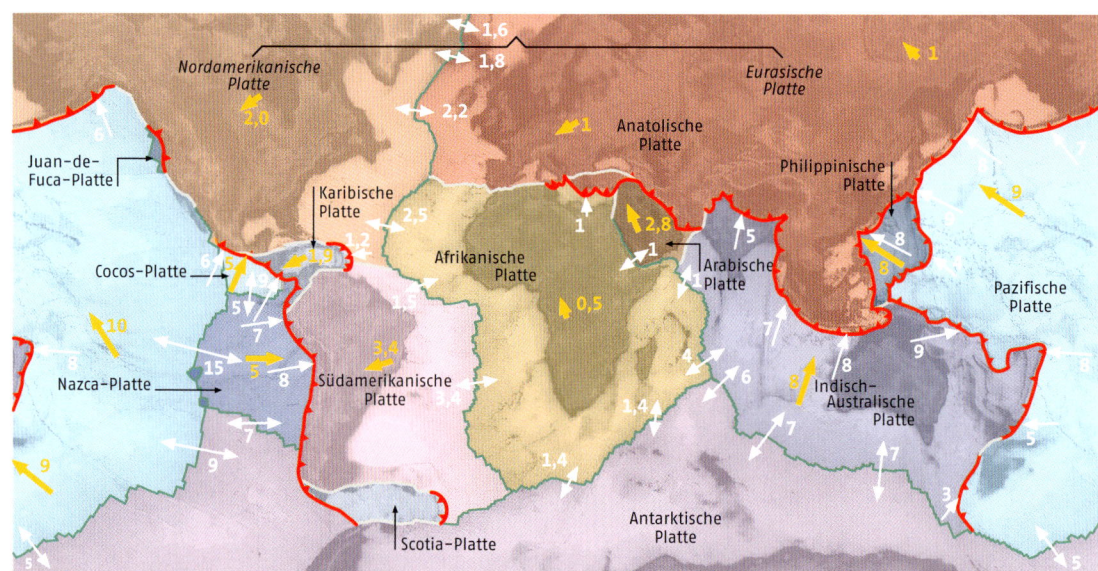

**3.10** Das Mosaik der großen Platten. Die weißen Pfeile zeigen die relativen Bewegungen an Plattengrenzen, die gelben Pfeile zeigen die absoluten Plattenbewegungen, bezogen auf ein Referenzsystem, die Ziffern die Geschwindigkeiten in cm/Jahr. Rote Linien: Subduktionszonen. Quelle: Etwas verändert nach Frisch & Meschede 2007

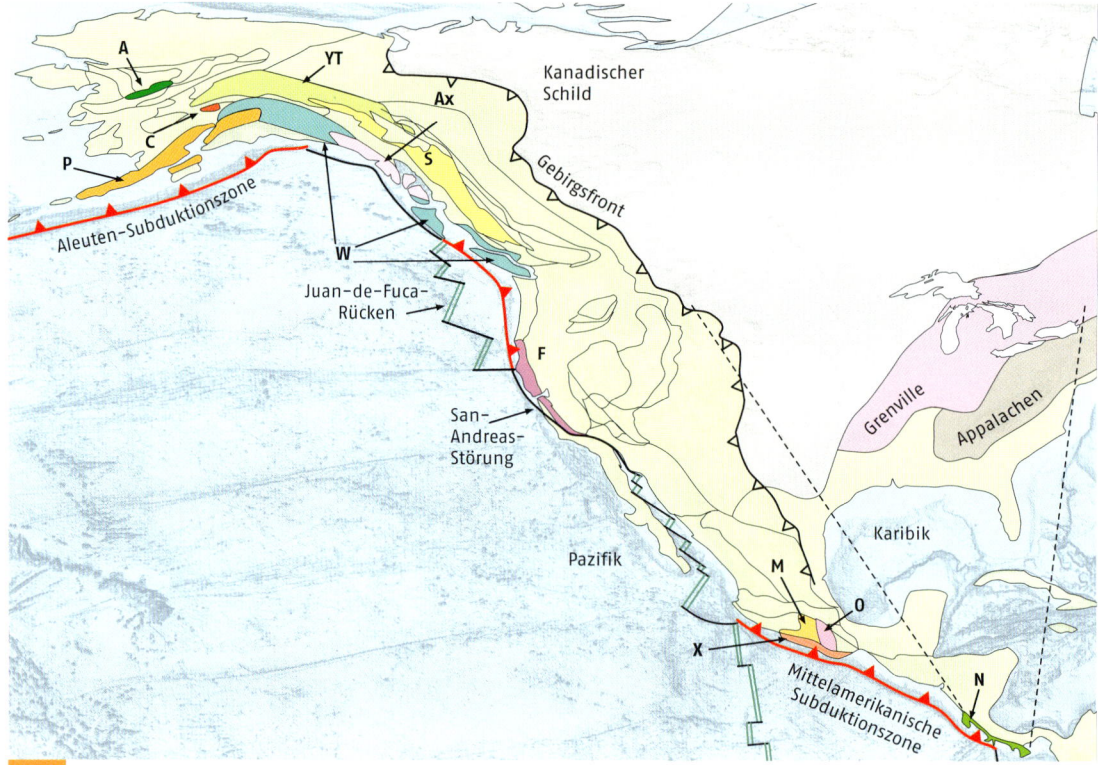

**3.11** Terrane in Nord-West-Amerika. Die mit unterschiedlichen Farben gekennzeichneten Krustenstücke sind jeweils mit eigenem Namen versehen worden; sie sind hier durch Buchstaben bezeichnet: W steht z. B. für Wrangell, F für Franciscan und M für Mixteca. Quelle: Vereinfacht nach Frisch & Meschede 2007 werden durch die einengende Bewegung zusammengeschoben, in Falten gelegt, übereinandergestapelt und oft auch zerrissen.

In einer späteren Phase können dann auch die im tiefen Untergrund durch die Aufheizung entstandenen Gesteinsschmelzen in diese Faltengebirge aufsteigen und in ein paar Kilometern Tiefe zu Granit und ähnlichen Gesteinen erstarren. Wenn wir sie heute dort an der Oberfläche finden, müssen ihre Deckschichten also schon wieder abgetragen sein. In den Alpen gibt es deshalb auch ziemlich junge Granite, z. B. im Bergell-Massiv, wo sie nur etwa 30 Millionen Jahre alt sind – auch das ist ein Argument, dass der Granit nicht das Urgestein sein kann.

Die Plattentektoniker unterscheiden heute sieben große und acht kleinere Platten, die sich mit unterschiedlichen Geschwindigkeiten bewegen.

Dass sich die schnellsten im Bereich des Pazifiks befinden, liegt wahrscheinlich daran, dass dort im Untergrund heute besonders heiße Verhältnisse herrschen, was man mit einem Verfahren herausgefunden hat, das als 86 ▶ seismische Tomographie bezeichnet wird; es ist vom Ansatz her der in der Medizin angewandten Computertomographie vergleichbar, mit der ja auch Körper „durchleuchtet" werden.

Zusätzlich zu den Großplatten gibt es aber auch eine Vielzahl wesentlich kleinerer Platten, die man 86 ▶ Terrane nennt. Das sind praktisch kleinere Splitter der Erdkruste, die oft nach einer weiten Wanderung durch die Ozeane an den Kontinenten andocken wie Schiffe am Kai; dabei wird zusätzliche Kruste an die Kontinente angeschweißt, die dadurch allmählich größer werden.

So etwas hat man bisher besonders genau am Rand von Alaska und dem südlich angrenzenden kanadischen Küstenstreifen nachweisen können, wo der nordamerikanische Kontinent im Laufe langer geologischer Zeiten um ein paar hundert Kilometer angewachsen ist.

Dass Kontinente auch wieder zerreißen können, scheint sich z. B. für Afrika anzubahnen. Dort gibt es im Osten ein großes System geologischer 87 ▶ Gräben, in denen heute noch Seen liegen, die sich vielleicht einmal zu Ozeanen entwickeln werden.

Noch weiter östlich hatte sich die Arabische Halbinsel schon vor längerer Zeit von Afrika abgetrennt und das dazwischenliegende Rote Meer muss man als einen noch jungen Ozean ansehen, der sich gegenwärtig erweitert. Vielleicht wird er

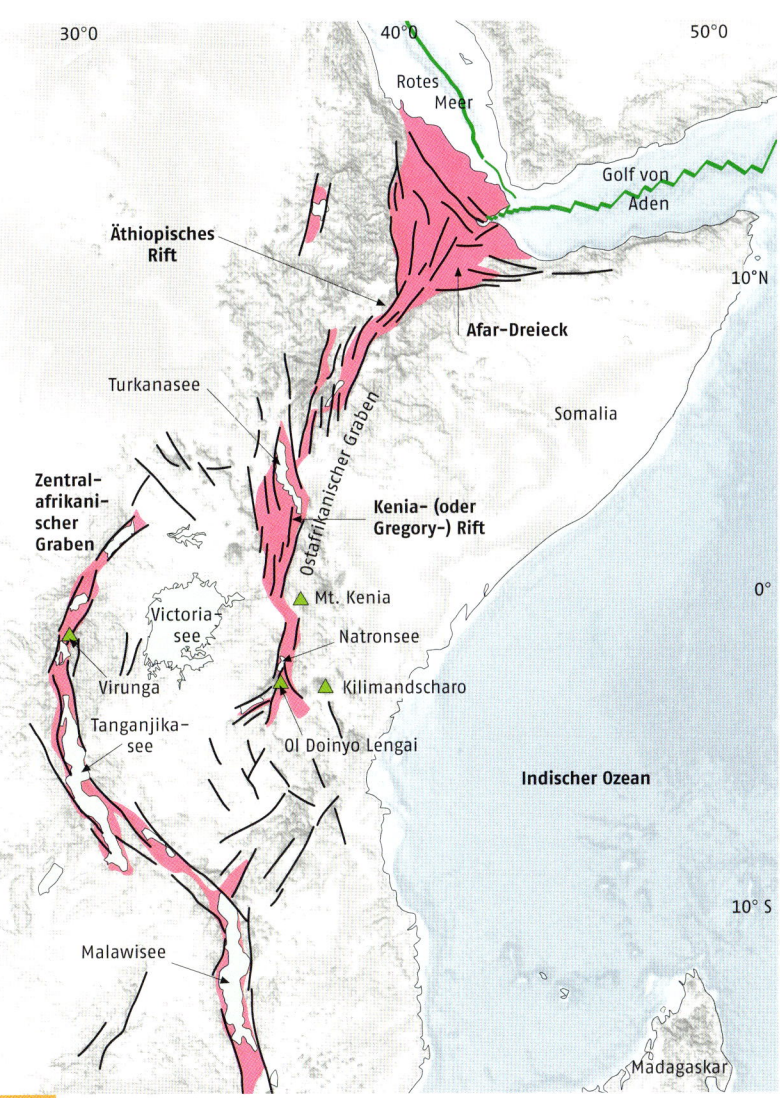

**3.12** Das Ostafrikanische Grabensystem. Quelle: Frisch & Meschede 2007

auch einmal so groß wie der Atlantische, aber bis dahin dürften noch mindestens 100 Millionen Jahre vergehen.

Die Plattentektonik liefert uns heute einen wesentlichen Schlüssel für fast alle Phänomene der Erdgeschichte: Wir können damit die klimatischen Veränderungen erklären, die auf den Kontinenten das Tier- und Pflanzenleben und die Ausbildung der Gesteine gesteuert haben, und wir können die Entstehung von Gebirgen, Gräben, Erdbeben und Vulkanen damit im Zusammenhang verstehen. In der Summe liefert sie uns eine theoretische Grundlage, von der ich in meiner Studentenzeit nur hatte träumen können.

▶ **Graben**

ist eine Bruchstruktur in der Erdkruste, bei der eine lang gestreckte Scholle zwischen zwei Bruchlinien abgesunken ist.

## 3 Dynamik, die von innen kommt
### Vulkanismus

# Vulkanismus

Das Kapitel zur Plattentektonik hat den Rahmen umrissen, in dem sich die spektakulärsten geologischen Ereignisse einordnen lassen, die wir gegenwärtig auf der Erde beobachten können: Vulkanausbrüche und Erdbeben. Ihr unmittelbarer Zusammenhang wird vor allem am erwähnten Feuerring an den Rändern des Pazifiks deutlich, der gleichzeitig auch die Zone mit den schwersten Erdbeben markiert. Wie wir heute mit den Erkenntnissen der Plattentektonik belegen können, sind beide Ereignisse wesentlich an die Existenz von Subduktionszonen gebunden.

### Das Geschehen

Feuerspeiende Berge, wie man Vulkane gelegentlich auch nennt, geben uns vielerlei Auskünfte zu unseren Fragen an die Erde: Sie sagen etwas über die hohen Temperaturen, die irgendwo tief unten herrschen müssen, damit Gesteine geschmolzen werden, geben Auskunft über die Gesteine in ihrem Untergrund, die manchmal mit den Schmelzen an die Oberfläche transportiert oder durch explosive Tätigkeit mit hochgerissen werden, und sie kennzeichnen die jeweils besondere geologische Situation, in der sie tätig sind. Es ist deshalb wichtig, noch heute aktive Vulkane zu studieren, weil man erst dann die Prozesse verstehen kann, die die erloschenen Vulkane und ihre verschiedenartigen Förderprodukte hervorgebracht haben. Das ist manchmal ziemlich gefährlich und dabei sind auch schon Forscher ums Leben gekommen.

Am Anfang steht die Gesteinsschmelze, die man Magma nennt; erst wenn das Magma an der Erdoberfläche zusammenhängend ausfließt, bezeichnen wir es als Lava. Magma entsteht primär durch die Aufschmelzung von Gesteinen des oberen Erdmantels; um eine Ziffer zu nennen: in etwa 100 km Tiefe unter den Kontinenten, unter den Ozeanen sind es manchmal auch nur weniger als 20 km. Die Schmelze kommt also nicht aus dem Mittelpunkt der Erde, dem „Erdinneren", wie manchmal geschrieben steht.

Die meisten Magmen sind basaltisch und man kann mit einigem Grund sagen, dass Basalt das Urgestein ist. Basaltschmelzen sind, wenn sie an der Erdoberfläche ausfließen, etwa 1000–1200 °C heiß und die Schmelzen sind immer leichter als die Gesteine, die daraus entstehen. Das ist ein wesentlicher Grund dafür, dass sie aus so großen Tiefen aufsteigen können. Manchmal helfen ihnen dabei auch Spalten, die den Weg nach oben frei machen.

Die ursprüngliche, im Erdmantel gebildete Basaltschmelze kommt an die Oberfläche, wenn sie schnell aufsteigt, ohne innerhalb der Erdkruste lange zu verweilen. Sie bildet dann meistens ruhig ausfließende Lavaströme, die aber je nach Gasgehalt unterschiedliche Formen annehmen können (s. u.). Die Schmelze kann aber auch eine Zeitlang in „Zwischenstockwerken" gespeichert bleiben; solche Zwischenstockwerke nennen wir 88 ▶ Magmakammern, die in unterschiedlichen Tiefen unter den Vulkanen liegen können, manche sogar nur ein paar Kilometer unter der Oberfläche.

Dort finden dann Stoffsortierungsprozesse statt, die ziemlich kompliziert zu verstehen sind und die letztlich zu Schmelzen führen, die sich von den basaltischen Urschmelzen wesentlich unterscheiden; aus solchen Schmelzen entstehen die vielen anders

▶ **Magmakammern** sind Reservoire im Bereich der Erdkruste – meist einige Kilometer unter der Erdoberfläche –, in denen aus größerer Tiefe aufgestiegenes Magma zwischengelagert werden kann.

**3.13** Schematische Darstellung einer Magmakammer.

zusammengesetzten vulkanischen Gesteine (vgl. Kap. 4). Minerale mit hohen Schmelzpunkten (z. B. Olivin) kristallisieren zuerst und sinken – auch weil sie schwerer sind als die Schmelze – auf den Boden der Magmakammer. Dadurch verändert sich die Zusammensetzung der Schmelze im oberen Teil der Kammer und es entsteht so allmählich eine Art von Magma-Schichtung. Die oben liegende Schmelze wird ärmer an Eisen und Magnesium (die beide in den Olivin eingebaut wurden) und reicher an $SiO_2$ (vgl. Kap. 4). Gleichzeitig reichern sich dort die leichten vulkanischen Gase an, die später auch für die explosiven Ausbrüche mit verantwortlich sind. Die Schmelzen werden bei diesen Stoffsonderungsprozessen im Vergleich zum anfänglichen Basalt allmählich heller, weil die dunklen, eisenreichen Minerale von der Schmelze getrennt werden. Wenn ein Vulkan über einer solchen Magmakammer ausbricht, werden die oben schwimmenden Schmelzen zuerst ausgeworfen und die tieferen erst danach: In den Gesteinsschichten, die man dann übereinander an der Oberfläche findet, wird also der unterste Kammerinhalt ganz oben liegen.

Die 112 ▶ Differentiation der Schmelze in schwerere und leichtere Bestandteile führt bei den leichteren zu einer relativen Anreicherung von hellen Komponenten, die einen höheren Anteil an $SiO_2$ haben. $SiO_2$ macht die Schmelze zäh und sie kann dadurch bevorzugt zu einem Pfropfen erstarren, der den Vulkanschlot verschließt. Wenn der Druck im Inneren zu hoch wird, kann dieser Pfropfen weggesprengt werden und das gasreiche Magma wird bei der dann folgenden Eruption in viele kleine Bestandteile zerlegt. Die geförderten Feststoffe werden zunächst einmal als vulkanische Lockerprodukte bezeichnet; dazu gehören 96 ▶ Bomben, 97 ▶ Schlacken, Bimssteine und Aschen, die sozusagen als Steine vom Himmel fallen.

Zu den durch ihre explosiven Ausbrüche bekannten Vulkanen zählen Santorin (vor 3500 Jahren), der Laacher See (vor 12 900 Jahren), der Vesuv – der im Jahre 79 n. Chr. die Städte Pompeji und Herculaneum zerstörte, aber später noch viele weitere Ausbrüche hatte –, der Tambora 1813, der Krakatau im Bereich der Sunda-Inseln, dessen Explosionsknall 1883 Tausende von Kilometern weit zu hören war, oder der Mount St. Helens im Westen von Nordamerika, dessen Tätigkeit man 1980 mit viel geologischem Sachverstand direkt beobachten konnte; außerdem der Nevado del Ruíz in Kolumbien (1985), der Pinatubo auf den Philippinen (1991) oder der Montserrat in der Karibik (zuletzt 2007).

Bei allen diesen Vulkanen war das Magma während explosiver Ausbruchsphasen in lauter kleine und kleinste Partikel zerrissen, die wir heute nach einem Vorschlag des alten griechischen Gelehrten Aristoteles zusammenfassend 89 ▶ Tephra nennen. Wenn die lockeren Tephra-Partikel später zu einem Gestein verfestigt werden, spricht man von 89 ▶ Tuff. Tephra oder Tuffe sind also durch explosive Vulkanausbrüche entstanden. Besonders feinkörnige vulkanische Lockerprodukte können bis in die Stratosphäre geschleudert werden und dann manchmal noch Jahre nach dem Ausbruch um den Erdball kreisen. Nach dem Ausbruch des Krakatau, einer der schlimmsten Vulkankatastrophen der Menschheitsgeschichte überhaupt, hatte man noch jahrelang überall auf der Welt besonders rote Sonnenuntergänge beobachtet, die dadurch zustande kamen, dass das Licht durch die feinen Aschepartikel gefiltert wurde. Als 1813 der ebenfalls in Indonesien gelegene Vulkan Tambora ausgebrochen war, hatte das auch Folgen für das Klima, weil nun wegen der Aschewolken weniger Sonnenlicht auf die Erde gelangte. Im Jahr danach kam es zu einem „Jahr ohne Sommer", das Missernten und Hungersnöte mit sich brachte.

Außer dem Gasgehalt, der sich in der Magmakammer ansammeln kann, gibt es noch eine weitere Ursache für besonders explosiven Vulkanismus, die auch die Bildung der geologisch jungen 89 ▶ Maare der Eifel erklären hilft. Der Grund für den explosiven Vulkanismus ist hier ein Zusammentreffen von heißer Schmelze mit dem Grundwasser; die Maarvulkane liegen nämlich weitgehend in den Tälern, in denen sich Wasser ansammeln konnte.

Heute kann man solche Explosionen im Experiment erzeugen und ist dadurch imstande, die enormen Drücke zu verstehen, die zu Maarvulkanen geführt haben. Vom Laacher See weiß man durch Altersbestimmungen an den Gesteinen, dass er erst vor 12 900 Jahren ausgebrochen ist; damit haben also schon die Menschen der Vorzeit das Geschehen verfolgen können, ähnlich wie Plinius der Jüngere, der den Vesuvausbruch vom Jahr 79 n. Chr. beobachtet und auch anschaulich beschrieben hatte. Im Laacher See kann man heute noch beobachten, dass Kohlensäurebläschen im Wasser aufsteigen – der Vulkanismus schläft also nur.

▶ **Tephra**
bezeichnet unverfestigte vulkanische Lockerprodukte,

▶ **Tuff**
dagegen verfestigte.

▶ **Maare**
sind kleinere Vulkankrater – oft von einem Tephra-Ring umgeben –, die durch einen explosiven Ausbruch infolge des Zusammentreffens von heißem Magma mit Grundwasser entstanden sind. Gelegentlich sind sie mit Wasser gefüllt wie z. B. der Laacher See.

# 3 Dynamik, die von innen kommt
Vulkanismus

**3.14** Das Weinfelder Maar oder Totenmaar, eines der kleineren Eifelmaare. Quelle: Rothe 2006

**3.15** a) Bimstephra vom Ausbruch des Laacher-See-Vulkans am Wingertsberg bei Mendig; b) Bimssteingefüge, das die Blasenhohlräume des aufgeschäumten Magmas zeigt; deshalb kann Bimsstein schwimmen. Der aus Glas bestehende Feststoffanteil (schwarz) bildet an den Bruchstellen scharfe Kanten, mit denen unsere Mütter verdreckte Hände schrubbten. Quelle: Rothe 2002

Kennzeichnend für ein solches Eruptionsgeschehen sind auch hier große Ansammlungen von Tephra, der helle Bims vom Laacher See ist dafür ein schönes Beispiel.

Der Bims kommt meist in Form fast weißer 91 ▶ Lapilli vor, die eigentlich aufgeschäumtes vulkanisches Glas mit relativ hohem $SiO_2$-Gehalt sind.

Bei extrem explosiven Ausbrüchen entstehen manchmal auch ganz besondere Gesteine, die man Ignimbrite nennt, was eine Wortbildung aus dem lateinischen ignis (= Feuer) und imber, imbris (= Platzregen) ist. Ignimbrite bestehen vielfach aus Bimspartikeln, Aschen und Gesteinsfragmenten, und das alles ist meist schlecht sortiert, sodass man für den Transport von einem chaotischen Fließen ausgehen muss; wissenschaftlich werden sie heute als 91 ▶ pyroklastische Ströme bezeichnet. Die Komponenten können aber manchmal so fest miteinander verschweißt sein, dass das Gestein aussieht wie eine kompakte Lava. Manche Ignimbrite zeigen charakteristische Strukturen, bei denen die ursprünglich runden Bimssteine im tieferen Teil solcher Ströme zu länglichen Partikeln zusammengedrückt worden sind, wodurch sie auch ihre ursprünglichen Poren eingebüßt haben. Im Querschnitt ähneln sie Flammen, was die italienischen Vulkanologen zu der treffenden Bezeichnung „fiamme" geführt hatte; im oberen Teil eines Stroms sind die Bimslapilli dagegen noch rund und nicht miteinander verschweißt.

Wie Ignimbriten zumindest ähnliche Gesteine entstehen, hat man zuerst 1902 auf der Insel Martinique beobachten können, wo die Montagne Pelée ausgebrochen war und eine Stadt mit 30 000 Einwohnern vernichtet hatte. Damals wälzte sich nach dem explosiven Ausbruch eine glutheiße Wolke aus Gesteinspartikeln und Gas mit enormer Geschwindigkeit den steilen Hang des Vulkans hinunter; die hohe Geschwindigkeit war dadurch bedingt, dass die Reibung zwischen den Partikeln durch das Gas praktisch aufgehoben wurde. Solche Erscheinungen nennt man Glutlawinen und sie sind die gefährlichsten Äußerungen des Vulkanismus überhaupt; davon war auch Herculaneum nicht verschont geblieben, wie die im August 79 n. Chr. überraschten Bewohner erfahren hatten: Die Abgüsse aus den Hohlformen solcher Gesteine zeigen den plötzlichen Hitzetod mancher der Opfer, der mit dem bei Plinius geschilderten Asche- und Bimssteinregen nicht erklärt werden kann. Auch am Mt. St. Helens sind solche Erscheinungen beobachtet worden und am Unzen-Vulkan in Japan sind 1991 viele Journalisten und Vulkanforscher durch eine solche Glutlawine ums Leben gekommen.

Entschieden weniger gefährlich sind Lavaströme. Besonders gasreiche Basaltlaven fließen zwar schnell, man kann ihren Verlauf aber meist voraussehen. Wenn solche Ströme entgasen, verlangsamt sich auch ihre Bewegung. Über die entstehenden Formen wird im Folgenden berichtet.

**3.16** Ignimbrit mit typischen Flammenstrukturen. Gestein von einem Obelisk in Garachico, Tenerife, der dort 2006 zur Erinnerung an die Zerstörung des Hafens durch einen Vulkanausbruch (1706) aufgestellt wurde. Foto: Prof. Dr. Ulrich Kull

### Was die Vulkane fördern

Die Erscheinungsformen der vulkanischen Förderprodukte sind sehr unterschiedlich: Es gibt verschiedene Typen von Lava und Lockerprodukten. Wenn man zusehen kann, wie sie entstehen, dann kann man daraus schließen, wie geologisch alte Formen und Gesteine einmal entstanden sind. Grundsätzlich ist gasreiche Basaltlava dünnflüssig und kann deshalb schnell und weit fließen. Lava mit hohen $SiO_2$-Gehalten dagegen (vgl. Kap. 5) bildet meist kurze, dicke Ströme, weil sie so zäh ist,

▶ **Lapilli**
sind vulkanische Lockerprodukte mit Korngrößen von 2 – 64 mm und meist rundlich geformt.

▶ **Pyroklastische Ströme**
sind heiße Ströme aus Bims und Gesteinsbruchstücken mit Asche und hohem Gasanteil, die sich mit hoher Geschwindigkeit bewegen.

## 3 Dynamik, die von innen kommt
Vulkanismus

**3.17** Obsidian mit Fließstrukturen (von hellen Bimslagen unterbrochen).
Foto: Verfasser

und manche bestehen sogar aus dem glasigen Obsidian.

Beginnen wir die Beschreibung der Produkte also mit den Lavaströmen, die sich im Gelände schon durch sehr charakteristische, einfach zu erkennende Merkmale unterscheiden lassen. An vielen Vorkommen kann man sehen, dass Basaltlava oft Oberflächen hat, die an gedrehte Stricke bzw. Seile erinnern oder an Gedärme; man nennt sie deshalb Strick-Lava, Seil-Lava oder Gekröse-Lava.

Weil Basalte auf Hawaii besonders gut untersucht worden sind, werden sie heute international mit hawaiianischen Namen bezeichnet: 93 ▶ Pahoehoe, was bedeutet „worauf man mit Füßen gehen kann". Die genannten Formen entstehen, weil die Lava an der Oberfläche natürlich zuerst abkühlt. Solange sie noch nicht ganz abgekühlt ist, bleibt sie aber weiterhin plastisch verformbar. Die darunter noch sehr flüssige und daher schneller fließende Lava nimmt diese oberste Schicht huckepack mit und schiebt sie wie eine Tischdecke zusammen, wobei sich die Seilformen bilden. Wenn solche Ströme weiterfließen, verlieren sie allmählich ihren Gasge-

**3.18** a) Typische ▶ Pahoehoe-Lava vom Vesuv-Ausbruch 1944;
b) „Gekröse-Lava" von einem Ausbruch 1949 auf La Palma.
Quelle: a) Rothe 2002; b) Foto: Verfasser

halt und kühlen weiter ab. Dabei entsteht dann Zackenlava, die auf hawaiianisch 93 ▶ Aa-Lava heißt. Der Strom wird in einzelne Brocken aufgelöst und bewegt sich ähnlich wie ein Kokshaufen, den man mit einer Planierraupe vor sich herschiebt.

Beide Arten von Lava, Pahoehoe- und Aa-Lava, sind charakteristisch für Ströme, die auf dem Land ausgeflossen sind.

Auffälliger als diese Oberflächenformen sind die meist, aber nicht ausschließlich sechseckigen Säulen, die uns nicht nur bei Basalten begegnen. Ihre oft verblüffend regelmäßige Erscheinung hatte ganz früher einmal dazu geführt, sie für Kristalle zu halten, weil sie Ähnlichkeit mit dem – auch sechseckigen – Bergkristall (Quarz) haben; so hatte man ihnen mit einer Darstellung aus dem 16. Jahrhundert sogar die bei diesen Kristallen üblichen Pyramidenflächen aufgesetzt.

**3.19** Aa-Lava. Der vom Berg heruntergeflossene Strom ist im oberen Bereich noch als Pahoehoe ausgebildet, mit abnehmendem Gasgehalt entwickelt er sich zu Aa-Lava. La Palma, Kanarische Inseln. Foto: Verfasser

Es handelt sich aber nicht um Kristalle, sondern um Gesteine, und die meisten bestehen tatsächlich aus Basalt. Die Säulen entstehen durch Schrumpfung der erkaltenden Lava, ganz ähnlich wie die Trockenrisse in feinkörnigen Sedimenten eines austrocknenden Tümpels, die auch überwiegend sechseckige Bruchstücke begrenzen. Entsprechend der Abkühlung der Lava stehen die Säulen immer senkrecht zu den Abkühlungsflächen, d. h. bei horizontalen Strömen aufrecht, in Tälern, die von Lavaströmen ausgefüllt werden, senkrecht zu den Talflanken und in einer Röhre sternförmig.

Eine ganz andere Erscheinungsform basaltischer Lava ist die sog. 93 ▶ Kissenlava (engl. 93 ▶ Pillow-Lava); sie entsteht nur, wenn Lava unter Wasser ausfließt, und damit hat man immer einen Hinweis auf ihren Bildungsort. Das kann für geologische Schlüsse von weittragender Bedeutung sein: Wenn man Pillow-Lava heute hoch oben in den Bergen findet,

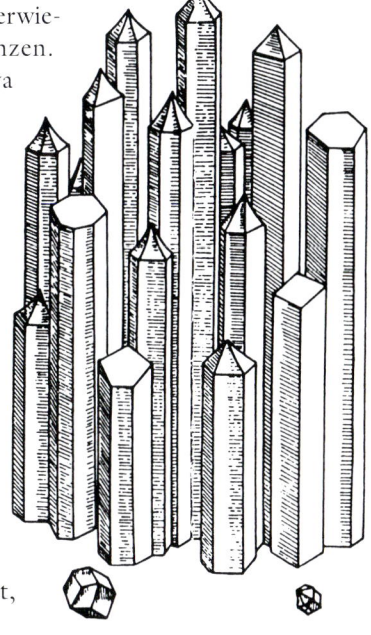

**3.20** Basaltsäulen, als Kristalle dargestellt.
Quelle: Rothe 2002

▶ **Pahoehoe-Lava**
ist durch seil- oder strickförmige Oberflächenstrukturen gekennzeichnete Lava – ein Produkt gasreicher Schmelzen. Die bis zu einem gewissen Grad schon zäher gewordene Oberfläche wird durch den heißen beweglichen Strom darunter zusammengeschoben wie eine Tischdecke.

▶ **Aa-Lava**
ist brockenartige, oft zackenförmige Lava.

▶ **Kissenlava/**
▶ **Pillow-Lava**
ist Lava, die unter Wasserbedeckung ausfließt und dabei entsprechende Kissen-(Pillow-)Formen ausbildet.

## 3 Dynamik, die von innen kommt
Vulkanismus

Basaltsäulen, Panská Skála (Herrnhausfelsen) bei Steinschönau/Böhmen, Tschechien. Der durch Abbau freigelegte Schlotbereich wird wegen seiner Form auch als „Steinorgel" bezeichnet; Naturschutzgebiet. Foto: Waltraud Weinhold, aus Rothe 2002.

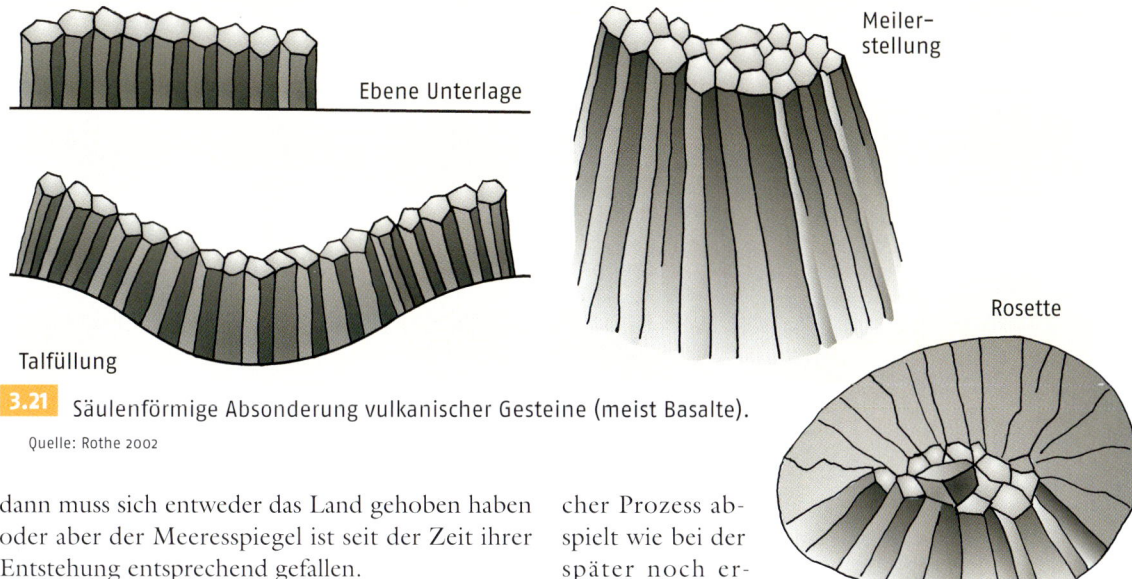

**3.21** Säulenförmige Absonderung vulkanischer Gesteine (meist Basalte).
Quelle: Rothe 2002

dann muss sich entweder das Land gehoben haben oder aber der Meeresspiegel ist seit der Zeit ihrer Entstehung entsprechend gefallen.

Wenn man die seltene Möglichkeit hat, einen Pillow-Vulkan dreidimensional zu studieren, dann kann man sehen, dass manche Pillows eigentlich lange Schläuche sind. Pillows haben eine Kruste aus vulkanischem Glas, das durch die sehr schnelle Abkühlung entsteht: Man muss sich ja vorstellen, dass dabei etwa 1000 °C heiße Schmelze auf kaltes Wasser trifft – und das lässt nicht genug Zeit für das Wachsen von Kristallen, denn die Schmelze wird regelrecht abgeschreckt (vgl. Kap. 4). Die Glasrinde isoliert aber das Pillow gegen Wärmeverlust, so dass die Schmelze in dessen Innerem langsamer abkühlen kann. Dabei kann das darin enthaltene Gas nach außen drücken und die Kruste manchmal sogar absprengen, sodass sich ein ähnlicher Prozess abspielt wie bei der später noch erwähnten Brotkrustenbombe, bei der die Kruste durch „Luftkühlung" entsteht. Die abgesprengte Glaskruste kann dabei auch in kleine Scherben zerbrechen. Pillows sind anfangs weich und deshalb noch verformbar. Man erkennt es daran, dass sie bei Ablagerung auf einer flachen Unterlage unten abgeplattet sind; im Querschnitt sehen sie dann aus wie manche Pfefferkuchen oder wie Seeigel.

Wenn viele Pillows in relativ kurzer Zeit übereinandergestapelt werden, dann füllen die obenliegenden immer die Zwickel der darunterliegenden aus, sodass man den Eindruck von einem Puzzle bekommt (vgl. Abb. 3.24).

**3.22** Pillow-Lava. Solche Formen entstehen, wenn Lava unter Wasserbedeckung ausfließt oder in stark durchfeuchtetes Sediment eindringt. Die noch plastische Lava bildet auf ebenem Untergrund die „Echinodermen"-Form (untere Lage), die nachfolgenden passen sich den Formen der Unterlage an. Durch die plötzliche Abkühlung erstarrt die Schmelze am Kontakt mit dem Wasser zu Glas (schwarze Hüllen), das außen abplatzt und sich als Sediment (Hyaloklastit) in den Zwickeln sammelt. Randparallele Blasenzonen und entsprechend orientierte Kristalle sind ebenso charakteristisch wie Radialklüfte. Pillows haben Ausmaße von etwa 10 cm bis zu mehreren Metern. Dreidimensional bilden sie meist längliche Lavaröhren. Quelle: Rothe 2002

## 3 Dynamik, die von innen kommt
### Vulkanismus

**3.23** Einzel-Pillow mit abgeplatteter Basis. Acicastello, Sizilien. Foto: Verfasser

**3.24** Pillow-Lava aus dem Barranco de las Angustias, La Palma, Kanarische Inseln. Foto: Verfasser

▶ **Bomben**

sind Lavamassen, die während des Fluges unterschiedlich geformt werden können und dann spindelförmig oder brotkrustenähnlich erstarren (Größe > 64 mm).

**3.25** Pelés Haar, Hawaii. Foto: Verfasser

Ganz junge Pillows hat man an den 81 ▶ Mittelozeanischen Rücken fotografiert und später auch an die Oberfläche geholt. So weiß man jedenfalls, dass sie immer unter Wasser entstehen, wobei natürlich auch eine Bildung in Seen möglich ist.

Alle vulkanischen Lockerprodukte kann man z. B. nach ihren Korngrößen einteilen. Die feinsten, bis 2 mm, nennt man Asche, die von 2 mm bis 64 mm Lapilli und die noch größeren 96 ▶ Bomben oder Blöcke. Um sie noch genauer zu bezeichnen, kann man ihre Gesteinszusammensetzung hinzufügen, also z. B. „basaltische Lapilli" sagen, denn auch Basaltschmelzen können, wenn sie viel Gas enthalten, in solche kleinen Partikel zerreißen. Vor allem die manchmal hausgroßen Blöcke zeigen uns, welche Wucht solche Explosionen haben können. Zu den Lockerprodukten zählen unter anderem 97 ▶ Schlacken und Aschen; bei diesen Worten denkt man zunächst meist an Verbrennungsrückstände, etwa von Kohlen. Das stimmt aber nicht für die Produkte, die die Vulkanforscher meinen, wenn sie diese Begriffe verwenden. Dort sind es nämlich Gesteinsteilchen im weitesten Sinne, die entstehen, wenn durch heftige Vulkanausbrüche die Schmelze auseinandergerissen wird. Dass viele der kleinen Teilchen noch glühend sind, wenn sie über dem Vulkan in die Luft fliegen, kann man meistens sogar direkt sehen. In Hawaii werden sehr dünnflüssige Schmelztröpfchen vom Wind gelegentlich zu regelrechten Fäden geformt; die nennt man „Pelés Haar", weil Pelé die dortige Vulkangöttin ist.

Solche dünnflüssigen Schmelzen gibt es aber nur bei basaltischer Zusammensetzung, die deshalb

**3.26** Basaltische Wurfschlacken. Foto: Verfasser

**3.27** Spindelförmige Bombe aus den rezenten Vulkanfeldern von La Palma, Kanarische Inseln. Foto: Verfasser

auch als Lavaströme schneller fließen als alle anderen.

Die feinsten vulkanischen Partikel sind Aschen, die oft kilometerhoch in die Luft geschleudert werden – und das ist sogar für Flugzeuge gefährlich, weil sie die Düsen der Triebwerke verstopfen können. Aschen können auch wie Schleifpapier auf die schnellen Flieger wirken. Die feinen Ascheteilchen fliegen meist weit, weil sie der Wind wie Sand- oder Staubkörner transportiert: Beim Mt. St. Helens konnte man direkt verfolgen, wie sie 1980 über mehrere US-amerikanische Bundesstaaten verteilt wurden. Solche Aschenfächer lassen im Allgemeinen Rückschlüsse auf die während des Ausbruchs herrschenden Windrichtungen zu, es gibt aber auch kürzere Fächer, die mit seitlich gerichtetem ballistischen Transport erklärt werden können. Beim Ausbruch des Laacher-See-Vulkans in der Eifel vor 12 900 Jahren sind solche unterschiedlichen Fächer aus Bims und Aschen gebildet worden, die z. B. noch am Bodensee und in Skandinavien nachweisbar sind.

97 ▶ Schlacken fliegen nicht so weit, weil sie viel größer und damit auch schwerer sind als die Ascheteilchen, und sie werden deshalb meist nur in der näheren Umgebung der Ausbruchszentren abgelagert. Wegen ihrer größeren 129 ▶ Porosität sind sie aber leichter als Lava; das hat mit dem Gas zu tun, das die Schmelze aufbläht wie einen Kuchenteig, und Gas ist, wie wir schon gesehen hatten, ein wesentlicher Bestandteil bei vulkanischen Eruptionen.

Als Student saß ich mal eine Nacht lang oben am Rand des Stromboli, der aus mehreren kleineren Förderschloten Asche und Schlacken auswarf. Nach einiger Zeit klappte der Rand meines Huts herunter, ich hatte nicht bemerkt, wie sich dort die Asche in der Krempe angesammelt hatte. Die feuerroten Schlacken sah man aber sofort, weil sie näher bei den Ausbruchszentren herunterfielen. Am nächsten Morgen bemerkte ich auch, dass das Metall meines Geologenhammers eine eigenartige Farbe angenommen hatte, weil ihn das vulkanische Gas, das am Gipfel immer durch einen stechenden Geruch bemerkbar war, angeätzt hatte. Das war zwar überwiegend Wasserdampf, aber darin gibt es immer auch chemische Substanzen, vor allem Säuren, die so etwas bewirken. Aus solchen Dämpfen hat sich z. B. am inneren Kraterrand des Vesuvs und

▶ **Schlacken** sind grobe, unzusammenhängende Fetzen von Lava, die zu den vulkanischen Lockerprodukten gehören.

# 3 Dynamik, die von innen kommt
Vulkanismus

**3.28** Vulcano, rezente Schwefelkristalle. Foto: Verfasser

**3.29** Schwefelbrocken, Kawa Ijen, Java. Foto: G. Dietsche

**3.30** Krater des Vulcano, Liparische Inseln. Die gelben Partien zeigen den Schwefel. Foto: Elke Göpfert

auf der Insel Vulcano elementarer Schwefel in Form schöner Kristalle abgeschieden.

In Costa Rica und in Indonesien wird bei derartigen Aushauchungen so viel vulkanischer Schwefel gebildet, dass man ihn abbauen kann. Er fließt dort manchmal wie Lava, weil er schon bei Temperaturen von über 119 °C flüssig wird.

So lernen wir, dass Vulkane Lava, Schlacke, Asche und Gas fördern. Damit ist das Inventar der Produkte aber immer noch nicht vollständig: Größere Lavafetzen, die beim Flug durch die Luft abkühlen, können zu 96 ▶ Bomben werden, deren größere Schmelzmasse nicht so schnell abkühlt wie die der kleineren Schlacken; manche werden dabei durch die Aerodynamik auch zu Spindeln geformt.

Oft bildet sich dabei eine Haut um die Bombe, die später durch das Gas im Innern aufgerissen wird und zerreißt; das sieht dann einer aufgeplatzten Brotkruste ähnlich, und deshalb wird sie auch „Brotkrustenbombe" genannt.

Ruhiges Ausfließen von Lava und eine mehr oder weniger explosive Förderung von vulkanischen Lockerprodukten können sich abwechseln, dadurch entstehen schichtig aufgebaute Gesteinsfolgen aus kompakten und lockeren Gesteinen; die entsprechenden Vulkane nennt man Schicht- oder Stratovulkane und viele der uns bekannten sind auch so zusammengesetzt (Vesuv, Stromboli, Ätna). Die Steuerungsmechanismen dafür sind auch hier vielfältig, es ist aber ohne weiteres einsichtig, dass bei zeitweise höherem Gasgehalt auch verstärkt Lockerprodukte gefördert werden.

Zu den Förderprodukten gehören schließlich auch noch Gesteine, die nicht aus dem Magma selbst entstanden sind, sondern dem vom Vulkan durchschlagenen Untergrund entstammen. Dieses ist in Bezug auf den Vulkanismus fremdes Material und dementsprechend heißen solche Gesteine 99 ▶ Xenolithe (d. h. Fremdsteine). Sie geben uns oft Auskunft über die geologischen Verhältnisse im tieferen Untergrund und manchmal enthalten sie sogar noch bestimmbare Fossilien.

### Warum Vulkane unterschiedliche Formen haben

Die Zusammensetzung der Magmen und die dadurch bedingte Art der Förderprodukte bestimmen auch die Formen der Vulkane, die wir in der Landschaft sehen: In Island und Hawaii z. B. sind sie flach wie ein Schild, deshalb nennt man diese meist

▶ **Xenolithe**
sind Gesteine, die bei einem Vulkanausbruch aus dem tieferen Untergrund zusammen mit der vulkanischen Schmelze gefördert werden, mit dem vulkanischen Material selbst aber nichts zu tun haben.

**3.31** Brotkrustenbombe. Quartärvulkanismus bei Walsdorf in der Eifel. Foto: Verfasser

**3.32** Xenolith aus rotem Sandstein, der von Basalt umhüllt ist. Durch die Hitzeeinwirkung sind schichtenartige Diffusionsfronten entstanden. Emmelsberg bei Üdersdorf in der Eifel. Foto: Verfasser

**Exkursionshinweis Vulkanismus:**

*Erscheinungen des Tertiärvulkanismus lassen sich vor allem in der Hocheifel, im Siebengebirge, Westerwald, Vogelsberg, in der Rhön, im Hegau und im Kaiserstuhl beobachten. Zu den bedeutenden Einzelvorkommen zählt auch der **Katzenbuckel** im Odenwald mit Xenolithen u. a. aus dem 60 ▶ Jura, die auf die ehemalige Überdeckung der Landschaft hinweisen.*

*In der Eifel gibt es eine Fülle 68 ▶ tertiärer und 72 ▶ quartärer Vulkanbildungen, die durch die **Deutsche Vulkanstraße** mit einem dichten Netz von Hinweisschildern so gut erschlossen sind, dass es weiterer Erläuterungen nicht bedarf. Mehrere bereits länger bestehende Parks sind heute unter dem Dach des **Nationalen Geoparks Vulkanland Eifel** vereint (www.geopark-vulkanland-eifel.de). Ein „Muss" ist die **Wingertsbergwand** nahe der Auffahrt Mendig der Autobahn 61, wo in einem Profil von etwa 30 m Höhe das explosive Geschehen des Laacher-See-Ausbruchs vor 12 900 Jahren erschlossen und durch eine Vielzahl von Schautafeln erläutert ist. Über die Entstehung von 89 ▶ Maaren informiert am besten das **Maarmuseum** in Manderscheid (www.maarmuseum.de).*

aus dünnflüssiger Basaltlava aufgebauten Vulkane Schildvulkane.

Wo die Aufstiegswege für das Magma durch breite Spalten in der Erdkruste vorgezeichnet sind, können oft riesige Massen herausquellen, regelrechte Basaltfluten. Diese bilden dann flache Plateaulandschaften aus lauter übereinanderliegenden breiten Lavaströmen. Solche Vorgänge sind in der Frühzeit der Erde häufiger gewesen, weil die Erdkruste damals noch dünner war und leichter zerbrechen konnte. Es hat aber auch später immer wieder einmal solche gewaltigen Fördermassen gegeben, z. B. in der 46 ▶ Kreidezeit, was damals auch

# 3 Dynamik, die von innen kommt
## Vulkanismus

**3.33** Der Popocatépetl in Mexiko ist einer der klassischen und gefährlichen Vulkane des circumpazifischen Feuerrings.
Foto: Dr. Siegfried Behrendts

zu einer beträchtlichen Erwärmung des Ozeanwassers mit weitreichenden Folgen geführt hatte (vgl. Kap. 2).

Heute vollzieht sich solcher Spaltenvulkanismus hauptsächlich an den 81 ▶ Mittelozeanischen Rücken, wo Basalte untermeerische Gebirge aufgetürmt haben, die sich weltweit auf über 70 000 km Länge verfolgen lassen (vgl. Plattentektonik).

Die Vulkane, die den Rand des Pazifischen Ozeans wie eine Perlenkette umgeben, haben dagegen fast immer steile Hänge und bilden oftmals besonders schön geformte Kegel; der schönste von allen ist der Fudschijama, Japans heiliger Berg, aber auch so bekannte Vulkane wie der Chimborazo, der Popocatépetl oder der berüchtigte Mt. St. Helens haben alle ähnliche Formen (der Mt. St. Helens nach dem Ausbruch von 1980, der den Gipfel zerstört hat, allerdings nicht mehr). Sie sind aus einem Wechsel von Lavaströmen und Lockerprodukten zusammengesetzt, die aus Magmen entstanden sind, die zäher und gasreicher waren als Basalte.

Wegen dieses Aufbaus nennt man sie Schichtvulkane. Ihre Gesteinszusammensetzung hat damit zu tun, dass sie sich über 83 ▶ Subduktionszonen entwickelt hatten, wo Basalte und Meeressedimente miteinander vermischt und nachfolgend zu anders zusammengesetzten Magmen aufgeschmolzen werden (vgl. Plattentektonik).

Vulkane im Inneren von Kontinenten sind dagegen oft Einzelerscheinungen, weil ihr Magma sich erst den Weg durch die dickere Kruste bahnen musste. Es gibt aber auch hier basaltische Schildvulkane, die aus schnell aus dem Erdmantel aufgestiegenen Schmelzen aufgebaut wurden wie z. B. große Teile des Vogelsbergs, und solche, bei denen das Magma in 88 ▶ Magmakammern zwischengelagert war, wobei anders zusammengesetzte Schmelzen entstanden waren, die auch wieder explosive Vulkane zur Folge hatten; das kann man dann an deren steileren Kegelformen und den vielen Lockerprodukten sehen, die zu ihrem Aufbau beigetragen haben.

# Erdbeben

Die Erde bebt manchmal und manchmal so heftig, dass es zu großen Katastrophen kommt, die Zehntausende von Menschen das Leben kosten, vor allem in Japan, in Chile oder in Kalifornien. Diese Länder habe ich nur herausgegriffen, weil von ihnen in den Nachrichtensendungen eher die Rede ist als von Alaska oder Feuerland, wo sich gelegentlich ähnliche Katastrophen ereignen. Es gibt viele solcher Gebiete, in denen das Erdbebenrisiko wesentlich größer ist als normal und alle liegen sie im Bereich von Zonen, die wir heute plattentektonisch zu verstehen gelernt haben. Die wichtigsten von ihnen sind die Subduktionszonen, die vor allem rings um den Rand des Pazifischen Ozeans angeordnet sind und solche aktiven Bereiche darstellen: Damit kann man erklären, warum es von Alaska über Kalifornien, Mexiko und Chile bis nach Patagonien immer wieder zu schweren Erdbeben kommt – oder, auf der anderen Seite, von Kamtschatka über Japan und die Philippinen bis in den Bereich der Sundasee (vgl. Plattentektonik).

Wir sagen Erdbeben, wenn sie ihre Wirkung auf dem Festland entfalten, und Seebeben, wenn das im Meer geschieht. Seebeben haben oft Tsunamis zur Folge, weil die bewegten Gesteinskomplexe das Wasser wie ein großes Paddel peitschen.

Zu den Subduktionszonen kommen noch die großen, heute ebenfalls plattentektonisch erklärbaren Bruchzonen, an denen sich Horizontalverschiebungen ereignen. Auch hier ist wieder Kalifornien ein bekanntes Beispiel mit der gefürchteten San-Andreas-Störung, deren Umfeld besonders anfällig für schwere Erdbeben ist.

Während an den Subduktionszonen die Gesteinsplatten schräg unter die Kontinente abtauchen (vgl. Abb. 3.6), sind an Bruchzonen oft horizontale Bewegungen von Gesteinsschollen gegeneinander zu beobachten, sie können sich aber auch wie Treppenstufen voneinander absetzen und damit vertikale Brüche bewirken, wie sie geologische Gräben kennzeichnen.

Die Ursachen für alle diese Bewegungen liegen im tieferen Untergrund, wo sich das Material gemäß der Plattentektonik und im weitesten Sinn plastisch bewegt. Wäre alles plastisch und in ständigem Fluss, so gäbe es keine Erdbeben. Starre Platten bzw. Gesteinspakete können sich aber, wenn sie sozusagen „huckepack" von den Bewegungen im Untergrund mitgenommen werden, verhaken und dabei so lange stillhalten, bis die Untergrundkräfte größer sind als die „Haken" stabil bleiben. Dann erst gibt es den Ruck, der das Erdbeben auslöst. Im Bereich der sich lösenden Haken entsteht das, was die 10 ▶ Geophysiker als 101 ▶ Hypozentrum (den Herd) eines Erdbebens bezeichnen. Von diesem Zentrum gehen die Wellen aus, die sich bis an die Oberfläche ausbreiten, wo man dann vom 101 ▶ Epizentrum spricht. Man stellt sich das Hypozentrum meist als eine Art von Punkt vor, von dem aus sich die Wellen kugelförmig nach allen Seiten hin ausbreiten. Richtiger ist aber, dass sich die Brüche eher an Gesteinsflächen vollziehen, was die Beschreibung eines Herdes komplizierter macht, zumal die Flächen nicht überall gleichzeitig auseinanderreißen.

Die Wellen, die dann an der Erdoberfläche ankommen, durchlaufen auf ihrem Weg auch unterschiedliche Gesteine und das bestimmt ihre Geschwindigkeit: In dichten (= schweren) Gesteinen sind sie schneller als in weniger dichten, sodass man daraus auch etwas über die Gesteine im Untergrund herausfinden kann. Sie bewegen sich in der Größenordnung von einigen Kilometern in der Sekunde. Diese Erkenntnis war entscheidend dafür, dass man aus den Erdbebenwellen viel über den Aufbau der tiefen Erde gelernt hat, den man mit Bohrungen nicht erkunden kann. Bestimmte Wellen gehen nämlich durch den ganzen Erdball durch, sodass man sie auch auf der gegenüberliegenden Seite noch aufzeichnen kann.

Erdbebenwellen sind aber nicht nur in ihren Geschwindigkeiten unterschiedlich, sondern auch in ihrer Art. Es gibt verschiedene Typen, von denen ich nur die wichtigsten erwähnen möchte: Die einen durchlaufen die Gesteine, indem sie die Teilchen der Materie anschubsen (und dadurch verdichten), was zu einem abwechselnden Verdichten und Auseinanderziehen führt (die englische Bezeichnung „push & pull", also schubsen und ziehen, sagt es kurz und bündig). Das sind die schnellsten, die man deshalb auch Primärwellen nennt, weil sie von den Messgeräten (85 ▶ Seismographen) immer zuerst aufgezeichnet werden. Es sind Wellen, die sich im Raum bewegen, also heißen sie auch Raumwellen; dazu gehört auch ein zweiter Typ, bei dem die Teilchen auf und ab oder hin und her schwingen wie bei einem Springseil,

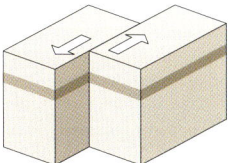

**3.34** Horizontalverschiebung.

▶ **Hypozentren**
sind der Ursprungsbereich (Herd) eines Erdbebens.

▶ **Epizentren**
sind die Punkte auf der Erdoberfläche direkt über dem Ursprungsbereich eines Erdbebens.

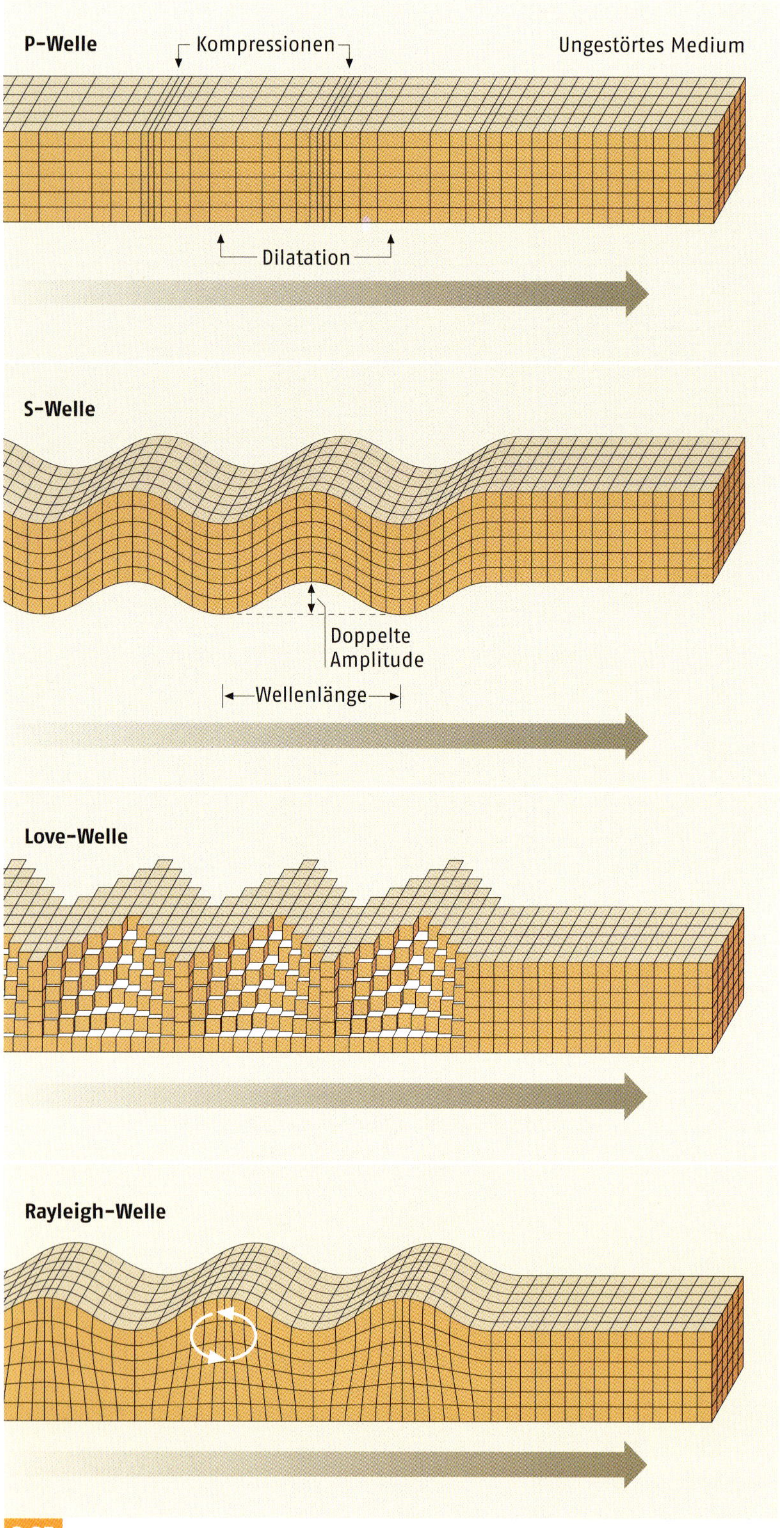

# 3 Dynamik, die von innen kommt
Erdbeben

**3.35** Unterschiedliche Typen von Erdbebenwellen, die die Bewegungen der Bodenteilchen andeuten. Verändert nach Mannheimer Forum 1988/89

und die nennt man Scherwellen. Scherwellen laufen aber nur etwa halb so schnell wie die Primärwellen und sie können sich in flüssigem Material nicht fortbewegen. Das ist für die 10 ▶ Geologen wichtig, die sich mit dem Aufbau der Gesamterde beschäftigen: Weil sie nicht durch den äußeren Erdkern durchkommen, weiß man, dass die Gesteine dort geschmolzen sein müssen, und dadurch weiß man nun auch mehr über den äußeren Erdkern (vgl. Kap. 1).

Ein dritter wichtiger Typ sind die Oberflächenwellen, die sich, wie schon der Name sagt, nur an der Oberfläche bewegen; sie verursachen dort auch die größten Schäden.

Wie diese seismischen Wellen zustande kommen, hat der US-amerikanische Erdbebenforscher Bruce Bolt an einem Beispiel aus der Küche anschaulich erläutert: Man kocht einen Wackelpudding in einer flachen Schale, zieht ihn mit den Fingern seitlich in entgegengesetzte Richtungen und schneidet kurz darauf einen kleinen Ritz in die Puddingoberfläche. Dieser wird sich schnell nach beiden Seiten ausbreiten und den Pudding entlang einer Linie in zwei Hälften trennen. Sobald man loslässt, springen sie wieder in ihre Ausgangslage zurück und man kann zusehen, wie dabei Erschütterungen den ganzen Pudding durchlaufen; genau das passiert auch bei einem Erdbeben.

Entsprechende Risse in der Erdkruste müssen sich nicht immer bis an die Oberfläche durchsetzen; wenn sie es aber tun, wie an der San-Andreas-Störung, dann kann man den Riss in der Landschaft ganz deutlich sehen.

Solche manchmal mehrere hundert Kilometer langen Mega-Risse sind eher die Ausnahme, die normalerweise beobachteten sind wesentlich kürzer.

Die meisten Erdbeben verursachen aber gar keine solchen Risse und viele hinterlassen auch keine anderen sichtbaren Spuren in der Landschaft. Sie werden vor allem immer dann bekannt, wenn Menschen oder menschliche Siedlungen betroffen sind. Berichte darüber gibt es in großer Zahl und die ganz großen Erdbeben sind sogar in vielen Lehrbüchern aufgelistet.

Vor kurzem hat man sich erst wieder an das verheerende Erdbeben von Lissabon erinnert, das am Morgen des Allerheiligentages 1755 die Stadt erschüttert, viele Kirchen und andere Gebäude zerstört und etwa 30 000 Menschen das Leben gekostet hatte. Viele davon waren damals auch Opfer der durch das Beben verursachten Tsunami geworden. Das Beben war bis nach Schweden und Brandenburg zu spüren gewesen. Der Herd lag vor der Küste und er kann erst heute, da wir sehr viel mehr über die Ursachen gelernt haben, mit bestimmten Bruchzonen im dortigen Meeresbereich in Verbindung gebracht werden.

Für das Ausmaß der Zerstörungen hatte man früher eine Skala, die in 12 Stufen von „nur durch Instrumente wahrnehmbar" bis „Weltuntergang" reichte (Mercalli-Skala). Wenn Putz von den Wänden bröckelte, war das ein mittleres Beben, und wenn Häuserwände einstürzten schon ein starkes.

Heute geben auch die Rundfunksprecher die Stärke nach der 103 ▶ Richter-Skala an; dabei wird die Beschleunigung am Epizentrum gemessen und die Skala steigt von Stufe zu Stufe in logarithmischer Folge an. Die Stärke heißt hier 103 ▶ Magnitude; eine Magnitude von 6 oder 7 kennzeichnet schon ziemlich starke Erdbeben, wie wir sie in den letzten Jahren mehrfach erfahren haben, und wenn sie über 9 ansteigt, dann handelt es sich um extrem starke Ereignisse.

Die Zerstörungen hängen von vielen Faktoren ab, nicht zuletzt vom geologischen Untergrund und von der Bauweise der Häuser. New York z. B. ist ziemlich sicher, weil es auf blankem Fels gebaut ist, Mexiko-Stadt aber steht auf dem weichen Untergrund alter Seesedimente, die (wie unser Pudding) leicht erschüttert werden können. Moderne Stahlbetonbauten federn und fangen die Stöße leichter ab als Lehmhütten, die meist sofort zerstört werden.

Die Bodenbeschleunigung bei einem Erdbeben wird mit 85 ▶ Seismographen aufgezeichnet. Das Prinzip ist aus der Physik bekannt: Eine träge Masse von großem Gewicht wird mechanisch so aufgehängt, dass sie gegenüber einem sich bewegenden Untergrund fast unbewegt bleiben kann (das nennt man ein seismisches Pendel). Wenn Masse und Untergrund durch einen Schreibstift miteinander verbunden sind, können Bewegungen des Untergrunds (die z. B. durch Erdbeben erzeugt werden) auf eine Walze aufgeschrieben werden, die gleich auch die Zeit mit aufzeichnet. Da Bewegungen in unterschiedlichen Richtungen erfolgen können, braucht man im Prinzip drei Geräte, die sowohl zwei Horizontal- als auch eine Vertikalbewegung aufzeichnen können. Der Schreibstift in unserem

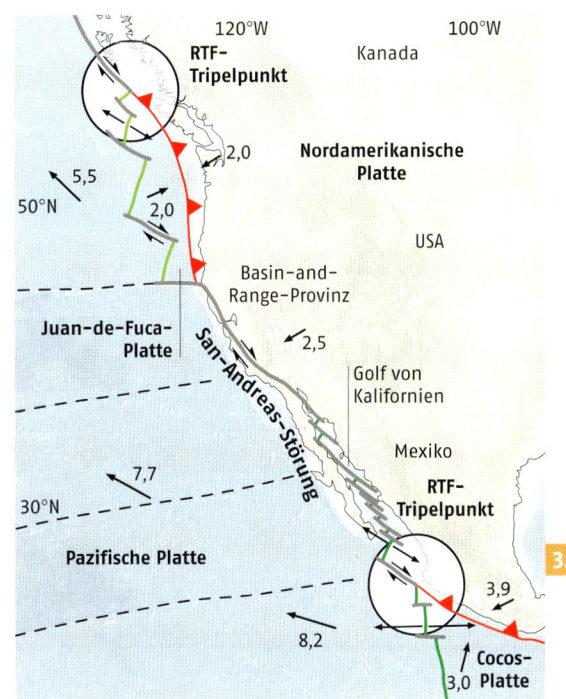

**3.36** Die San-Andreas-Störung, die parallel zur kalifornischen Küste verläuft.

Quelle: Frisch & Meschede 2007

Bild ist dabei heute weitgehend durch elektronische Aufzeichnungsmethoden ersetzt worden.

Ganz entscheidend für das Ausmaß der Zerstörungen ist auch die Dauer eines Bebens: Am Karfreitag 1964 hatte ein Radiosprecher in seiner einsam gelegenen Sendestation ein sehr heftiges Beben in Alaska erlebt, das fast 2,5 min. lang dauerte. Davon war dann sogar die Landschaft in großem Ausmaß betroffen: Der Strand wurde entlang einer etwa 800 km langen 83 ▶ Subduktionszone, die dem Inselbogen der Aleuten parallel verlief, um 10 m vertikal angehoben; das war das größte Deformationsereignis, das man bisher überhaupt beobachtet hat.

Das schwierigste Problem im Zusammenhang mit Erdbeben ist ihre Vorhersage, weil dabei zu viele Faktoren eine Rolle spielen, von denen man meist nur wenige überhaupt kennt. Wir wissen heute zwar durch die Plattentektonik, wo die wesentlichen Gefährdungszonen liegen, aber wir wissen noch immer viel zu wenig, wie es im tieferen Untergrund einzelner Gebiete aussieht. Nach der Tiefenlage der Herde, die man aus den Wellengeschwindigkeiten errechnen kann, weiß man, dass viele innerhalb der Erdkruste liegen, manche sogar nur wenige Kilometer tief, die deshalb Flachbeben genannt werden, und man weiß auch, dass es unterhalb von 700 km praktisch keine Beben mehr

▶ **Richter-Skala und**
▶ **Magnitude**

sind der Maßstab für die Intensität eines Erdbebens, benannt nach dem US-amerikanischen Geophysiker Charles F. Richter. Die Richterskala ist logarithmisch aufgebaut, d. h. die Zunahme der Magnitude um eine Stufe bedeutet eine zehnfach höhere Intensität.

## 3 Dynamik, die von innen kommt
### Erdbeben

**Beim Erdbeben vom 17. Januar 1995 in Kobe, Japan, eingebrochenes Teilstück einer Schnellstraße. Das Beben hatte eine Magnitude von 7,2 auf der Richter-Skala.**

Foto: picture-alliance/dpa/dpaweb

gibt, weil die starren Gesteine der Erdkruste dort schon wieder plastisch werden und dadurch nicht mehr bruchhaft reagieren. Die Flachbeben sind aber die gefährlichsten, weil die Wellen ja keinen weiten Weg bis zur Oberfläche haben.

Kaum jemand außer den Spezialisten weiß, dass die Erde jährlich von mehreren hunderttausend Beben betroffen ist; das heißt, dass unser Planet eigentlich ständig erschüttert wird, zum Glück nicht allzu heftig. Die meisten Herde liegen aber im Meer, vor allem im Bereich der Kontinentalränder, wo große Platten aufeinandertreffen oder aneinander vorbeigleiten.

In Deutschland leben wir vergleichsweise sicher. Hier kennen wir Erdbeben vor allem von der Schwäbischen Alb, dem Rheinland, dem Oberrheingraben oder dem Alpengebiet. Auch das hat mit Plattentektonik zu tun, wobei hier die Ursache letztlich in der Wanderung der Afrikanischen Platte nach Norden zu finden ist.

### Literaturempfehlungen:

Bahlburg, H. & Breitkreuz, C.: Grundlagen der Geologie. Ferdinand Enke Verlag, Stuttgart 1998, 328 S.

Bolt, B. A.: Earthquakes. W. H. Freeman & Co., New York 1988, 282 S.

Frisch, W. & Meschede, M.: Plattentektonik. Kontinentverschiebung und Gebirgsbildung. Wissenschaftl. Buchgesellschaft. und Primus Verlag, Darmstadt 2005, 196 S.

Schmincke, H.-U.: Vulkanismus. Wissenschaftl. Buchgesellsch., Darmstadt 2000, 264 S.

Schneider, G.: Erdbeben. Spektrum Akadem. Verlag, Heidelberg 2004, 246 S.

Wegener, A.: Die Entstehung der Kontinente und Ozeane. Nachdruck der 1. Auflage 1913 und Nachdruck der 4., umgearbeiteten Auflage 1929. Gebr. Borntraeger Verlagsbuchhandlung, Berlin, Stuttgart 2005, zusammen 482 S.

# 4 Stoffe der Erde: Wie Minerale und Gesteine entstehen

**4.1** Basalt von Lanzarote, Kanarische Inseln. Dünnschliff bei polarisiertem Licht.
Quelle: Rothe 2002

Erste Erfahrungen mit dem Baumaterial der Erde macht man meistens schon im Kindesalter, z. B. beim Spielen am Strand, wo man Kieselsteine und Muscheln sammeln kann und wo die Steine besonders schöne Farben zeigen, solange sie noch nass sind. Die rundgeschliffenen Kiesel an der Nord- und Ostsee zeigen dem Fachmann an, dass sie aus sehr unterschiedlichen Gegenden dorthin gekommen sind, dass sie unterschiedlich alt sind und dass sie auch unter unterschiedlichen Bedingungen entstanden waren. Manche von ihnen haben einen weiten Weg hinter sich und sind von Gletschern oder Flüssen transportiert worden, bis sie heute an dieser Stelle von den Wellen nur noch wenig hin und her bewegt werden.

In der Stadt dagegen, die ja überwiegend aus Steinen besteht, fallen einem Steine meist nicht besonders auf, weil es zu viel anderes zu sehen gibt.

# 4 Stoffe der Erde: Wie Minerale und Gesteine entstehen

Bergkristalle. Diese fingergroßen Kristalle zeigen die klassische Form von sechsseitigen Säulen mit aufgesetzten Pyramiden. Mineralogisch ist das Quarz, der in den Gesteinen meist nur unscheinbare Kristalle bildet, weil er dort von anderen Kristallen am Wachsen gehindert wird. Bergkristalle dagegen wachsen im freien Raum von Spalten und anderen Hohlräumen.
Foto: Joachim Schreiber

Man kann aber gerade dort viele schöne Beispiele für Steine finden, die letztlich die Stoffe sind, die unsere Erde aufbauen: Pflastersteine, Randsteine, besonders die Kirchen und die alten Brücken, Schlösser und Rathäuser sind fast immer mit Natursteinen gebaut worden. Man muss nur hinschauen, aber dieses Beobachten muss man erst lernen, denn „Man sieht nur, was man zu sehen gelernt hat".

Und von dem, was man beobachtet, möchten manche dann gerne wissen, wie das zustande gekommen ist: Warum sind manche Steine schwarz, rot oder grün?

Wir werden sehen, dass es außer den Farben noch eine Vielzahl anderer Eigenschaften gibt, die die Gesteine voneinander unterscheiden – und die hängen vor allem mit ihrer Entstehung zusammen, von der ich in diesem Kapitel erzählen will.

Überall auf der festen Erde, wo sie nicht von Böden und Pflanzen zugedeckt ist, trifft man auf Gesteine. Geologen schlagen sich davon meist handgroße Stücke ab (die sie deshalb Handstücke nennen), um sie später im Labor zu untersuchen: an dünnen Schnitten mit besonderen Mikroskopen oder mit chemischen Analysen, um herauszufinden, aus welchen Elementen sie bestehen. Schon draußen im Gelände können sie aber meistens sagen, worum es sich im Wesentlichen handelt: Granit, Basalt, Sandstein oder Kalkstein z. B. können Geologen auf den ersten Blick voneinander unterscheiden. Gesteine sind fast immer Mischungen aus verschiedenen Mineralen. Um sie zu verstehen, muss man also erst einmal etwas über Minerale wissen.

## Minerale, die Bausteine für Gesteine

Minerale sind fest. Minerale sind aus chemischen Elementen so einheitlich aufgebaut, dass auch jedes Bruchstück von ihnen die gleiche Zusammensetzung hat. Ein Beispiel: Der Bergkristall hat geometrisch genau definierte Flächen, einer sechsseitigen Säule ist oben eine Pyramide aufgesetzt.

Stofflich ist er eine Verbindung aus den Elementen Silizium und Sauerstoff, sodass man $SiO_2$ schreibt. Es ist zwar nicht schön, einen schönen Kristall mit dem Hammer zu zertrümmern, aber wenn man es täte und die Bruchstücke untersucht, würde man feststellen, dass auch diese die gleiche Zusammensetzung haben wie der intakte Bergkristall. In der Natur sind schön gebaute Bergkristalle eher selten, ihr Material, $SiO_2$, kommt meist in Form von gewöhnlichem Quarz vor, der einen wesentlichen Bestandteil vieler Gesteine bildet, auch von Granit. Dieser Quarz kann nach der Verwitterung, z. B. von Granit, in Bäche und Flüsse geraten und dort allmählich zu Sandkörnern rundgeschliffen werden. Die Flüsse können ihn ins Meer tragen, wo er zunächst am Strand oder im flachen Wasser liegen bleibt. Sand kann später aber auch wieder zu einem festen Gestein verbacken werden, das wir Sandstein nennen; darin sind die runden Quarzkörner fest miteinander verbunden und das Bindemittel heißt, wie in der Bauindustrie, Zement.

Ein weiteres ganz wichtiges Mineral ist Feldspat, denn daraus bestehen etwa 60% der oberen Gesteinshülle der Erde. Feldspat ist schon komplizierter zusammengesetzt als Quarz, weil außer den Elementen Sauerstoff und Silizium noch Aluminium und wechselweise Kalium, Natrium oder Kalzium dazukommen. Eigentlich bilden Feldspäte eine ganze Familie von Mineralen und die Verhältnisse sind, wie in manchen Familien, auch hier ziemlich kompliziert. Für uns genügt zunächst zu wissen, dass die Elemente so zusammengefügt sind, dass die Bindungen nicht überall gleich stark sind, wie das beim Quarz der Fall ist. Wenn man Feldspäte, die auch wieder eigenständige Kristallflächen haben, zertrümmert wie den Quarz, dann haben auch die Bruchstücke Flächen (die aber nicht ganz so regelmäßig sind wie die Kristallflächen) und diese Eigenschaften haben ihnen einen Teil ihres Namens gegeben, nämlich das „-spat", was man auf ihre Spaltfähigkeit zurückführt. Außer Feldspat gibt es noch eine Vielzahl anderer „Späte", z. B. den wichtigen Kalkspat, aus dem die meisten Kalksteine bestehen, oder Flussspat oder Schwerspat.

Die Spaltfähigkeit (oder Spaltbarkeit, wie die Fachleute sagen) hängt mit dem inneren Aufbau dieser Minerale zusammen: Die Elemente Silizium

**4.2** Bergkristalle, hier idealtypisch ausgebildeter Quarz.

Quelle: Rothe 2002

# 4 Stoffe der Erde: Wie Minerale und Gesteine entstehen
## Am Anfang entstehen Gesteine aus heißen Schmelzen

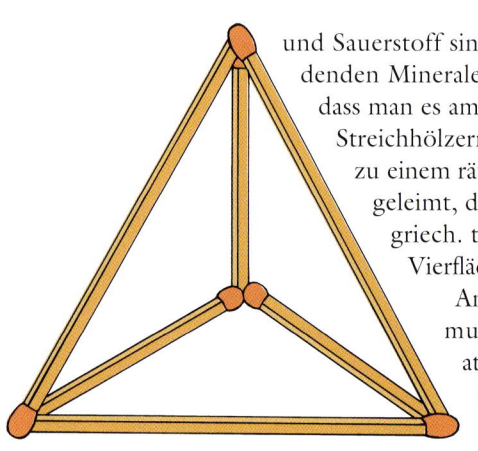

**4.3** Tetraeder-Modell. Quelle: Rothe 2002

und Sauerstoff sind in den meisten gesteinsbildenden Mineralen so miteinander verbunden, dass man es am besten mit einem Modell aus Streichhölzern erklärt: Sechs davon werden zu einem räumlichen Gebilde zusammengeleimt, das man Tetraeder nennt (vom griech. tetra = 4, ein Tetraeder ist ein Vierflächner).

An den Spitzen des Tetraeders muss man sich die Sauerstoffatome (O) denken und im Zentrum das Silizium (Si); danach heißt das Gebilde „$SiO_4$-Tetraeder". Das ist der Grundbaustein für alle wesentlichen gesteinsbildenden Minerale und daraus wird auch verständlich, dass die Erdkruste chemisch im Wesentlichen aus Silizium und Sauerstoff besteht.

Solche Tetraeder kann man nun vielfältig miteinander kombinieren: Eine nur aus $SiO_4$-Tetraedern aufgebaute Struktur ergibt in der Endformel $SiO_2$, weil jede Tetraeder-Ecke mit jeder anderen das O-Atom gemeinsam hat (die äußeren Bereiche eines solchen Kristalls sind im Vergleich mit der Gesamtzahl der verbundenen O-Atome mengenmäßig zu vernachlässigen). $SiO_2$ ist Quarz, von dem schon die Rede war. Wenn man Quarz zerbricht, entstehen unregelmäßige Bruchflächen, weil es keine bevorzugten Bruchstellen gibt, denn die genannten Verbindungen der Tetraeder untereinander sind an jedem Platz des Kristalls gleich stark.

Beim Feldspat dagegen sind die Tetraeder zu Gruppen geordnet und diese sind durch Kalium, Natrium oder Kalzium-Atome quasi „zusammengekittet". Dieser Kitt hält allerdings weniger gut als die starke Bindung zwischen den Tetraedern (die wir beim Quarz beobachten); deshalb lassen sich Feldspäte entlang dieser Kittflächen gut spalten, die die „Sollbruchstellen" bilden, und das hat ihnen den Namen gegeben. Je nachdem, welche Elemen-

te den Kitt bilden (K, Na, Ca), kann man unterschiedliche Feldspäte unterscheiden, also Kalium- (oder Kali-), Natrium- oder Kalzium-Feldspäte.

Man kann die Streichholztetraeder in unserem Modell auch zu Ringen zusammenleimen und diese dann immer weiter zu zweidimensionalen „Matten" erweitern. Solche Matten lassen sich übereinanderstapeln und in die Zwischenräume auch wieder z. B. Kalium-Atome einbauen.

Auch hier sind die Bindungskräfte innerhalb der Matten (d. h. zwischen den Tetraedern wie beim Quarz) stärker als zwischen diesen. So entstehen Minerale, die sich in Form dünner Plättchen sehr gut spalten lassen, z. B. die Glimmer. Glimmer können hellfarbig (bzw. farblos) oder dunkel sein. Die dunkle Farbe wird durch Eisen verursacht, das neben Kalium in das Kristallgitter eingebaut ist. Der Eisengehalt ist fast immer auch für die dunklen Farben anderer gesteinsbildender Minerale verantwortlich.

Damit haben wir jetzt spielerisch schon drei ganz wesentliche Minerale kennengelernt: Feldspat, Quarz und Glimmer – und diese drei lernt man immer zusammen und macht daraus den Spruch „... die drei vergess' ich nimmer". Mit diesem Reim kann man sich gut merken, dass daraus das Gestein Granit besteht.

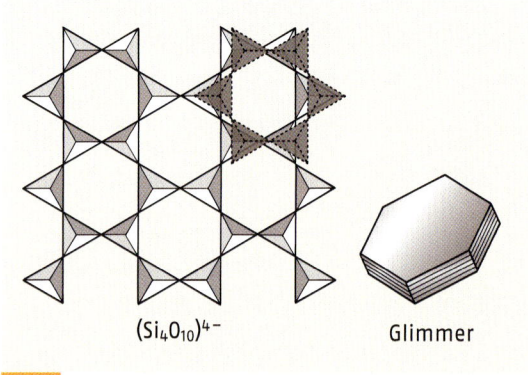

**4.4** Struktur der Schichtsilikate. Quelle: Rothe 2002

## Am Anfang entstehen Gesteine aus heißen Schmelzen

Wenn heiße Lava aus einem Vulkan ausfließt, wird nach verhältnismäßig kurzer Zeit daraus festes Gestein, meistens ist das Basalt: ein dunkles Gestein, dessen Minerale oft so klein sind, dass man sie mit bloßem Auge gar nicht erkennen kann. Das meiste ist Feldspat, aber Feldspäte sind hell gefärbte Mine-

rale, was nicht zum dunklen Basalt passt. Man muss also fragen, woher er seine dunkle Farbe bekommt. Die Antwort: Es hängt mit dem Eisen zusammen, das in bestimmten Mineralen eingebaut ist, die auch zum Aufbau von Basalt beitragen. Um diese zu verstehen, hilft wieder unser Streichholzspiel:

  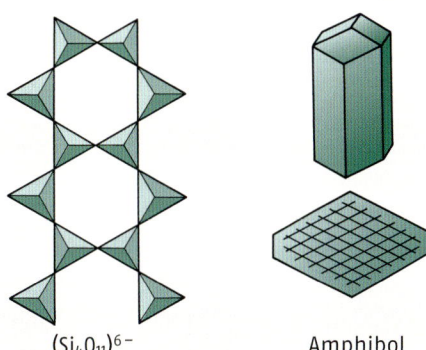

**4.5** Struktur der Kettensilikate + Pyroxenkristall. Quelle: Rothe 2002

**4.6** Struktur der Bändersilikate + Amphibolkristall. Quelle: Rothe 2002

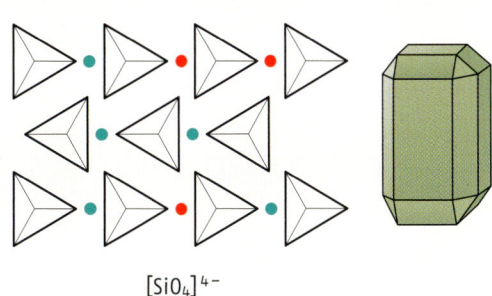

**4.7** Struktur der Inselsilikate + Olivinkristall. Quelle: Rothe 2002

Man kann die SiO$_4$-Tetraeder nämlich auch zu Ketten aneinanderhängen oder sogar zu Doppelketten (Bändern). Wir hatten gesagt, dass dunkle Mineralfarben durch Eisen zustande kommen, müssen aber noch fragen, wo denn dieses Eisen eingebaut ist, denn es kommt immer nur in Form einzelner Atome, d. h. winzig kleiner Bausteine, in den Mineralen vor. Die erwähnten Ketten-Strukturen sind aufgrund elektrischer Ladungen imstande, sich mit Eisen-, Magnesium- oder Kalziumatomen zu verbinden, die sie dadurch zusammenkitten. Die dunklen Minerale, die dabei entstehen, heißen im Falle der Kettenstrukturen 109 ▶ Pyroxene und in dem der Bänder 109 ▶ Amphibole; man kennt sie auch unter den Namen Augit und Hornblende, aber die sind jeweils noch etwas spezifischer definiert.

Zu den eisenhaltigen Mineralen im Basalt gehört auch der hellgrün gefärbte Olivin. Dessen Kristalle sind manchmal zu kartoffelgroßen Gesteinsknollen zusammengewachsen, wie man sie in vielen Vulkangebieten der Erde sammeln kann; bei uns sind in Eifel, Westerwald, Vogelsberg und Rhön mit ihren Basalten aus der 68 ▶ Tertiärzeit viele Fundpunkte bekannt; quartäre Olivinknollen kann man u. a. in der Eifel und auf den Kanarischen Inseln sammeln. Im Olivin sind einzelne, voneinander isolierte Tetraeder durch Eisen und/oder Magnesium miteinander verkittet; es ist also ganz anders als beim Quarz, wo alle Tetraeder direkt miteinander zusammenhängen. Beim Olivin bilden die Tetraeder praktisch kleine Inseln.

Ähnlich wie Basalt entsteht auch Granit zunächst einmal aus einer heißen Schmelze. Leider kann

**4.8** Olivinknolle. Quelle: Rothe 2002

▶ **Pyroxene** sind gesteinsbildende, eisen- und magnesiumhaltige Minerale von dunkler Farbe und werden oft auch als Augit bezeichnet.

▶ **Amphibole** sind gesteinsbildende, eisen- und magnesiumhaltige Minerale und werden meist als Hornblenden bezeichnet.

## 4 Stoffe der Erde: Wie Minerale und Gesteine entstehen
Am Anfang entstehen Gesteine aus heißen Schmelzen

Der Half-Dome im Yosemite-Nationalpark ist ein kreidezeitlicher Granodiorit-Pluton – auch ein Hinweis, dass Granit nicht das Urgestein sein kann.
Foto: Wolfram Schwieder

man das nicht direkt beobachten, weil es sich in ein paar Kilometern Tiefe abspielt. Granit ist im Gegensatz zum Basalt ein helles Gestein. Er enthält kaum Eisen und seine Minerale, vor allem die Feldspäte, sind relativ groß; sie können manchmal über 10 cm lang sein; das hängt damit zusammen, dass sie tief in der Erde besonders langsam wachsen konnten. An der Oberfläche können wir Granit erst finden, wenn seine Deckschichten abgetragen sind. So sagt man auch, dass der Granit ein Tiefengestein ist oder (weil die griechische Mythologie den Gott Pluto dort unten angesiedelt hatte) ein 111 ▶ plutonisches Gestein.

Jetzt kennen wir also schon zwei wesentliche Gesteine, die auch nach ihrer Menge wesentlich am Aufbau der Erde beteiligt sind: Granit und Basalt. Beide entstehen aus heißen Schmelzen, aber es gibt einen grundsätzlichen Unterschied, der auch die schon erwähnten unterschiedlichen Kristallgrößen erklärt. Wenn die Schmelzen langsam abkühlen, bilden sich große Kristalle, bei schnellem Abkühlen kleine.

Was geschieht nun aber, wenn die Basaltschmelze nicht an die Oberfläche kommt oder die Granitschmelze doch durchbricht? Dann entsteht aus Basaltschmelze das plutonische Gestein Gabbro und aus einer Granitschmelze das vulkanische Gestein Rhyolith. Beide, Basalt und Gabbro (und entsprechend Granit und Rhyolith) sind bei unterschiedlichen Größen ihrer Kristalle aber mineralogisch gleich zusammengesetzt und nur die Abkühlungsgeschwindigkeit (und damit der Ort) bestimmt, welches Gestein letztlich aus der Schmelze entsteht.

Das mit der Abkühlungsgeschwindigkeit kann man nun noch auf die Spitze treiben, wenn man eine etwa 1000 °C heiße Basaltschmelze mit kaltem Wasser in Berührung bringt. In der Natur passiert so etwas, wenn Basaltlava unter dem Meer ausfließt oder mit Meerwasser in Berührung kommt, was man manchmal z. B. auf Hawaii beobachten kann, wenn dort an der Küste ein Lavastrom ins Meer fließt. Dann hat die Schmelze keine Zeit Kristalle auszubilden und erstarrt zu einem Gesteinsglas.

Auch eine rhyolithische bzw. granitische Schmelze kann aber zu Glas erstarren, dabei entsteht Obsidian, aus dem die prähistorischen Menschen schon Werkzeuge gefertigt hatten und die Indianer ihre scharfen Pfeilspitzen. Bei der Bildung von Obsidian spielen aber andere Prozesse als die Abkühlungsgeschwindigkeit eine Rolle. Vereinfacht gesagt, ist die Schmelze aufgrund der Vernetzung von besonders vielen Tetraedern miteinander (die Schmelze ist viel reicher an $SiO_2$ als eine basaltische Schmelze) so zäh, dass der Kristallisationsprozess behindert ist: Die einzelnen Elemente, die zum Aufbau der Minerale beitragen, werden daran gehindert, sich mit den Tetraedern zu Mineralstrukturen zu verbinden, und so entsteht ein Gesteinsglas, das man auch als „unterkühlte Schmelze" bezeichnet.

Nun gibt es außer Basalt, Rhyolith, Gabbro und Granit noch eine Vielzahl anderer Gesteine, die aus heißen Schmelzen entstehen. Die Schmelze nennt man Magma, solange sie im Untergrund bleibt, und Lava, wenn sie an die Oberfläche kommt. Alle diese aus Magma entstandenen Gesteine heißen 111 ▶ Magmatite und man kann sie weiter in plutonische und vulkanische Gesteine unterteilen, kurz in 111 ▶ Plutonite und 30 ▶ Vulkanite, je nachdem, ob sie in der Tiefe oder an der Oberfläche erstarrt sind.

Es ist nicht ganz einfach zu verstehen, wie die so unterschiedlich zusammengesetzten Schmelzen entstehen, aus denen dann die entsprechenden magmatischen Gesteine werden. Jedenfalls beginnt alles mit Basaltschmelzen und wir können Basalt deshalb das Urgestein nennen. In der Anfangszeit der Entstehung der Erde hat es überhaupt nur Basalt gegeben (s. Kap. 1).

Wie wir schon gesehen haben, ist Basalt ein eisenreiches und deshalb dunkles Gestein. Wenn seine Schmelze in einer 88 ▶ Magmakammer (vgl. Kap. 3) zwischengelagert wird und dabei etwas abkühlt, dann bilden sich zuerst Minerale mit hohen Schmelzpunkten wie z. B. der erwähnte Olivin. Er nimmt viel Eisen aus der Schmelze auf, um sein Kristallgitter zu bauen, und dadurch wird die Schmelze ärmer an Eisen und damit gleichzeitig heller, weil das Eisen ja, wie wir gesagt hatten, zu den dunklen Gesteinsfarben beiträgt. Olivin ist auch ein ziemlich schweres Mineral und kann deshalb in der Schmelze absinken und sich am Boden der Magmakammer, die man sich wie einen großen Topf vorstellen kann, ansammeln. Bei einem späteren Vulkanausbruch, der einen solchen Topf auch ziemlich schnell entleeren kann, wird dann dieser Bodensatz zusammen mit der Schmelze herausgeschleudert. Dabei werden manchmal sogar noch eckige Gesteinsbrocken gefördert, die den zerbrochenen schichtigen Bodensatz zeigen, der hauptsächlich aus Olivin besteht.

▶ **Magmatite**
sind allgemein aus Magma erstarrte Gesteine, dies gilt für Plutonite wie Vulkanite.

▶ **Plutonisches Gestein/**
▶ **Plutonite**
sind aus Magma innerhalb der Erde erstarrte Gesteine.

# 4 Stoffe der Erde: Wie Minerale und Gesteine entstehen
## Am Anfang entstehen Gesteine aus heißen Schmelzen

**4.9** a) Fliegerdenkmal an der Wasserkuppe, Rhön. Im Basalt sieht man die Löcher, aus denen der Olivin herausgewittert ist. b) Partienweise sind noch eckige Olivinfragmente erhalten. Foto: Verfasser

▶ **Magmatische Differentiation**
ist der Prozess, bei dem aus einem basaltischen Ausgangsmagma verschiedene andere magmatische Gesteine entstehen.

Wenn man den Inhalt des „Topfes" aber in Ruhe lässt, werden sich darin nacheinander die Minerale nach fallenden Schmelzpunkten abscheiden, sodass sich ein schichtiges Übereinander von Olivin, Pyroxen, 109 ▶ Amphibol etc. ergeben kann, das dann von den immer heller werdenden, eisenarmen Feldspäten und schließlich vom Quarz überlagert ist. Weil die Schmelzpunkte von einigen der dunklen und hellen Minerale aber ähnlich hoch sind, ergeben sich meistens Mineralgemische. Am Anfang entstehen so dunkle (Basalt oder Gabbro) und am Ende helle Gesteine (Rhyolith oder Granit). Die Gruppe dazwischen hat Mischfarben aus hellen und dunklen Komponenten (z. B. Andesit als vulkanisches oder Diorit als plutonisches Gestein). Weil man diese beim Diorit schon mit bloßem Auge erkennen kann, sieht dessen Farbstruktur aus wie „Pfeffer & Salz", während bei dessen vulkanischem Äquivalent Andesit die Kristalle so klein sind, dass meistens eine graue Mischfarbe entsteht.

Im Verlaufe dieser Prozesse, die zusammenfassend als 112 ▶ Magmatische Differentiation bezeichnet werden, entstehen also aus basaltischen Ausgangsschmel-

**4.10** Diorit. Foto: Verfasser

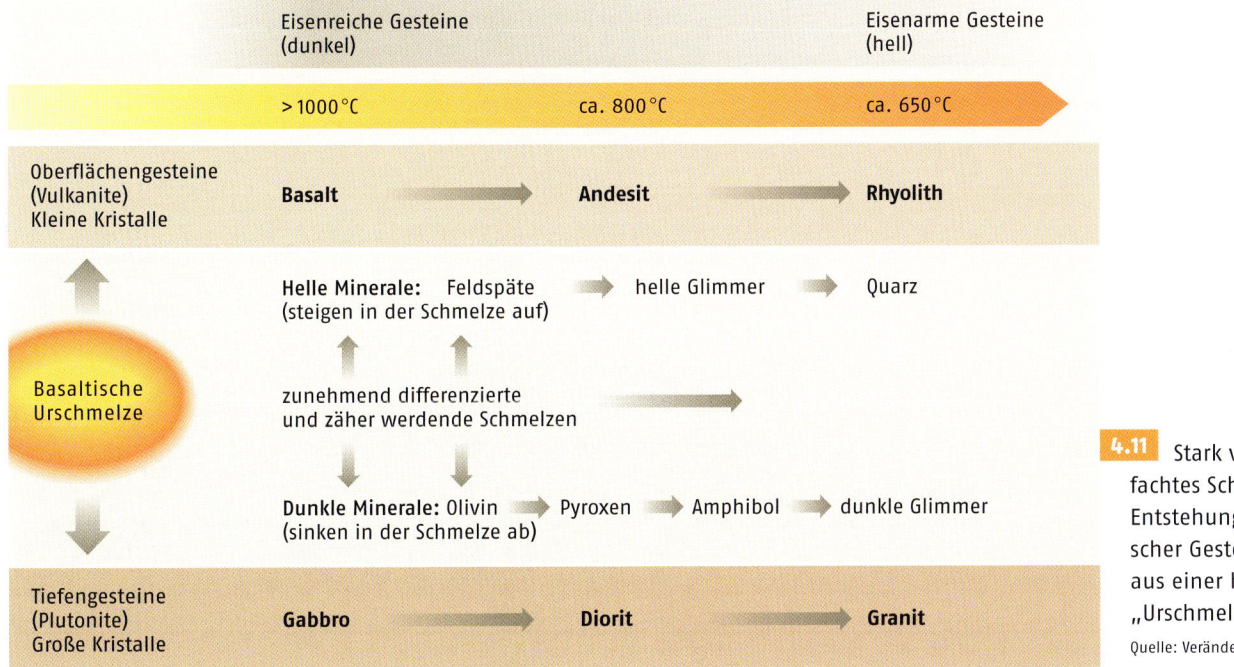

4.11 Stark vereinfachtes Schema zur Entstehung magmatischer Gesteine aus einer heißen „Urschmelze".

Quelle: Verändert nach Rothe 2002

zen allmählich hellere und eisenärmere Schmelzen, die auch immer reicher an SiO$_2$ werden, bis am Ende praktisch nur noch Quarz übrig bleibt. Je nachdem, wann die Schmelzen zu Gesteinen erstarren, werden diese also ganz unterschiedlich zusammengesetzt sein, sodass es theoretisch unendlich viele verschiedene magmatische Gesteine geben kann. Um mit wenigen Namen auszukommen, hat man sich auf Abgrenzungen geeinigt, die auch durch ihre chemische Zusammensetzung definiert werden (vgl. Abb. 4.11).

Doch damit erst einmal genug von den Gesteinen, die aus heißen Schmelzen entstehen. Es gibt nämlich noch viele andere wichtige Gesteine, mit denen wir uns hier befassen müssen, von denen ich zunächst die Sedimentgesteine besprechen will.

## Zerstörung von Gesteinen an der Erdoberfläche: Neue Gesteine entstehen

Alle Gesteine sind an der Erdoberfläche den Einflüssen der Verwitterung ausgesetzt. „Verwitterung" kommt von „Wetter" und daraus wird deutlich, dass Regen und Schnee, Sonne, Frost usw. auf die Gesteine einwirken, sie im Laufe der Zeit auflockern und schließlich ganz zerstören können. Verwitterte Gesteine sind dann leicht noch weiter durch Wasser, Wind oder die Schwerkraft anzugreifen, es setzen Prozesse ein, die mit dem Begriff Erosion beschrieben werden. Das verwitterte Material kann durch Bäche und Flüsse, Wind, das fließende Eis von Gletschern oder durch Meeresströmungen transportiert und später wieder abgesetzt werden, sobald die Energie für den weiteren Transport nicht mehr ausreicht. Dann sprechen wir von Sedimenten und, wenn diese Sedimente nach ihrer Ablagerung wieder zu Gesteinen verfestigt werden, von Sedimentgesteinen. Ein häufiges Sediment ist Sand und das bei der Verfestigung von Sand entstehende Gestein nennen wir Sandstein.

Die Verwitterung zerstört also allmählich die Gesteine, die an der Erdoberfläche anstehen. In der frühen Erdgeschichte waren das zunächst einmal alles magmatische Gesteine, aber später unterlagen auch die daraus allmählich entstandenen Sedimentgesteine der Verwitterung. Dabei können sie mechanisch zerbrochen werden oder ihre Minerale können in andere Minerale umgewandelt oder so-

## 4 Stoffe der Erde: Wie Minerale und Gesteine entstehen
### Zerstörung von Gesteinen an der Erdoberfläche: Neue Gesteine entstehen

gar vollständig in ihre ursprünglichen chemischen Bestandteile zerlegt werden.

Die Vorgänge, die das im Einzelnen bewirken, sind vom Gestein selbst und von den angreifenden Prozessen abhängig, die auch vom Klima gesteuert werden.

Salz z. B. kann durch Regenwasser einfach aufgelöst werden. Um Kalk zu lösen, braucht man vor allem $CO_2$, das in Verbindung mit dem Wasser wirksam wird; wenn viel $CO_2$ im Wasser gelöst ist, wird auch viel Kalk gelöst. Am Inhalt einer Sprudelflasche kann man erkennen, dass $CO_2$ vor allem unter Druck gelöst wird: Wenn man die Flasche öffnet, entweicht das $CO_2$ und nach einiger Zeit schmeckt das Wasser nicht mehr. Dabei spielt auch die Temperatur eine Rolle: In kaltem Wasser löst sich mehr $CO_2$ als in warmem. Diese Prozesse spielen sich auch in der Natur ab: In den Ozeanen werden die kalkigen Schalen planktonischer Organismen, die an der Oberfläche leben, mit zunehmender Wassertiefe aufgelöst, in der Tiefsee unterhalb von 4000 m sogar meistens vollständig, weil das Wasser dort kalt ist und unter dem hohen Druck der Wassersäule auch viel $CO_2$ enthält. Dieser Kalk sieht so weiß aus, dass man ihn für Schnee halten könnte. Wenn man sich vorstellt, das Wasser aus den Ozeanbecken abzulassen, dann sähen die untermeerischen Gebirge aus wie schneebedeckte Berge, deren Schneegrenze dann bei etwa 4000 m unterhalb der Wasseroberfläche läge.

Die Auflösung von Kalk vollzieht sich aber auch auf dem Festland, z. B. in den vielen 114 ▶ Karsthöhlen der Kalkgebiete der Schwäbischen und Fränkischen Alb. Der gelöste Kalk kann später in den Höhlen selbst teilweise wieder 118 ▶ ausgefällt werden, wie wir an den Tropfsteinen sehen.

Außer Salz und Kalk ist auch Gips ein Gestein, das leicht aufgelöst wird; deshalb kommt es auch darin gelegentlich zu entsprechender Höhlenbildung, wie man z. B. am südlichen Harzrand sehen kann, wo regelrechter Gipskarst entwickelt ist (vgl. Abb. 2.44).

Diese Lösungsprozesse sind ziemlich einfach zu verstehen, wenn wir daran denken, dass man Salz in der Suppe auflösen kann. Bei den Feldspäten ist das aber komplizierter. Feldspäte sind mit einem Anteil von etwa 60 % die häufigsten gesteinsbildenden Minerale der Erdkruste. Sie sind wesentliche Bestandteile von Granit, Gneis und Basalt und wir müssen daher auch fragen, was mit den Feldspäten ge-

▶ **Karst**
ist benannt nach der Landschaft im ehemaligen Jugoslawien, wo das hauptsächlich aus Kalk aufgebaute Gebirge im Wesentlichen durch unterirdische Entwässerung zerstört wird. An der Oberfläche entstehen dabei charakteristische Geländeformen wie
▶ **Dolinen oder Karren,** im Untergrund Höhlen.

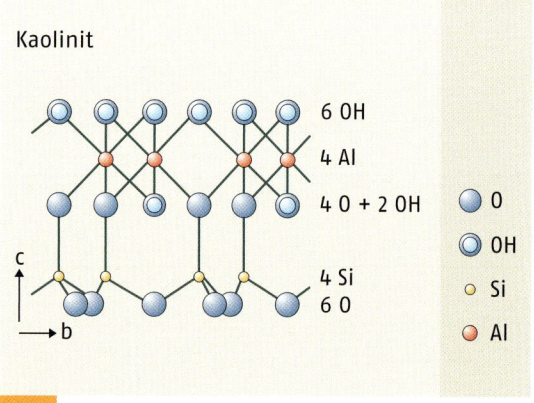

**4.12** Kaolinitstruktur. Quelle: Rothe 2002

schieht, wenn diese Gesteine verwittern. Weil sie komplizierter aufgebaut sind als Salz, Kalk oder Gips (die einfache chemische Formeln haben), ist auch ihre Verwitterung schwieriger zu erklären. Am besten kann man das an tropischen Gebieten deutlich machen, wo es heiß ist und wo es viel regnet. Dort sind die ursprünglich feldspathaltigen Gesteine von der Oberfläche her zu einer weißen tonigen Masse zersetzt, die man als Kaolin bezeichnet. Der Name kommt von einem Berg namens Kao-ling in China, wo man das Material für die Herstellung von Porzellan schon sehr frühzeitig gewonnen hatte. Die Chinesen waren die Ersten, die Porzellan machen konnten, und sie hatten es jahrhundertelang verstanden, diese Kunst geheimzuhalten. Kaolin besteht aus dem Tonmineral Kaolinit, das nach seiner Struktur ganz ähnlich aufgebaut ist wie die schon besprochenen Glimmer: Auch beim Kaolinit sind Matten aus miteinander vernetzten Tetraedern übereinandergestapelt. Im Gegensatz zu den Glimmern sind sie aber nur durch schwache elektrische Ladungen miteinander verbunden.

Vom Feldspat bleiben nach der Verwitterung im Kaolinit nur noch die Elemente Si und Al übrig und in deren Kristallgitter wird viel Wasser eingebaut, das der tropische Regen beigesteuert hat. Kalium (oder Natrium oder Kalzium, je nachdem, um welche Art von Feldspat es sich handelt) wird gelöst und abtransportiert. Außer Kaolinit gibt es noch eine Vielzahl ähnlicher Schichtminerale, die alle als Tonminerale bezeichnet werden.

Wieder anders verläuft die Verwitterung der dunklen, eisenhaltigen Minerale. Das Eisen liegt darin gebunden in der zweiwertigen Oxidationsstufe vor, die bei der Verwitterung an der Erdoberfläche

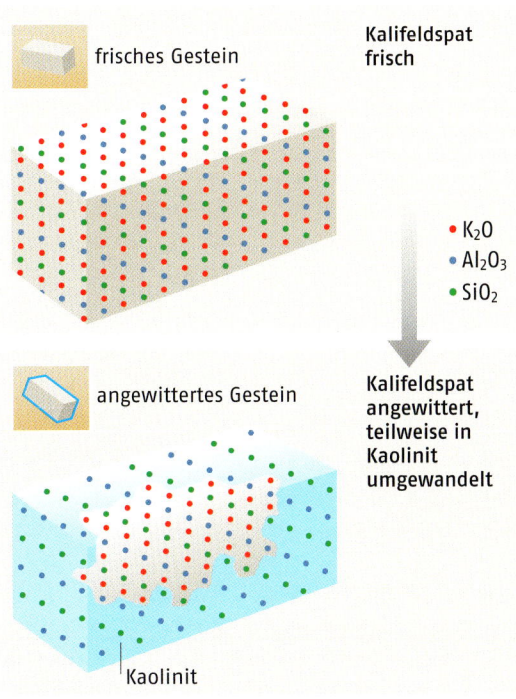

**4.13** Feldspatverwitterung. Quelle: Rothe 2002

nicht stabil ist. Unter dem Einfluss von Wasser und dem Sauerstoff der Luft wird dieses Eisen an der Erdoberfläche meist in das braune Mineral 115 ▶ Goethit (FeOOH) umgewandelt (das nach dem Dichter so heißt). So entstehen, einmal abgesehen vom braunen Humus, die meisten braunen Gesteinsfarben durch Verwitterung eisenhaltiger Minerale. Besonders deutlich kann man das an Oberflächen von Basalt sehen, auf denen sich durch die Verwitterung seiner eisenhaltigen Minerale (Olivin, Pyroxen, 109 ▶ Amphibol) eine braune Kruste bildet; vereinfacht sage ich dazu, dass der Basalt „verrostet".

Quarz ist im Gegensatz zu den anderen erwähnten Mineralen ziemlich beständig gegenüber der chemischen Verwitterung, weil $SiO_2$ (wie er chemisch heißt) nur unter besonderen Bedingungen überhaupt in Lösung gehen kann. Das erklärt auch, warum bei der Verwitterung von Granit hauptsächlich Quarz übrig bleibt, aus dem dann die meisten Sandkörner entstehen.

Alle bisher aufgezählten Verwitterungsarten werden durch chemische Prozesse gesteuert und immer ist dafür Wasser erforderlich. Es gibt aber auch eine Art von Gesteinszerstörung, die ganz ähnlich verläuft wie das Zerbrechen von Mineralen in einzelne Bruchstücke. Wie die Minerale bleiben dabei auch die Gesteine in gleicher Weise erhalten. Solche mechanische Verwitterung findet z. B. in den Hochgebirgen statt, wo Wasser auf Ritzen in die Gesteine eindringen und dort gefrieren kann. Da das Eis mehr Raum einnimmt als das Wasser, übt es einen Druck aus und kann dadurch das Gestein sprengen. Auch das kann man an einem einfachen Experiment demonstrieren: Eine mit Wasser prall gefüllte Flasche wird in der Tiefkühltruhe zerplatzen. Der Verwitterungsschutt in den Hochgebirgen ist meist eckig, weil die abgesprengten Gesteinsbrocken praktisch nur der Schwerkraft folgen und am Fuß der Berge liegen bleiben.

Auch höhere Pflanzen können Gesteine sprengen, weil sie in vorhandenen Ritzen einen gewaltigen Druck ausüben, und selbst die primitiven Flechten zerstören auf Dauer die Gesteine von der Oberfläche her, weil sie Säuren produzieren, die langsam in den Untergrund einsickern und dabei chemische Verwitterungsprozesse in Gang setzen.

Die Verwitterung vollzieht sich allgemein so langsam, dass man in der Landschaft während eines Menschenlebens meist keine Veränderungen bemerkt. Nur an einzelnen auffälligen Steinen ist davon etwas zu sehen, man muss dazu nur einmal über einen Friedhof wandern und die Grabsteine studieren. Grabsteine sind genau datiert (obwohl zwischen Todesdatum und Steinsetzung gelegentlich auch Jahre liegen können) und daran lässt sich erkennen, dass die Verwitterung oft nur 100–200 Jahre braucht, um Schrift und Strukturen unkenntlich zu machen. Die Geschwindigkeit hängt

▶ **Goethit**
ist ein Eisenmineral: FeOOH.

allerdings auch von der Gesteinsart und dem Kleinklima in der Umgebung ab; das Beispiel soll nur eine Vorstellung von der Größenordnung vermitteln, denn geologische Prozesse spielen sich ohnehin in anderen zeitlichen Dimensionen ab. Man kann daraus immerhin ableiten, dass manchmal schon menschlich überschaubare Zeiträume genügen, um Gesteine zu verwittern und damit zu zerstören. Wichtig ist, dass das verwitterte Material abgetragen und wegtransportiert wird, damit immer wieder neu verwitterbare Oberflächen freigelegt werden. Verwitterungsprodukte sind meist weich und können deshalb leicht abgetragen werden: Großräumig entstehen so auch die meisten Täler; jemand hat mal gesagt, dass die Berge nur das sind, was die Täler übrig gelassen haben. Wenn die Prozesse weitergehen, werden irgendwann später auch die Berge verschwinden, bis die ganze Erde eine einzige große Ebene ist. Einem solchen Stadium scheint sie sich mehrmals während der Erdgeschichte angenähert zu haben – z. B. lange nach der 48 ▶ variskischen Gebirgsbildung – und es ist nur den inneren Kräften der Plattentektonik zuzuschreiben, dass immer wieder neue Gebirge entstanden sind, die dann ihrerseits einem neuen Abtragungsgeschehen ausgesetzt waren.

Abtragung und Transport können sich aber auch blitzschnell vollziehen, z. B. wenn eine Mure mit Schlamm und Geröll eine Alpenstraße plötzlich versperrt oder wenn ganze Bergteile abstürzen oder Klippen an der Küste, wie das vor kurzem auf der Insel Rügen passiert ist. Solche Ereignisse setzen dann Akzente in einem sich sonst sehr langfristig vollziehenden Geschehen. Zu den langfristigen Vorgängen gehört unter anderem, dass bei der Verwitterung Tonminerale gebildet werden; vom Kaolinit war in diesem Zusammenhang oben schon die Rede. Weil das besonders kleine blättchenförmige Partikel sind, sind sie die wesentlichen Bestandteile der Schwebfracht im Wasser unserer Flüsse (das sie dadurch trüben) und sie können entsprechend weit transportiert werden. Sobald sie sich bei nachlassender Strömung absetzen, entsteht Tonschlamm, der sich beim Austrocknen zu Tonstein verfestigt. Solche Verwitterungsprodukte werden also in der Regel auch transportiert, wenn sie nicht, wie z. B. die Töpfertone im Westerwald, einfach da liegen bleiben, wo sie entstanden sind.

## Sedimente und Sedimentgesteine

Die Anmerkungen zur Gesteinsverwitterung haben deutlich gemacht, dass aus den magmatischen Gesteinen der Frühzeit der Erde allmählich immer größere Mengen an Sedimenten entstehen mussten. Wenn es keine Plattentektonik gäbe, würden wir magmatischen Gesteinen an der Erdoberfläche heute vermutlich gar nicht mehr begegnen. Das gegenwärtige Bild, das 111 ▶ Magmatite und 30 ▶ Metamorphite neben Sedimentgesteinen (s. u.) zeigt, ist also nur eine Momentaufnahme und die oberflächennahe Verbreitung zeigt uns für die geologische Gegenwart einen Flächenanteil von etwa 80 % an Sedimenten; insgesamt sind aber dem Volumen nach nur 5 % der Erdkruste aus Sedimentgesteinen aufgebaut.

Allen gemeinsam ist, dass sie unter den Bedingungen der Erdoberfläche entstehen, also bei normalen Temperaturen und auch nicht unter höherem Druck. Um die vielen Arten von Sedimentgesteinen einigermaßen übersichtlich darzustellen, bedient man sich verschiedener Prinzipien.

Das einfachste davon ist die Korngröße: Sand (bzw. Sandstein) hat die meisten Körner im Größenbereich von 0,063 – 2 mm. Alles was größer ist als 2 mm, nennen wir Kies (bis 200 mm) und die ganz groben Sedimente bestehen aus Geröllen, Schutt oder Blöcken. Zur feineren Seite hin (alles was kleiner ist als 0,063 mm) kommt zunächst Silt oder Schluff (wie die Bodenkundler zum Silt sagen) und die feinsten Sedimente nennt man Ton; damit ist hier nur die Korngrößenbezeichnung gemeint, die meisten Tone bestehen aber auch mineralogisch aus den erwähnten Tonmineralen. Tonteilchen sind kleiner als 0,002 mm. Wie man die groben Sedimente zu Sedimentgesteinen verfestigt, ist ziemlich einfach zu verstehen: Man muss sie nur durch Zement miteinander verkitten, wie das beim Beton geschieht. Die Natur hat das den Bauingenieuren nämlich vorgemacht, nur ist das Material der natürlich gebildeten Zemente nicht vorher im Ofen gebrannt worden. Das häufigste Bindemittel beim Sand ist eigentlich genauso zusammengesetzt wie seine Körner, die in den meisten Fällen Quarzkörner sind: Quarzkörner + Quarzzement ergibt Quarzsandstein. Man kann Quarzkörner auch mit

Kalk verkitten, mit Eisenhydroxid oder sogar mit Ton. Daraus ergeben sich unterschiedliche Sandsteine, die jeweils eigene Bezeichnungen haben. Ganz genau so entstehen auch die Siltsteine, nur sind deren Körner entsprechend kleiner. Gerölle werden so zu 117▶Konglomeraten verkittet und eckige Bruchstücke zu 117▶Brekzien.

Schwieriger zu verstehen ist, wie aus Ton Tonstein wird. Beim Ton sind wegen der schon beschriebenen Kristallstrukturen die „Körner" nämlich meistens Blättchen mit breiten Flächen und schmalen Kanten, die man mit winzig kleinen Spielkarten vergleichen kann.

Tonteilchen werden durch Wasser oder Wind transportiert; sobald die Strömung nachlässt, setzen sie sich am Boden der Gewässer ab, in Flüssen, besonders in deren Altarmen, hinter Staustufen, in Seen oder im Meer, wo sie dann zunächst einen wasserreichen Schlamm bilden, wie man ihn besonders hautnah im Wattenmeer erfahren kann. Unmittelbar danach ähneln die Verhältnisse einem Kartenhaus: Die Tonblättchen werden ähnlich angeordnet und nur locker zusammengehalten, weil sie auf Flächen und Kanten unterschiedliche schwache elektrische Ladungen haben, durch die sie miteinander verbunden werden, immer + mit –. In den „Kartenhaus"-Zwischenräumen sitzt dann das Wasser, das manchmal mehr als 90 % ausmachen kann. Wenn nun aber immer mehr Tonschlamm von oben draufgepackt wird, bricht das Kartenhaus irgendwann zusammen und die umgefallenen „Karten" (= Tonblättchen) stapeln sich parallel übereinander, sodass eine feine Schichtung zustande kommt. Jetzt braucht nur noch etwas Zement in den restlichen Zwischenräumen auszukristallisieren und dann haben wir einen Tonstein. Wenn man den mit einem Messer spaltet, kann man feine Platten gewinnen. So etwas lieben die Fossiliensammler, weil oftmals zusammen mit dem Schlamm auch Organismen abgelagert wurden, die man dann auf den Spaltflächen finden kann.

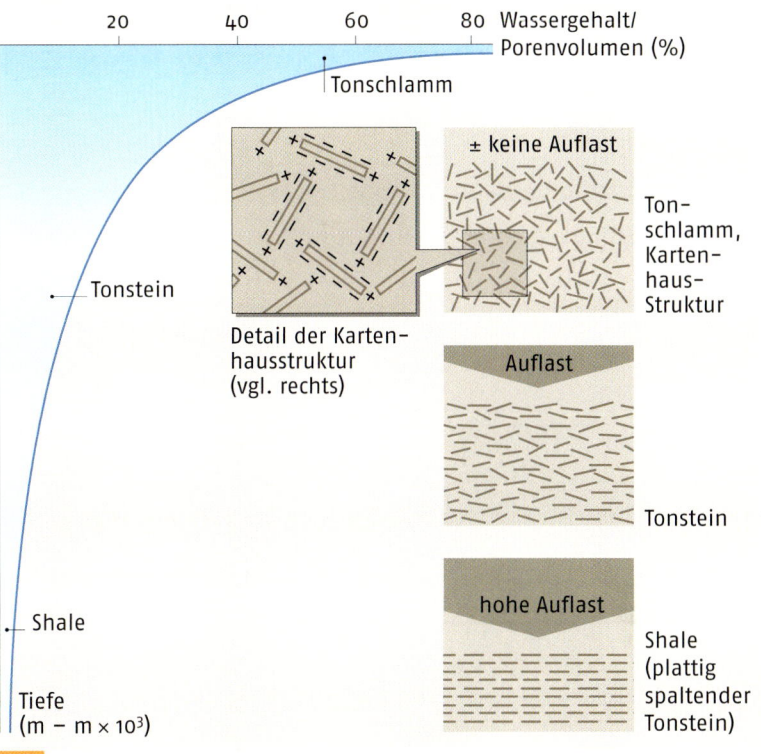

**4.14** Wie aus Tonschlamm Tonstein entsteht.
Quelle: Rothe 2002

▶ **Konglomerat**
ist verfestigter Schotter mit überwiegend gerundeten Komponenten.

▶ **Brekzien**
sind verfestigtes Trümmergestein mit überwiegend eckig-kantigen Komponenten.

## Gesteine aus Organismen – der Anteil der Biologie

Kalksteine sind vielfältiger als Sandsteine oder Tonsteine, weil sie aus sehr unterschiedlich aufgebauten Bestandteilen zusammengesetzt sind. Der berühmte schwedische Botaniker Carl von Linné, dem wir die Benennung von Pflanzen und Tieren nach Gattungen und Arten verdanken, hatte schon im 18. Jahrhundert gesagt: „Omnis calx ex vivo", das heißt „Aller Kalk kommt vom Lebendigen". Das versteht man, wenn man z. B. an den Schichtbegriff Muschelkalk denkt und aus diesem Wort ableitet, dass er aus Muscheln aufgebaut wird; das stimmt zwar nicht ganz, es zeigt aber doch, dass Kalkschalen von Organismen wesentliche Bestandteile von Kalksteinen bilden können. In den meisten Fällen sind das Fossilien, deren erhaltungsfähige Hartteile aus Kalk bestehen. Beim Gang durch die Erdgeschichte (s. Kap. 2) haben wir schon gesehen, dass sie ganz unterschiedlichen Tier- oder Pflanzengruppen angehören können, und im Kapitel über die Fossilien wird das noch deutlicher dargestellt (vgl. Kap. 5). Manche Organismen bauen gleich zusammenhängende Bio-Konstruktionen (wie z. B. die Korallen ihre Riffe), die meisten Kalksteine sind aber aus zusammengeschwemmten Schalen oder

## 4 Stoffe der Erde: Wie Minerale und Gesteine entstehen
### Gesteine aus Organismen – der Anteil der Biologie

**4.15** Aufgewühlter Kalkschlamm im Stillwasser der Florida Bay. Foto: Verfasser

▶ **Ausfällen von Kalk** bedeutet, dass im Wasser gelöster Kalk in Kristalle überführt wird.

deren Bruchstücken oder aus winzig kleinen Algenteilchen entstanden.

Weil Kalk gut löslich ist und bei geeigneten Bedingungen auch gleich wieder 118 ▶ ausgefällt werden kann, können solche Kalkpartikel sehr schnell zu festen Kalksteinen zusammengebacken werden (es wurde schon sehr fester Kalkstein mit darin eingeschlossenen Coca-Cola-Flaschen gefunden, der also erst nach dem 2. Weltkrieg entstanden sein konnte). Die Verfestigung erfolgt ähnlich wie bei den Sandsteinen und wir nennen das Bindemittel auch bei den Kalksteinen „Zement". Es gibt aber auch Kalksteine, die anders entstehen, weil außer Körnern und dem Zement, der chemisch in den Hohlräumen zwischen den Partikeln ausgefällt wird, ganz feiner Kalkschlamm diese Hohlräume einnehmen kann. Man muss sich dazu vorstellen, dass die gröberen Partikel in noch weichen Schlamm fallen und darin eingebettet werden; den Schlamm nennt man Matrix. So können Kalksteine auch aus zwei Bestandteilen bestehen (Schalenbruchstücke + Zement oder Schalenbruchstücke + Matrix) und manchmal, wenn noch Resthohlräume übrig geblieben sind, sogar aus drei Bestandteilen (Schalen + Matrix + Zement). Die Unterscheidung ist deshalb wichtig, weil man daraus etwas über die Wasserbewegung im Entstehungsraum lernen kann: Feiner Kalkschlamm hält sich, ähnlich wie Ton, nur im Stillwasser (z. B. in der Florida Bay), weil die sehr kleinen Bestandteile, die ihn zusammensetzen, sonst durch die Strömung fortgespült würden.

Gröbere Partikel zeigen dagegen eine stärkere Wasserbewegung an und die daraus zementierten Kalksteine haben meist auch größere Hohlräume, wenn diese nicht vollständig durch Zement ausgefüllt werden. Das ist auch praktisch wichtig, weil in den Hohlräumen z. B. Erdöl gespeichert sein kann. So sind fast alle großen Erdöllagerstätten der arabischen Länder, aber auch die in Texas, in Kalksteinen zu finden. Oft sind sie auch an Riffe gebunden, weil in den gewachsenen Riffen viel Hohlraum zwischen den Organismen übrig geblieben ist.

Die meisten Kalke entstehen in flachem Wasser, weil viele kalkschalige Organismen Bewohner flacher Meere oder Seen sind bzw. waren. Ganz besonders deutlich wird das an den Kalkalgen, die schon ganz früh in der Erdgeschichte mächtige Kalksteinkomplexe aufgebaut hatten. Als Pflanzen brauchen sie ja das Sonnenlicht und besonders Taucher wissen, dass es immer dunkler wird, je tiefer sie gehen. Auch die Korallen, die mit bestimmten Algen in Symbiose zusammenleben, sind deshalb meist nur im flachen Wasser zu Hause. Am Great Barrier Reef vor Australien kann man meilenweit von der Küste entfernt in nur knietiefem Wasser auf den Korallenstöcken stehen. Bei ihrer mechanischen Zerstörung, z. B. durch die Brandung, entstehen auch wieder kleine und kleinste Kalkpartikel, die ihrerseits zu den oben besprochenen Partikelkalken verfestigt werden können.

Im Kapitel über die Fossilien werden uns noch besonders kleine Organismen begegnen, die oft massenhaft zusammen vorkommen und damit zur Sedimentbildung beitragen: Das sind die meist etwa sandkorngroßen kalkschaligen 53 ▶ Foraminiferen und die aus Opal (einer amorphen Form der Kieselsäure, die man mit der Formel $SiO_2 \times n\,H_2O$ bezeichnet) bestehenden 119 ▶ Radiolarien (Rädertierchen); beide Tiergruppen leben im Meer. Aus Foraminiferen können marine Kalksteine werden und aus Radiolarien kieselige Sedimente. Opalskelette haben auch die Kieselalgen, unter denen man Meeresbewohner von solchen in Seen unterscheiden kann. Alle diese Organismen tragen auch zur Gesteinsbildung bei, aus Radiolarien entstehen die harten 119 ▶ Radiolarite und manche Kieselschiefer und aus Kieselalgen hat sich in Seen 119 ▶ Kieselgur gebildet, die wegen ihrer technischen Eigenschaften vielfältig verwendet werden kann.

▶ **Radiolarien**
sind marine, millimetergroße Mikroorganismen, die fast immer kugelige oder mützenförmige Gehäuse aus Opal bauen.

▶ **Radiolarit**
ist kieseliges Gestein, das wesentlich aus Skeletten von Radiolarien besteht. Seine Bildung erfolgt meist in tiefem Wasser.

▶ **Kieselgur**
ist ein anderer Ausdruck für
▶ **Diatomeenerde:**
Ablagerung von Massen von Kieselalgen in Seen.

## Kohlen entstehen aus abgestorbenen Pflanzen

Als Heizmaterial kennen wir Braunkohlen und Steinkohlen, die wir nach ihrer Farbe benennen (Steinkohlen sind schwarz). Der Farbunterschied ist durch den Gehalt an Kohlenstoff bedingt, der bei der Steinkohle höher ist.

Kohlen entstehen vor allem aus Pflanzen. In den Begleitgesteinen und meistens auch in den Steinkohlen des 45 ▶ Karbonzeitalters selbst kann man oft noch Farnwedel und die Überreste von Schachtelhalmen erkennen, die ganz ähnlich aussehen wie unsere heutigen, krautigen Farne und die relativ kleinen Pflanzen des Ackerschachtelhalms. Es gibt aber neben baumförmigen Farnen und riesigen Schachtelhalmen in den Kohlen noch andere Reste von Bäumen, die schon lange ausgestorben sind. Man nennt sie Siegelbäume und Schuppenbäume nach ihren Strukturen, die auf den Stämmen erkennbar sind; das sind die Narben, an denen die Äste angesetzt waren.

Früher hatte man angenommen, dass Kohlen aus zusammengeschwemmtem Tang entstanden seien. Nachdem man aber ganze Baumstümpfe ausgegraben hatte, die noch so aufrecht standen, wie sie gewachsen waren, gab es keinen Zweifel mehr daran, dass sie aus Wäldern entstanden sein mussten, die da gewachsen waren, wo man die Kohlen heute findet. Es gab aber ein Problem, als man in den Schichten des Ruhrgebiets, Belgiens oder Englands, die die Kohlen enthalten, auch Meerestiere fand, oft Muscheln – und das passte nicht zu Wäldern, die auf dem Land gewachsen waren. Heute wissen wir, dass diese Wälder in Küstensümpfen gestanden hatten, die den Sumpflandschaften der Everglades in Florida ähnlich waren. Wenn das Meer auf das Land übergriff, weil der Meeresspiegel angestiegen war, sind die Wälder abgestorben und als er wieder gefallen war, konnten neue Wälder an der gleichen Stelle aufwachsen. Solche Vorgänge mussten sich aber vielfach wiederholt haben, denn man findet in kohleführenden Schichten meistens einen ständigen Wechsel von Meeressedimenten und Landablagerungen (vgl. dazu auch Kap. 2).

Um aus Pflanzen Kohlen entstehen zu lassen, müssen aber noch andere Bedingungen erfüllt sein. Das Holz, die Blätter und die Sporen der Pflanzen müssen nämlich unter Luftabschluss kommen, weil sie sonst zerstört werden. Der Sauerstoff der Luft würde sie ganz schnell zersetzen, wie man das in unseren Wäldern beobachten kann, wo das tote Holz in ziemlich kurzer Zeit verrottet. Bei den Schichten mit Kohlen kann man sehen, dass sie meistens durch Sand und Ton überdeckt sind, und das verhindert den Zutritt von Sauerstoff. So kann man zunächst zwar die pflanzliche Substanz erhalten, aber es entstehen dabei trotzdem noch

## 4 Stoffe der Erde: Wie Minerale und Gesteine entstehen
### Kohlen entstehen aus abgestorbenen Pflanzen

keine Kohlen. Ein Zwischenstadium zwischen Pflanzen und Kohlen bildet der Torf, der in Mooren entsteht, wo in kurzer Zeit besonders viel pflanzliche Substanz angehäuft wird; dadurch geraten tiefere Torfschichten meist schnell unter Luftabschluss.

Um die weitere Entwicklung zu verstehen, müssen wir die Unterschiede zwischen Pflanzen, Torf und Kohlen betrachten.

Pflanzen enthalten nämlich viel weniger Kohlenstoff als Kohlen und Braunkohlen enthalten weniger Kohlenstoff als Steinkohlen. Man braucht also einen Mechanismus, der den Kohlenstoff anreichert.

Pflanzen enthalten dagegen viel mehr Sauerstoff und Wasserstoff als Kohlen, was letztlich mit ihrem Wassergehalt zusammenhängt (frischer Torf vor allem enthält noch extrem viel Wasser, das man wie bei einem Schwamm auspressen kann). Es geht also zunächst darum, das Wasser auszutreiben, und das geschieht durch Druck und auch durch eine Erhöhung der Temperatur in den Schichten; nur dadurch kann sich der Kohlenstoff ständig weiter anreichern, während Sauerstoff und Wasserstoff immer weniger werden. Geologisch geschieht das, indem Schichten mit pflanzlichen Substanzen tiefer versenkt werden, um sie in Bereiche mit höherem Druck zu bringen, wobei in tieferen Bereichen auch die Wärme zunimmt. Das Ergebnis ist eine Anreicherung des Kohlenstoffs, dem die veränderten Bedingungen nun nichts mehr anhaben können.

In einer idealen Abfolge ergeben sich so von oben nach unten: pflanzliche Substanz – Torf – Braunkohlen – Steinkohlen; in den Steinkohlen ist der meiste Kohlenstoff angereichert, deshalb haben sie auch einen höheren Heizwert als die Braunkohlen.

Den höchsten Heizwert hat Anthrazit, der aber nur entstehen kann, wenn Kohlen ganz besonders tief versenkt werden. Ein Beispiel dafür ist der Kohlebergbau bei Ibbenbüren im Teutoburger Wald, wo solcher Anthrazit aus 1500 m tiefen Bergwerken gefördert wird. Dort herrschten zeitweise ungewöhnlich hohe Wärmeverhältnisse, weil ein 111 ▶ kreidezeitlicher Pluton in der Tiefe die Kohlen zusätzlich aufgeheizt hatte.

**4.16** Reihe Torf – Braunkohle – Steinkohle – Anthrazit, die die Zunahme von Kohlenstoff mit zunehmender Versenkung anzeigt. Fotos: Verfasser

## Auch die Chemie ist an der Entstehung von Gesteinen beteiligt

Wir hatten zwar schon gelernt, dass die meisten Kalksteine durch Organismen zustande kommen, es gibt aber auch Kalkpartikel, die chemisch entstehen, und die sind für die 10 ▶ Geologen aus mehreren Gründen interessant. Sie heißen 121 ▶ Ooide und sie können genauso zusammengekittet werden wie die Bruchstücke von kalkigen Organismen; die dabei entstehenden Kalksteine nennt man 121 ▶ Oolithe („Eisteine").

Die Entstehung von Ooiden kann man noch heute beobachten, z. B. in der dafür klassischen Region der Bahama-Inseln.

Dort ist das Wasser meist nur einen halben Meter tief und sehr stark bewegt. Die Ooide bekommen ihren Kalk aus dem calciumreichen, kalten Tiefenwasser, der dann im warmen, bewegten Flachwasser chemisch ausgefällt wird, oft um ein schon vorhandenes Körnchen oder ein Schalenbruchstück. Der Kalk wächst darauf auf und weil das Wasser die Körnchen ständig in Schwebe hält, bilden sich allmählich viele ganz dünne Kalkschalen um die Körnchen, was sich in deren Querschnitten gut erkennen lässt. Die Ooide sind praktisch immer gleich groß. Sie können nämlich nur so lange weiterwachsen, wie sie die Wasserbewegung in der Schwebe

**4.17** Oolith.
Quelle: Rothe 2002

▶ **Ooide**
sind millimetergroße, konzentrisch-schalig gebaute Mineralkörner, die durch chemische Fällung von Kalk, auch Eisenverbindungen, in bewegtem Flachwasser entstehen.

▶ **Oolithe**
sind aus Ooiden aufgebaute Gesteine.

**4.18** Die Inselgruppe der Bahamas, eines der am besten erforschten Gebiete heutiger Kalkbildung.
Foto: Verfasser

121

## 4 Stoffe der Erde: Wie Minerale und Gesteine entstehen
### Auch die Chemie ist an der Entstehung von Gesteinen beteiligt

**4.19** Unterwasser-Dünen der Bahama-Bank, deren „Sand" aus kalkigen Ooidkörnern besteht. Die Dünen erstrecken sich >1 km Länge, haben Wellenlängen von 50–100 m und ein Relief bis zu 3 m. Foto: Verfasser

hält, danach sinken sie auf den Boden. Auf den Bahamas kann man auch sehen, dass Ooide durch die Meeresströmungen transportiert und zu regelrechten Unterwasser-Dünen zusammengeschwemmt werden.

Ihr Kalk ist so rein, dass ihn auch die chemische Industrie für ihre Zwecke nutzt. Für uns Geologen sind sie deshalb so wichtig, weil man, wenn man Oolithe in der Schichtenfolge findet, immer sagen kann, dass das Wasser zur Zeit ihrer Bildung höchstens 2 m tief gewesen sein kann.

Kalk kann also im Meer, aber auch in Seen durch chemische Fällung entstehen. Es gibt auch auf dem Festland Kalke und immer sind an deren Bildung die Prozesse von Lösung und Fällung beteiligt sowie das schon erwähnte $CO_2$ (die Kohlensäure) – indirekt mischen bei diesen Vorgängen manchmal auch die Pflanzen mit, weil sie $CO_2$ beim Atmen verbrauchen oder beim Absterben auch wieder freisetzen. Am Uracher Wasserfall auf der Schwäbischen Alb wird z. B. heute noch Kalk aus dem Wasser abgeschieden, der sich dort als ganz junge Bildung über die 60▶ jurazeitlichen Kalksteine legt, aus denen er zuvor gelöst worden war. Die Lösungsprozesse haben das Juragestein im Untergrund teilweise aufgelöst; dabei sind auch die bekannten Höhlen entstanden, die zeitweise von eiszeitlichen Bären und auch von Menschen besucht wurden. Was an der Oberfläche passiert, geschieht in kleinerem Maßstab auch in den Höhlen: Das kalkhaltige Wasser rieselt aus Spalten in der Decke und tropft auf den Boden. Der dabei 118▶ ausgefällte Kalk bildet die Tropfsteine: Die von der Decke hängenden heißen Stalaktiten und die am Boden Stalagmiten. Wenn der Prozess der Tropfsteinbildung lange genug weitergeht, können beide zu regelrechten Säulen zusammenwachsen. Wenn man Tropfsteine aufsägt, kann man erkennen, dass sie aus vielen dünnen Kalklagen bestehen, ähnlich wie Baumringe, und so kann man daran auch ungefähr abzählen, wie viele Jahre zu ihrer Bildung nötig waren.

In kleinen Tümpeln mancher Höhlen hat man auch erbsengroße Steinchen gefunden, die durch die Wasserbewegung der fallenden Tropfen ständig bewegt werden. Sie sind aus dünnen Kalklagen aufgebaut und damit ergibt sich eine Ähnlichkeit mit der Entstehung von Ooiden. Man nennt sie Höhlenperlen.

Besser bekannt ist uns allen der Kesselstein, den wir aus „hartem", d. h. kalkhaltigem Leitungswasser durch Kochen ausfällen; hier sieht man im Wassertopf, wie schnell sich Kalk bilden kann, der oft auch die Rohrleitungen zusetzt.

**4.20** Tropfstein (Stalagmit) mit Anwachsstreifen. Zoolithenhöhle, Fränkische Alb. Handstück von Dr. G. Tietz; Foto: Verfasser

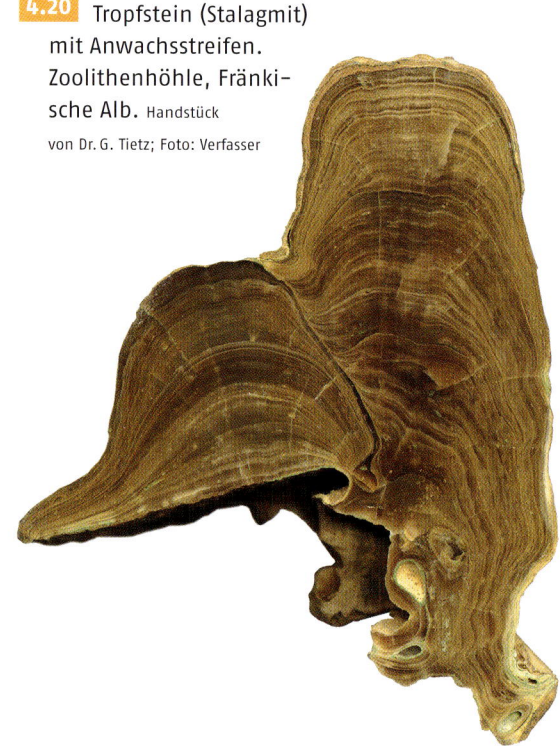

Viel spektakulärer sind aber die auch landschaftlich ästhetischen Sinterbildungen von Pamukkale in der Türkei, wo Kalk in großem Maßstab gebildet wird.

Pamukkale bedeutet „Baumwollschloss" und das hat seinen Namen von den weißen Kalkfelsen, die dort aus heißem Wasser, das aus tieferen Erdschichten nach oben kam, ausgefällt wurden, als es seinen $CO_2$-Gehalt an der Oberfläche verlor. Dort kann man heute noch in warmem Wasser baden – ein ziemlicher Unterschied zum kalten Sturzbach auf der Schwäbischen Alb.

Über Kalke könnte ich nun noch seitenlang weiterschreiben, aber dann würde das Buch einfach zu dick. So will ich nur noch erwähnen, dass Kalkbildung auch in Seen stattfindet, wobei sich ganz ähnliche Prozesse abspielen wie im Meer: Auch hier sind es die Kalkschalen von Organismen, meist Muscheln und Schnecken, Algen und die chemischen Vorgänge, die die Kalkbildung verursachen. Korallen, Stachelhäuter und manche andere Gruppen sind hieran natürlich nicht beteiligt, weil sie, wie wir bei der Behandlung der Fossilien noch erfahren werden, nur im Meer leben.

## Salz: Wie es ins Meer kommt – und wieder heraus

Salz begegnet uns im täglichen Leben z. B. in der Suppe, man merkt schnell, wenn sie „versalzen" ist. Oder im Meer, wenn man sich beim Baden verschluckt. Beides hängt zusammen, denn letztlich kommt das Salz aus dem Meer. Wie es dort hinkommt, erklärt uns auch die Geologie. Die Salzgesteine, zu denen neben dem für uns lebenswichtigen Kochsalz auch andere Substanzen gehören, z. B. die als Düngemittel verwendeten Kalisalze oder der Gips, entstehen durch chemische Prozesse. Alle zu ihrem Aufbau nötigen Elemente sind im Meerwasser gelöst, die beim Verdunsten des Wassers in vielfachen Kombinationen als Salze chemisch ausgefällt werden. Man braucht also Bedingungen, bei denen Wasser eindampft; auf der Erde sind sie dort gegeben, wo es heiß ist und trocken, außerdem muss das Gebiet möglichst flach und vom Weltmeer weitgehend abgeschlossen sein. Im Ex-

**4.21** Eine kleine Saline auf der Kanareninsel Lanzarote. Foto: Verfasser

# 4 Stoffe der Erde: Wie Minerale und Gesteine entstehen
## Salz: Wie es ins Meer kommt – und wieder heraus

periment kann man salzig schmeckendes Meerwasser in einem Eimer verdunsten lassen, dann bleibt eine dünne Salzkruste am Boden zurück. In vielen heißen Gebieten der Erde hat man in Küstennähe Salinen angelegt, wo das Meerwasser mit Pumpen (oft durch Windmühlen angetrieben) in flache Tümpel geleitet wird.

Das entstehende Salz braucht man dann nur noch zusammenzukehren. In der Natur geschieht so etwas in flachen Lagunen, die zeitweise Verbindung mit dem Meer haben, so dass immer wieder frisches Meerwasser nachfließen kann, wenn das in der Lagune verdunstet ist. Dies ist eine wesentliche Modell-Vorstellung, mit der man auch die vielen fossilen Salzlagerstätten erklären kann, aus denen das meiste Salz gewonnen wird. Salz war in früheren Zeiten das einzige Mittel, Fleisch zu konservieren, in der Geschichte der Menschheit gab es deshalb schon sehr früh Salzbergwerke und manche der alten Handelsstraßen waren vor allem Salzstraßen. Viele Städte haben ihren Namen vom Salz abgeleitet: z. B. Halle an der Saale, Hall in Tirol und Schwäbisch Hall, wobei „Hall" immer „Salz" bedeutet, auch Bad Salzungen, Bad Salzschlirf, Salzburg etc. Meistens hatte man dort zunächst Salzquellen entdeckt, aus denen salzhaltiges Wasser (= Sole) floss, und nur in bestimmten Gebieten wurde dann auch tiefer gegraben und das Salz im Untergrund gefunden. Wenn in diesem Sinne von Salz die Rede ist, ist immer Kochsalz (NaCl) gemeint oder, wie der Bergmann und der Geologe sagen, Steinsalz. Weil außer dessen Bestandteilen noch viele andere Elemente im Meerwasser gelöst sind, entstehen bei dessen Eindampfung auch noch andere Salze, die oft sehr kompliziert zusammengesetzte Minerale sind. Einfach sind nur Gips ($CaSO_4 \times 2\,H_2O$) und das Kalisalz Sylvin (KCl), außerdem kann auf diese Weise auch Kalk ($CaCO_3$) und der in vieler Hinsicht wichtige magnesiumhaltige Dolomit ($CaMg[CO_3]_2$) entstehen. Dabei gibt es im Idealfall eine gesetzmäßige Abfolge: Bei der Eindampfung werden nacheinander Kalk (+ Dolomit), Gips, Steinsalz und am Ende – im Zustand der höchsten Konzentration – Sylvin ausgefällt. Diese Abfolge ist im Übereinander der Schichten in vielen Salzlagerstätten zu beobachten.

Salz entsteht aber nicht nur aus eindampfendem Meerwasser, sondern es kann sich auch in Seen bilden. Beispiele großer Salzseen gibt es in der Region um Salt Lake City in den USA und dem Tuz Gölü in Zentralanatolien.

Der benachbarte Große Salzsee, nach dem Salt Lake City heißt, ist heute nur noch ein kleiner Teil eines früher viel größeren Sees; ursprünglich war es ein Süßwassersee, der durch das trockene Klima allmählich auf die heutige Größe geschrumpft und zum Salzsee geworden ist. Diese Entwicklung ist nur mit einer Klimaveränderung zu erklären und deshalb zeigen Salzseen und ganz allgemein große Salzvorkommen immer ein trockenes Klima an, was wir auch für bestimmte Zeiten innerhalb der Erdgeschichte erkennen können.

Die Elemente, aus denen die Salze zusammengesetzt sind, stammen letztlich aus den Gesteinen, aus denen sie durch die Verwitterung freigesetzt wurden: Natrium, Kalium und Kalzium z. B. aus den Feldspäten. Steinsalz (NaCl) enthält außer Natrium noch Chlor (das wir eigentlich als Gas kennen), welches von den Aushauchungen der Vulkane stammt wie auch viele andere Gase, die in den Salzen Verbindungen mit anderen Elementen eingehen ($SO_2$, $SO_3$, die später zu $SO_4$ oxidiert werden können und dann z. B. den Gips [$CaSO_4 \times 2\,H_2O$] mit aufbauen).

**4.22** Steinsalz und Kalisalz aus Buggingen im Oberrheingraben; die rot-weiße Bänderung kommt durch abwechselnde Eindampfungsbedingungen zustande.

Quelle: Rothe 2002

**4.23** Steinsalz über noch feuchtem Schlamm an der Oberfläche des Tuz Gölü, Zentralanatolien.
Foto: Verfasser

Die Forscher sind sich noch nicht einig, ob das Meer schon immer salzig gewesen ist. Der Ozean könnte in der ganz frühen Zeit der Erdgeschichte auch mit Süßwasser gefüllt gewesen sein, das erst allmählich salzig wurde. Ganz sicher können wir aber sagen, dass die heutigen Verhältnisse schon seit etwa 600 Millionen Jahren bestanden haben müssen, denn seit dieser Zeit existierten Tiere, die auch heute nur im Salzwasser gedeihen können (vgl. Kap. 1 und 2).

**Exkursionshinweise Salz:**

**Erlebnisbergwerk Merkers** am Nordrand der Rhön: Hier kann man Salze des Zechsteins auf einer bewegten Grubenfahrt studieren (www.erlebnisbergwerk.de).
**Besucherbergwerk Friedrichshall** bei Heilbronn: 34 ▶ Aufschluss von Steinsalz des Mittleren Muschelkalks (www.salzwerke.de)

## Gesteine, die aus der Umwandlung anderer Gesteine entstehen

Alle an der Erdoberfläche vorkommenden Gesteine können, sobald sie in tiefere „Stockwerke" oder in Kontakt mit aufsteigenden heißen Gesteinskörpern geraten, umgewandelt werden; dabei entstehen neue Gesteine, die man zusammenfassend 30 ▶ Metamorphite nennt. Die Prozesse der 44 ▶ Metamorphose vollziehen sich immer unter höherem Druck und/oder höheren Temperaturen, meistens großräumig im Zusammenhang mit der Gebirgsbildung, bei der viele Kilometer dicke Gesteinsstapel aufgetürmt und zusammengedrückt werden. Metamorphose zu verstehen ist schwierig, vor allem weil sich die dabei ablaufenden Prozesse meist viele Kilometer tief in der Erdkruste abspielen, es ist also ähnlich wie beim Granit oder Gabbro, bei deren Entstehung wir auch nicht direkt zuschauen können. Heutzutage nähern wir uns solchen Bedingungen aber schon mit Hilfe von Laborexperimenten, bei denen man die entsprechenden Drücke und Temperaturen erzeugen kann.

Dass wir solche Gesteine überhaupt an der Oberfläche finden, hängt damit zusammen, dass sie bei der Entstehung von Gebirgen in den Spätphasen herausgehoben und ihre Deckschichten danach abgetragen wurden.

Eines der bekanntesten und häufigsten metamorphen Gesteine ist Gneis. Wenn man seinen Mineralbestand untersucht, dann findet man meistens

## 4 Stoffe der Erde: Wie Minerale und Gesteine entstehen
### Gesteine, die aus der Umwandlung anderer Gesteine entstehen

**4.24** Granit (a) und Gneis (b) unterscheiden sich oft nur durch die Anordnung ihrer Minerale.
Foto: Verfasser

Feldspat, Quarz und Glimmer, also die Minerale, aus denen auch Granit besteht. Es muss aber einen wesentlichen Unterschied geben, der hier zu zwei Namen geführt hat, die noch dazu zwei unterschiedlichen Gesteinsgruppen angehören: nämlich den Tiefengesteinen (Granit) und den metamorphen Gesteinen (Gneis). Der Unterschied besteht in dem, was wir 126 ▶ Textur nennen; das kann man nach dem lateinischen textor = Weber am besten mit „Webmuster" übersetzen. Dieses Muster ist beim Granit ziemlich regellos, die Minerale sind meistens ohne besondere Orientierung aus der heißen Schmelze kristallisiert. Beim Gneis dagegen sind sie meist annähernd parallel ausgerichtet, das

▶ **Textur**
ist das „Webmuster" eines Gesteins, z. B. die Paralleltextur bei vielen Gneisen.

**4.25** Glimmerschiefer.
Foto: Verfasser

Gestein sieht aus wie geschichtet und ist manchmal auch gefaltet oder im Zentimeterbereich gefältelt. Diese geometrische Ausrichtung kommt durch starken Druck zustande, der gerichtet auf das schon verfestigte Gestein einwirkt. 44 ▶ Metamorphose ist nämlich so definiert, dass die Umwandlung im festen Zustand erfolgt sein muss. Durch den hohen Druck werden vor allem blättchenförmige (also die Glimmer) und tafelige (also die Feldspäte) Minerale mehr oder weniger parallel zueinander angeordnet, was dann die typische Gneis-Textur ergibt.

Ganz ähnlich sehen Glimmerschiefer aus; der Name zeigt schon die wesentlichen Bestandteile an, Glimmer können aber schon unter viel geringerem Druck parallel angeordnet werden und so hatte man schon früh erkannt, dass Gneis ein viel tiefer versenktes Gestein sein musste als Glimmerschiefer. In den Gebirgen, in denen beide zusammen gefunden werden, liegt der Gneis deshalb auch meistens unten. Noch weniger Druck als Glimmerschiefer haben Gesteine erfahren, die aussehen wie seidig glänzende Tonschiefer. Sie heißen Phyllite (griech. phyllon = Blatt), weil sie sich blättrig aufspalten lassen, und die sind durch eine ganz leichte Metamorphose aus Tonstein entstanden.

Wenn wir eingangs festgestellt hatten, dass Feldspat, Quarz und Glimmer zusammen Granit bzw. Gneis aufbauen, und da wir wissen, dass Gneis unter hohem Druck gebildet wird, dann zeigt sich, dass sich alle drei Minerale offenbar auch unter Druck nicht verändern. So bleibt in diesem Fall nur die Textur als Merkmal dafür, dass der Gneis ein metamorphes Gestein ist.

Besonders tief versenkte metamorphe Gesteine enthalten aber meistens noch Minerale, die nur unter sehr hohem Druck entstehen und dementsprechend besonders dicht gepackte Kristallgitter haben. Die meisten von ihnen bestehen auch wieder aus den wenigen chemischen Elementen, die die gängigen Kristalle in den anderen Gesteinen zusammensetzen – also Silizium, Aluminium, Sauerstoff, Calcium, Magnesium und Eisen. Die besonderen Minerale in den metamorphen Gesteinen sind damit unter höherem Druck aus den vor der Metamorphose schon vorhandenen Mineralen hervorgegangen, wobei gelegentlich auch noch andere Stoffe beteiligt sind. Grundsätzlich können sowohl magmatische Gesteine als auch Sedimentgesteine metamorph werden und bereits metamorphe Gesteine können, wenn sie erneut unter Gebirgsdruck geraten, auch mehrfach metamorph umgewandelt werden; nachweisen können das die Spezialisten vor allem in den Milliarden Jahre alten Gebirgen, die mehrfach von Gebirgsbildungen betroffen waren.

Wenn Gesteine sehr tief versenkt werden, d. h. etwa 10 bis 20 km tief, dann können sie schließlich so heiß werden, dass wieder Schmelzen daraus entstehen; dabei spielt vor allem das mit versenkte Wasser eine Rolle, das meistens in Sedimenten gespeichert ist: Viel Wasser erniedrigt den Schmelzpunkt. Solche Schmelzen können wieder aufsteigen und weiter oben als neue Tiefengesteine auskristallisieren, denen man ihre Herkunft nicht ansieht; man kann sie nur mit raffinierten chemischen Spurenelementanalysen erkennen und weiß dann auch, ob ein solcher Granit z. B. aus Sedimentgesteinen gebildet worden ist. Auf diese Weise sind wahrscheinlich die meisten Granite entstanden, obwohl wir dafür auch die 112 ▶ Differentiation aus einem ursprünglichen basaltischen Magma diskutiert hatten. Granit ist also in keinem Fall das Urgestein, wie das der Dichter Goethe einmal vermutet hatte. Granitische Schmelzen können auch aus Sedimentgesteinen entstehen, wenn diese die entsprechenden Komponenten enthalten. Wenn sie allerdings nur Quarz enthalten, wie der Sandstein, dann wird daraus bei der Metamorphose Quarzit und aus Kalkstein wird Marmor. In beiden Fällen sind die Kristalle (beim Quarzit der Quarz und beim Marmor der Kalkspat) durch den Druck nur enger miteinander verzahnt worden.

**4.26** Engräumig gefältelter Phyllit vom südöstlichen Harz bei Wippra. Foto: Verfasser

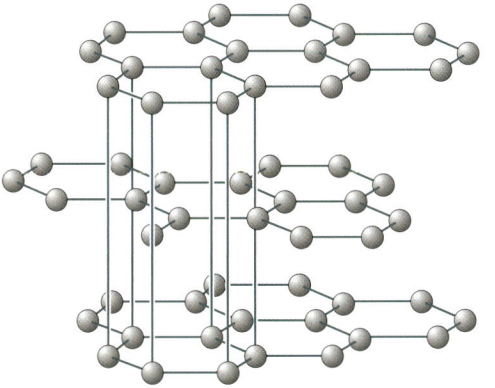

**4.27** a) Graphitstruktur: Die Kohlenstoff-Atome bilden Sechserringe, Schichten daraus sind untereinander nur schwach gebunden;
b) Bleistift vom seinerzeit einzigen Graphitbergwerk Deutschlands.
Fotos: Verfasser

Von der organischen Substanz bleibt bei der Metamorphose nur der Kohlenstoff übrig, der als Graphit kristallisieren kann, wie er z. B. in den alten Gneisen des Bayerischen Waldes schon von den Kelten und im Bergwerk bei Kropfmühl abgebaut wurde. Beim Graphit sind die Kohlenstoff-Atome zu Sechserringen angeordnet und diese dann zu Schichten übereinandergestapelt, ähnlich wie bei den Glimmern. Das bedingt eine sehr gute Spaltbarkeit; wenn man mit einem Bleistift schreibt, reibt man solche Graphitblättchen auf das Papier. Die unterschiedliche Härte von Bleistiften wird durch Beimengung von Ton zum Graphit erreicht, je mehr Ton, desto härter ist die Bleistiftmine. Wenn Kalke mit Schichten von organischem Material zusammen

# 4 Stoffe der Erde: Wie Minerale und Gesteine entstehen
## Rohstoffe

**4.28** Kalkmarmor mit Schlieren von Graphit.
Foto: Verfasser

metamorph werden, ergibt sich eine auffällige Schwarz-Weiß-Bänderung, die manchmal auch noch gefaltet wurde: Marmor + Graphit, was ich meinen Studenten unter der Bezeichnung „Omas Nachttischplatte" deutlich mache.

Außer der tiefen Versenkung, die die hohen Drücke erzeugt, gibt es auch noch eine andere Art der Metamorphose, die nur durch hohe Temperaturen zustande kommt. Bei der Versenkung wirken ja Druck und Temperatur praktisch immer zusammen, weil beide mit zunehmender Versenkung höher werden. Es gibt aber auch die Möglichkeit, dass ein heißer Gesteinskörper auf andere Gesteine trifft und diese dabei umwandelt: Basaltlava z. B. kann dann ihr Nebengestein verändern und darin manchmal auch die Bildung neuer Minerale verursachen, Kalksteine am Kontakt rot färben oder Tonsteine besonders hart machen. In diesen Fällen sagen wir, dass die Gesteine „gefrittet" werden – ähnlich, wie wir das aus der Küche kennen.

Wenn der heiße Gesteinskörper ziemlich groß ist, kann er auch in einem tieferen Bereich lediglich durch die Temperaturerhöhung sein Nebengestein manchmal sehr weiträumig verändern. Das hat man z. B. am Brocken im Harz beobachtet, dessen Granit von einer kilometerweit reichenden Kontaktzone umgeben ist, in der die Gesteine umgewandelt sind, in die er eingedrungen ist. Daran lässt sich auch erkennen, dass der Granit jünger sein muss als sein Nebengestein, und das ist ein weiterer Hinweis, dass wir es dabei nicht mit einem Urgestein zu tun haben. Der Brocken ist aber nur ein sehr kleinräumiges Beispiel. Zu den vielfach beobachteten Kontakterscheinungen gehören auch die sog. Hornfelse, die so heißen, weil sie an dünnen Bruchstücken durchscheinend sind wie die früheren Brillengestelle. Hornfelse entstehen im innersten Kontaktbereich und enthalten meist neugebildete Minerale, als Gesteine sind sie außerordentlich zäh.

## Rohstoffe

Alle bisher behandelten Minerale und Gesteine sind im weitesten Sinne auch Rohstoffe, die der Mensch von jeher für sich zu nutzen verstand: Findlinge für Megalithgräber, Quarzit und Obsidian für steinzeitliche Werkzeuge und Waffen, alle Arten von Steinen für alle Arten von Bauwerken, Dachschiefer, Mühlsteine, Wetzsteine, Salz, Kaolin für Porzellan und Quarz für Glas, Kalk für Putz und mit Ton und Quarz zusammen für die Herstellung von Zement, schließlich auch – aber das schon sehr früh – Granat und andere auffällige Minerale und Bernstein, um Schmuck daraus zu verfertigen, und am Ende die brennbaren Kohlen. Es gibt aber noch eine Reihe weiterer Rohstoffe, deren Gewinnung ohne geologischen Sachverstand nicht gut möglich ist, und deshalb soll im Folgenden noch etwas zum Grundwasser, über Erdöl, Erdgas und Kohlentypen gesagt und die Bildung von Erzen wenigstens ansatzweise gestreift werden.

### Grundwasser

Grundwasser dient uns nicht nur als Trinkwasser, sondern wir nutzen es auch in vielen anderen Bereichen. Mit Wasser meinen wir immer die Flüssigkeit, obwohl deren physikalische Eigenschaften bei den auf der Erde herrschenden Temperaturen auch Dampf (z. B. in Wolken oder Nebel) oder Eis entstehen lassen kann; das ist auch eine wichtige Voraussetzung für viele geologische Prozesse, und nicht zuletzt ist sie von Bedeutung für unser Klima.

Zunächst aber unterscheiden wir das an der Oberfläche vorkommende Salzwasser im Meer von Süßwasser in Flüssen und in den meisten Seen. Grundwasser dagegen füllt meistens die Porenhohlräume in den Gesteinen. Wenn wir uns fragen, wie es dort hinkommt, fallen uns Regen oder Schnee ein, und dieses Wasser kann im Boden versickern, aber nicht immer vollständig. Wenn es heftig regnet, schwellen Bäche und Flüsse oft in kurzer Zeit an und dieses Wasser fließt letztlich also oberflächlich ab, bis es irgendwann wieder ins Meer gelangt. Wieder? Ja, denn letztlich kommt unser Regen aus dem Meer. Die Wärme der Sonne führt dazu, dass das Meerwasser verdunstet, und das verdunstende Wasser ist etwas leichter und nicht mehr salzig. Es wandelt sich in Dampf um, bildet also Wolken, die vom Wind auf die Festlandsgebiete getragen werden, wo sie aufsteigen, weil sie von der Wärme hochgetragen werden, bis sie so weit abgekühlt sind, dass sie wieder flüssig werden oder manchmal sogar zu Eis (in den oberen Luftschichten unserer Atmosphäre ist es ja kälter als am Boden; die Flugkapitäne erzählen manchmal, dass draußen in 10 000 m Höhe −50 °C herrschen; dort entsteht Eis, das bei starken Gewittern als Hagel fällt). Wolken bringen aber meist Regen und so ergibt sich ein großer Wasserkreislauf, der über dem Meer beginnt und letztlich wieder dort endet. Deshalb wird auch das Meer nicht voller, obwohl viele Flüsse ihr Wasser in die Ozeane schütten. Das hatten schon die Vorsokratiker erkannt.

Regen und Schnee können auf dem Festland oberflächlich abfließen, dort auch wieder verdunsten oder im Boden versickern. Die einzelnen Anteile dieser drei Prozesse können sehr unterschiedlich sein: Auf steilen nackten Felsen wird das meiste Wasser oberflächlich abfließen, in heißen Gegenden wird viel verdunsten und in Wäldern oder über gut durchlässigen Böden wird der überwiegende Anteil in den Untergrund eindringen, dann sprechen wir von Grundwasser. Wie sehr dieser Prozess vom Boden abhängt, kann man einfach beobachten: Im Sand versickert es ganz schnell, auf tonigem Untergrund aber bleiben meist erst einmal Pfützen stehen. Selbst nach längeren Regenfällen kann man, wenn man mit dem Spaten nachgräbt, sehen, dass manchmal die Erde in nur sehr geringer Tiefe noch immer trocken ist. Mit Experimenten lässt sich herausfinden, wie schnell sich das Wasser in bestimmten Sedimenten bewegt: im groben Sand z. B. 2–8 m pro Tag, in feinkörnigem Dünensand aber nur 4–6 m pro Jahr (!) und im noch viel feineren Ton dann kaum noch. Man kann es sich etwas vereinfacht so vorstellen, dass das Wasser auf seinem Weg immer wieder gegen die Körner prallt und dadurch gebremst und abgelenkt wird. Je feinkörniger das Sediment ist, desto mehr Körner stellen sich dem Wasser in den Weg, weshalb es dort auch langsamer fließt. Wissenschaftlich drückt man das natürlich anders aus, man spricht von 129 ▶ „Porosität" und 129 ▶ „Permeabilität" der Gesteine. Es gibt hochporöse Gesteine wie z. B. Bimsstein, der durch das vulkanische Gas aufgetriebene Gesteinsschmel-

▶ **Porosität**
ist das Maß für die Gesamtheit aller Hohlräume in einem Gestein.

▶ **Permeabilität**
ist das Maß für die Durchlässigkeit von Gesteinen für Flüssigkeiten und Gase.

## Aristophanes: Die Wolken (ca. 300 v. Chr.)

*Strepsiades*
  Freund, sag' mir mal:
  Was meinst du wohl, macht Zeus beim Regen jedesmal
  Ganz neues Wasser, oder zieht die Sonne nur
  Dasselbe Wasser immer von unten wieder herauf?
*Amynias*
  Ich weiß da nicht zu entscheiden; wenig liegt mir dran.
*Strepsiades*
  Wie willst du das Geld zurück zu erhalten befähigt sein,
  Wenn du noch nicht einmal Naturphilosophie verstehst!
*Amynias*
  Wenn du grade nicht bei Gelde bist, so zahl' mir doch
  Den Zins zum wenigsten!
*Strepsiades*
  Zins? was ist das für ein Geschöpf?
*Amynias*
  Nun, Lieber, daß mit jedem Monat, jedem Tag
  Die Summe Geldes groß und immer größer wird,
  Je lang' und längere Zeit verfließt.

*Strepsiades*
  Recht brav erklärt!
  Wie aber, wenn du die See betrachtest, glaubst du wohl,
  Daß sie größer jetzt als früher ist?
*Amynias*
  Nein, eben so groß;
  's ist ihre Art nicht, größer zu werden.
*Strepsiades*
  Wenn sie demnach,
  Obschon die Flüsse sich in sie ergießen fort und fort,
  Nicht größer wird, wie verlangst du, wunderlicher Gesell,
  Daß dir 'ne Summe Geldes größer werden soll?
  Und so citir' dich gleich von hinnen! fort mit dir!
  Den Stachel mir her!

## 4 Stoffe der Erde: Wie Minerale und Gesteine entstehen
### Rohstoffe

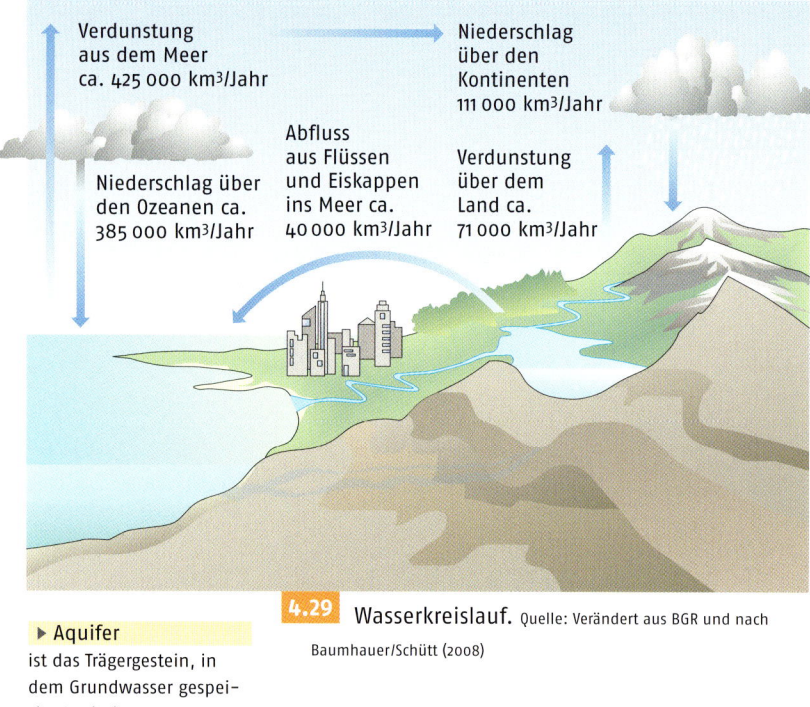

**4.29** Wasserkreislauf. Quelle: Verändert aus BGR und nach Baumhauer/Schütt (2008)

▶ **Aquifer** ist das Trägergestein, in dem Grundwasser gespeichert sein kann.

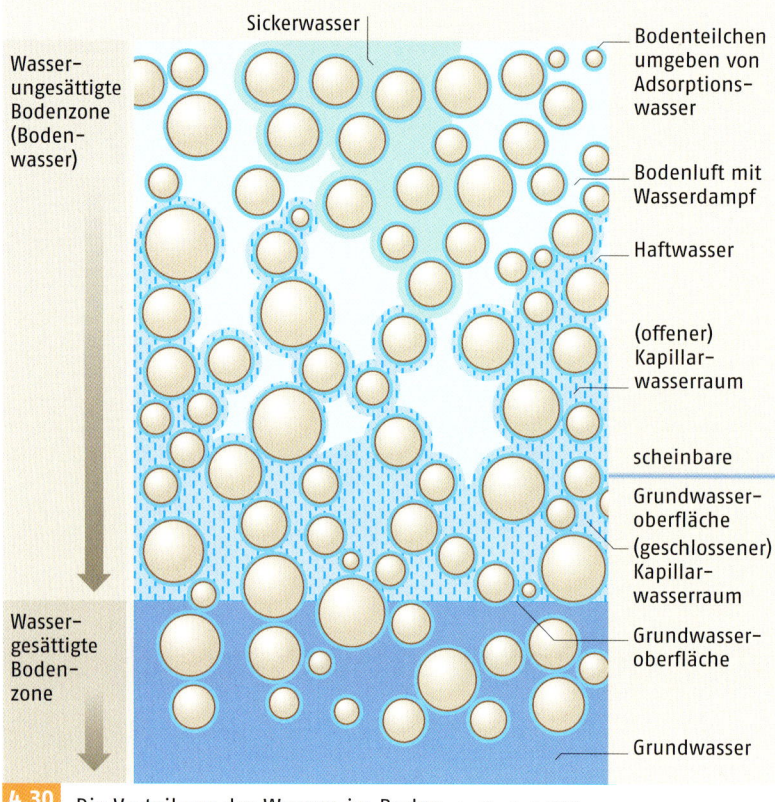

**4.30** Die Verteilung des Wassers im Boden. Quelle: Nach Hölting 1995

ze ist; man kann sich das vorstellen wie einen Kuchenteig, den man durch Backpulver oder Hefe aufgehen lässt. Bimsstein hat einen enorm großen Porenraum (deshalb ist er so leicht), aber die Poren stehen untereinander praktisch nicht in Verbindung: Dass sie es letztlich doch tun, wird daran deutlich, dass Bimsstein untergeht, wenn er sich nach längerer Zeit mit Wasser vollgesogen hat.

Beim Sand ist das ganz anders: Im Idealfall sind alle Körner gleich groß und stützen sich gegenseitig ab, wobei sie sich aber nur an Punkten berühren. Die dadurch entstehenden Hohlräume stehen nach allen Seiten hin miteinander in Verbindung, sind also durchlässig für Flüssigkeiten, und genau das meint Permeabilität (die man auch experimentell ermitteln und rechnerisch behandeln kann). Wenn man statt Sand Kies betrachtet, dann sind die Wege zwischen den Körnern noch weiter offen und das Wasser fließt dort deshalb auch schneller als im Sand.

Zur Definition von Grundwasser gehört, dass es beweglich ist, denn nicht alles Wasser im Boden ist auch beweglich: Vor allem Tonpartikel halten immer eine ganz dünne Hülle von Wasser an ihren elektrisch geladenen Oberflächen fest. Das hängt mit dem Wassermolekül zusammen, das „polar" geladen ist, d. h. auf einer Seite einen Überschuss an positiver Ladung trägt; damit „dockt" es an den negativ geladenen Tonoberflächen an. Dieses unbewegliche Wasser nennt man folgerichtig Haftwasser.

So kommt es, dass man Grundwasser leitende Schichten ( 130 ▶ Aquifere, was etwa „Wasserträger" bedeutet) von Grundwasser stauenden Schichten unterscheidet. Bei einem entsprechenden Übereinander solcher Schichten entstehen Quellen, die damit natürliche Grundwasseraustritte sind. Im Gegensatz dazu sind Brunnen, die man gräbt oder bohrt, künstliche Gewinnungsmaßnahmen.

Quellen können manchmal versiegen und Brunnen natürlich auch, wenn in trockenen Sommern nicht genügend Wasser vom Regen nachgeliefert wird. Es ist wie beim kaufmännischen Rechnen, deshalb spricht man auch beim Grundwasser von Bilanzen, die positiv oder negativ sein können. Man muss also mit dem wertvollen Rohstoff Wasser haushälterisch umgehen und kann nie mehr gewinnen, als durch die Natur nachgeliefert wird. Über Quellen ließe sich natürlich wesentlich mehr sagen, als es in diesem Buch möglich ist; deshalb müssen ein paar Skizzen die Worte ersetzen.

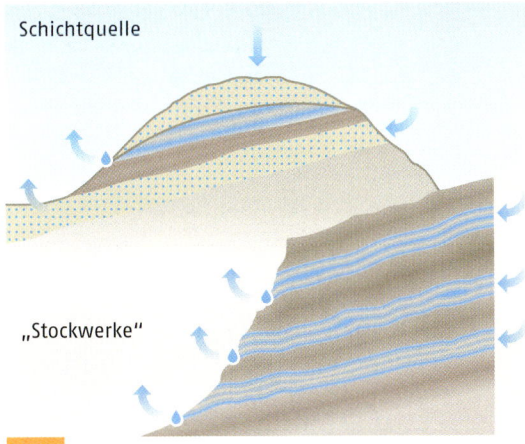

**4.31** a) Schema Quelltypen;
b) die Karstquelle der Vaucluse. Infolge der starken Quellschüttung ergibt sich sofort ein Wasserlauf, der Mühlen antreiben kann.

Quelle: Verändert nach Holmes 1965; Foto: Verfasser

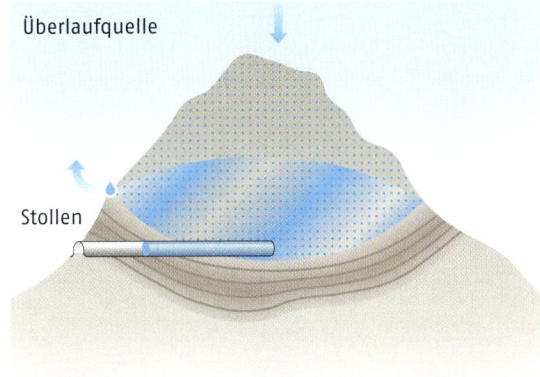
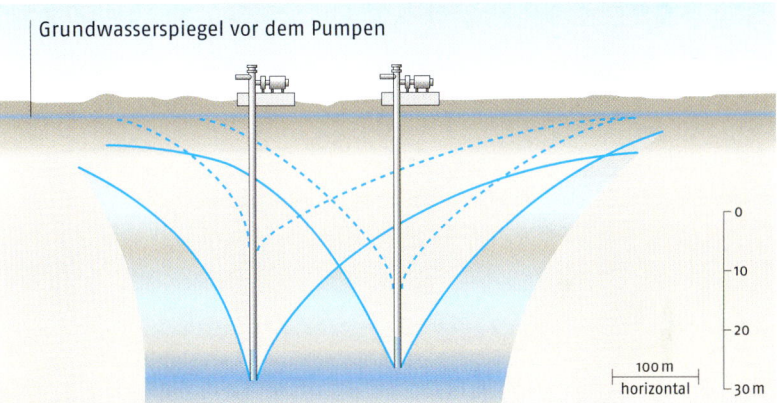

**4.32** Grundwasserspiegel vs. Geländeoberfläche.

**4.33** Absenkungstrichter.

An Brunnen kann man die Pegel messen, die sich im Rohr unten einstellen: Das ist die Grundwasseroberfläche oder der Grundwasserspiegel, der absinkt, sobald man zu pumpen beginnt, und erst wieder ansteigt, wenn von den Seiten her genügend Wasser nachfließt – und dieses Nachfließen erfolgt nur mit der Geschwindigkeit, die die Sedimente zulassen (s. o.). Wenn man sich das räumlich vorstellt, dann ergibt sich für die Grundwasseroberfläche durch das Abpumpen eine Trichterform, weil das Wasser von allen Seiten her auf das Bohrloch zufließt.

Wenn man dann lange nicht mehr pumpt, stellt sich der natürliche Grundwasserspiegel wieder ein, d. h., er wird wieder horizontal, vorausgesetzt, dass auch die Landoberfläche darüber horizontal verläuft. Der Grundwasserspiegel richtet sich nämlich nach der Geländeform, was sich auch aus der Fließgeschwindigkeit erklärt: Von einer Bergkuppe aus ist der Weg nach unten weiter, das Wasser versickert aber an den Bergflanken genauso schnell; dadurch bildet in diesem Fall der Grundwasserspiegel eine nach oben gewölbte Fläche. Immer aber reagiert er auf die Wechselbeziehung zwischen Niederschlägen und der Wassergewinnung durch den Menschen.

Wasser ist auch ein gutes Lösungsmittel. Wenn es mit Gesteinen in Berührung kommt, können deren Bestandteile, vor allem die leicht löslichen, dessen chemische Zusammensetzung verändern: Wenn

## 4 Stoffe der Erde: Wie Minerale und Gesteine entstehen
Rohstoffe

es durch Salzgesteine fließt, wird es also salzig werden und ist dann als Trinkwasser nicht geeignet. Weniger kritisch ist es in Kalksteinen: Dort wird das Wasser wie wir sagen „hart", d. h. es enthält gelösten Kalk, und der verursacht unter anderem Probleme in Rohrleitungen und Waschmaschinen. Die Wasserwerke machen aber Angaben zur Wasserhärte, sodass man mit entsprechenden Verfahren diese Härte ganz gut in den Griff bekommen und die Geräte darauf einstellen kann. Es lässt sich auch verfolgen, wie die Wasserhärte von den geologischen Verhältnissen abhängt: In Gegenden mit Muschelkalk (z. B. Würzburg) oder kalkigem Weißjura (z. B. Schwäbische und Fränkische Alb) ist das Wasser hart und in solchen mit Buntsandstein (z. B. Schwarzwald, Spessart, Solling) weich, weil es dort fast nur mit den kaum löslichen Quarzkörnern in Berührung kommt. Weiches Wasser eignet sich auch gut zum Bierbrauen.

In manchen Fällen kann das Grundwasser Spalten und Klüfte durchfließen, die es aber praktisch nur in Festgesteinen gibt. Am bekanntesten ist das von 114 ▶ Karstgebieten, in denen die unterirdische Auflösung von Kalk viele solcher Hohlräume bis hin zu großen Höhlen geschaffen hat. Dort fließt es natürlich wesentlich schneller als durch die Porenräume von Lockergesteinen, nach starken Regenfällen ähnlich wie an der Oberfläche. Dieses Wasser ist wegen seines Kontaktes mit den Kalken besonders hart und als Trinkwasser nur wenig geeignet, auch weil es nicht lange genug im „Boden" verweilt. Im Porenraum der Sedimente werden dem Grundwasser nämlich auch manche giftigen Stoffe entzogen, die sich z. B. an die Oberflächen von Tonmineralen anlagern können.

Nur wenn Wasser in Spalten fließt, kann man von „Wasseradern" sprechen, die sonst nicht existieren, obwohl die Wünschelrutengänger immer gerne davon reden.

### Exkursionshinweise Quellen:

*Grundwasser tritt in großen Mengen vor allem in Karstgebieten zutage, es kann dort aber auch schnell wieder in den Untergrund versickern. Die sich daraus entwickelnden Wasserläufe treiben oft bereits nahe bei den Quellen Mühlen (**Blautopf** bei Blaubeuren oder die **Vaucluse**). Die **Rhumequelle** im südlichen Harzvorland sammelt Wasser aus dem regenreichen Gebirge, das auf Spalten im Gipskarst zirkuliert. Am bekanntesten ist die Donauversickerung bei Immendingen und Fridingen, deren Wasser erst nach Durchfließen von vielen Kilometern Weißjurakalk im **Aachtopf** in einer großen Karstquelle wieder zutage tritt. Etwas bescheidener ist die **Seebachquelle** in Westhofen, die ihren Ursprung in Tertiärkalken Rheinhessens hat.*

### Erdöl

Erdöl ist eine meist schwarzbraune und oft zähe Flüssigkeit, die nicht nur zu unserer Mobilität beiträgt, sondern auch als Grundstoff für viele chemische Produkte dient; mit Benzin, Diesel und Heizöl, aber auch mit Kunststoffen oder Arzneimitteln kommen ja viele von uns täglich irgendwie in Berührung. Auch in der Zeitung wird angegeben, dass ein Barrel (Fass) 159 Litern entspricht und aktuell soundsoviel Dollar kostet.

Dass es nicht überall zu finden ist, hängt mit den geologischen Gegebenheiten zusammen, und dass mit die größten Lagerstätten im Nahen Osten vorkommen, hat enorme Konsequenzen für die Weltpolitik. Grund genug also, sich kurz mit seiner Entstehung zu befassen.

Erdöl und die damit verwandten Stoffe waren schon in der Altsteinzeit bekannt: Mit Asphalt (durch natürliche Prozesse eingedicktem Erdöl) wurden Steinwerkzeuge in Holzstiele gekittet. Im Gilgamesch-Epos wird für die Sintflut-Sage von Erdpech berichtet, mit dem die Arche Noah abgedichtet wurde. Auch babylonische, ägyptische und

**4.34** Barrels, das Standardmaß für die Mengen an Erdöl (159 l), hier im Freigelände des Deutschen Erdölmuseums in Wietze bei Celle, Lüneburger Heide. Quelle: Rothe 2006

peruanische Quellen berichten von solchen Substanzen, Plinius spricht vom „griechischen Feuer" und auch die Chinesen kannten diese Stoffe seit mindestens 2000 Jahren. Näher an unserer Zeit liegt eine Darstellung in Form einer Wandmalerei von 1537 an einem Haus in Reith in Tirol, die einen Kampf zwischen einem Ritter und einem Riesen zeigt, bei dem der Riese unterliegt und mit seinem Blut die Erde tränkt; daraus wurde dann, nach seinem Namen Thyrsus, das „Dirschenöl" und später, nach den Fischfossilien, die man in den dortigen Ölschiefern fand, „Ichthyol" (griech. ichthys = Fisch), das man noch heute in Seefeld herstellt, obwohl das Rohmaterial nicht mehr dort abgebaut wird.

Die weitere europäische Geschichte erwähnt im 15. Jahrhundert oberflächliche Ölaustritte aus dem Elsass, die die Bauern als Lampenöl, Wagenschmiere und Wundsalbe verwendeten, und entsprechende ölgetränkte Sande wurden schon seit dem Anfang des 17. Jahrhunderts abgebaut. Im späten 19. Jahrhundert ging dann die richtige Bohrtätigkeit los, die die Gegend von Pechelbronn um die Jahrhundertwende in ein „elsässisches Texas" verwandelte. Heute wird dort diese Geschichte noch in einem kleinen, wundervoll altmodischen Museum dargestellt. Das moderne Erdölmuseum in Wietze in der Lüneburger Heide hat einen ähnlichen Ursprung, denn auch dort sind zuerst oberflächliche Teerkuhlen ausgebeutet und später Teersande bergmännisch gewonnen worden, ehe man gebohrt hat. Die anfangs mit Holz verkleideten Bohrtürme standen dicht an dicht und wirkten eher bedrohlich auf die Menschen; Hermann Löns hat diese Stimmung in seinem Gedicht vom „Schwarzen Gespenst im Moor" festgehalten.

Mit den Vorkommen von Erdöl verhält es sich ähnlich wie mit dem Grundwasser: Erdöl füllt nämlich auch vor allem Porenhohlräume in den Gesteinen und ist darin beweglich, nur fließt es wesentlich langsamer als Wasser, weil es viel zäher ist (die Wissenschaftler sagen, es hat eine höhere 133 ▶ Viskosität). Aber das Öl ist nicht da entstanden, wo wir es finden, sondern erst ähnlich dem Wasser in die Hohlräume eingewandert; wie bei Menschen spricht man auch hierbei von „Migration".

Wo – und vor allem aber wie – entsteht es?

Die Erklärungsversuche sind zahlreich und vielfach schon so alt wie die Kenntnis vom Erdöl selbst.

**4.35** Darstellung des Zweikampfs zwischen dem Ritter Haymo und dem Riesen Thyrsus an einem alten Bauernhaus in Reith in Tirol. Foto: Verfasser

Anstelle dieser meist spekulativen Ansätze will ich hier nur den heutigen Kenntnisstand darlegen, mit dem alles Wesentliche erklärt werden kann.

Letztlich hat uns die organische Chemie den Weg gezeigt, weil im Erdöl sehr kompliziert aufgebaute Substanzen nachweisbar sind, die eine Herkunft aus tierischen, vor allem aber pflanzlichen Ausgangsstoffen belegen; dazu gehören u. a. Chlorophyll-Abkömmlinge, die durch Veränderungen des grünen Pflanzenfarbstoffs, der am Aufbau organischer Substanz mit Hilfe der Sonnenenergie beteiligt ist, zustande gekommen sind, aber auch Abkömmlinge des roten Blutfarbstoffs. Die Sub-

▶ **Viskosität**
ist die Zähigkeit von Flüssigkeiten

**4.36** Teilstück eines Fisches aus dem Seefelder Fischschiefer, einem 142 ▶ bitumenreichen Lagunensediment der Alpinen 54 ▶ Trias.
Foto: Verfasser

## 4 Stoffe der Erde: Wie Minerale und Gesteine entstehen
### Rohstoffe

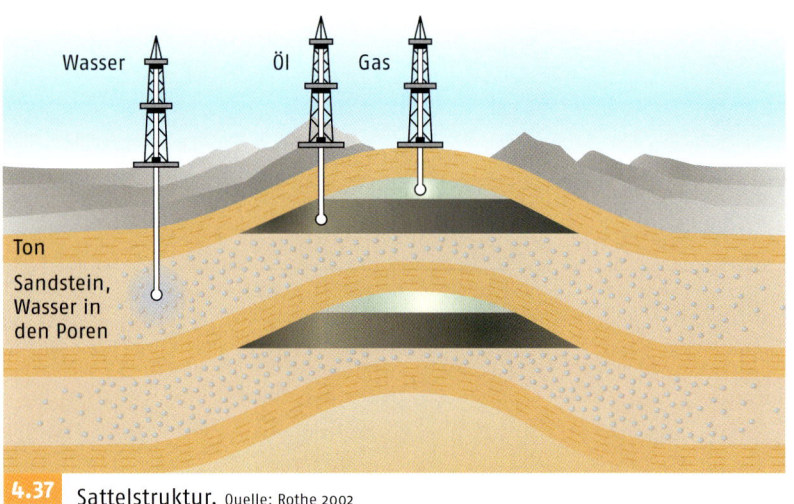

**4.37** Sattelstruktur. Quelle: Rothe 2002

stanzen im Erdöl sind also Bestandteile von Tieren und/oder Pflanzen, die zusammen mit meist feinkörnigen Sedimenten abgelagert wurden, und zwar überwiegend in den Meeren der Vorzeit. Die feinkörnigen Sedimente, vor allem Tone, verhindern, dass das organische Material mit Sauerstoff in Berührung kommt, wobei es zerstört (oxidiert) würde. Eine solche Mischung aus Tonschlamm und viel organischer Substanz nennen wir 63 ▶ Faulschlamm, der oftmals mehr als 10 % organischen Kohlenstoff enthalten kann (das Hauptelement der organischen Materie). Wenn solche Ablagerungen später zu Gesteinen verfestigt werden, nennt man sie Erdöl-Muttergesteine. Das sind meist sehr dunkel gefärbte tonige Gesteine wie z. B. der wegen seiner Fossilien berühmte Posidonienschiefer (vgl. Kap. 2).

In einem zweiten Schritt muss dieses Ausgangsmaterial umgewandelt werden; dazu sind ein höherer Druck und eine gewisse Erwärmung notwendig, die durch die Auflast weiterer Sedimente und/oder eine Versenkung in tiefere Erdschichten zustande kommen. Dadurch werden die ursprünglich komplizierter gebauten organischen Moleküle der Ausgangsstoffe in einfachere Substanzen umgewandelt, d. h., langkettige Verbindungen zerbrechen und werden zu kürzerkettigen, im Extremfall entsteht sogar das ganz einfach zusammengesetzte, gasförmige Methan ($CH_4$). Man kennt heute den Temperaturbereich, in dem diese Prozesse stattfinden: Er beginnt bei über 50 °C und reicht bis etwa 150 °C, in diesem Temperatur„fenster" entsteht Erdöl. Rechnet man dies auf die benötigte Tiefe um, ergibt sich daraus, dass mindestens 1500 m Überdeckung dafür notwendig sind und dass ab 4000 m nur noch Methangas existiert. Da die Wärmezunahme mit der Tiefe nicht überall auf der Erde gleich schnell erfolgt, wird sich auch die Erdölbildung regional in unterschiedlichen Tiefen abspielen.

Das in den feinkörnigen Sedimenten entstehende Erdöl muss nun aber erst noch in geeignete Speichergesteine einwandern, denn nur daraus lässt es sich gewinnen. Auch das geschieht durch Druck: Unter der Auflast der Gesteine kann das Öl in höhere Schichten wandern und schließlich sogar an die Erdoberfläche kommen, wie die vorher erwähnten Teerkuhlen zeigen; dort wird es aber schnell dickflüssig und schließlich sogar in Asphalt umgewandelt, weil die leichten Substanzen schneller entweichen. Geologische Strukturen sorgen aber zum Glück in vielen Fällen dafür, dass es vorher in „Fallen" gefangen wird. Zu solchen Erdölfallen gehören hauptsächlich sog. Sattelstrukturen, wie sie in vielen Gebirgen vorkommen. Die Strukturen, die das Öl auffangen, müssen zusätzlich noch aus geeigneten Gesteinen aufgebaut sein, die vor allem untereinander verbundene Poren enthalten, also für Flüssigkeiten durchlässig sind. Das sind vor allem Sandsteine und 54 ▶ Karbonatgesteine, zu denen Kalk und Dolomit (eine Art magnesiumhaltiger Kalk) gehören. In etwa 60 % aller Lagerstätten wird das Erdöl weltweit aus Sandsteinen gefördert und in 40 % aus Karbonaten. Auch Riffe mit ihren vielen Hohlräumen sind geeignete Speichergesteinskomplexe, sie müssen aber oben durch tonige Gesteine entsprechend abgedichtet sein.

Die Beweglichkeit von Flüssigkeiten im Porenraum der Sedimente hängt, wie ich schon gesagt hatte, auch von deren Viskosität ab und das „dickere" Öl fließt natürlich viel langsamer als Wasser – aber es wird ihm dabei auch geholfen: durch Wasser!

Wasser enthalten die meisten tonigen Sedimente nämlich noch aus der Zeit ihrer Ablagerung. Das aus diesen Ablagerungen entstandene Erdöl wandert mit dem Wasser zusam-

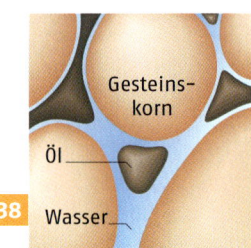

Öl + Wasser in Poren. **4.38**
Quelle: Levorsen 1967

men, die beiden Flüssigkeiten vermischen sich aber nicht, sondern das Öl schwimmt im Großen und Ganzen immer oben wie die Fettaugen auf der Suppe; im Porenraum natürlich nicht, sondern nur innerhalb der Lagerstättenstruktur. Im Porenraum sind die Öltröpfchen oft mit einer Wasserhülle umgeben, die sie sogar vor Berührung mit dem bremsenden Gestein schützen kann.

Das meiste Öl wandert in den Speichergesteinen auf diese Weise, es kann aber wie das Wasser auch Klüfte und Spalten als Wege benutzen. Wenn die Lagerstätte oben undicht ist, tritt es aus wie in den genannten Teerkuhlen und wird dann an der Luft schließlich zum ganz zähen Asphalt, weil seine leichten Bestandteile verdunsten. Das größte natürliche Vorkommen dieser Art ist ein Asphaltsee auf Trinidad.

Eine klassische Lagerstättenstruktur wie der erwähnte Sattel enthält meistens Öl, Wasser und Gas und alle drei sind dort überwiegend voneinander getrennt: ganz unten das Wasser, darüber das Öl und oben Gas, das aus dem Öl selbst stammt. Voraussetzung ist natürlich, dass die Struktur oben dicht ist, weil sonst das flüchtige Gas entweichen

**4.39** Abgefackeltes Erdgas, Ölfeld westlich Hahn bei Pfungstadt, April 1960. Foto: Klaus Rittner

würde; als beste Dichtung wirken hier wieder Tongesteine. Weil alles unter Druck steht, muss man aufpassen, möglichst nicht in die gasführenden Schichten zu bohren, weil das Gas leicht explodieren und dann den Bohrturm zerstören kann (wie das bei uns in der Nähe von Darmstadt 1951 pas-

**4.40** Erdgasausbruch von Wolfskehlen bei Darmstadt im Sommer 1951. Foto: Prof. Dr. Ernst Plewe (†), aus Rothe 2006

# 4 Stoffe der Erde: Wie Minerale und Gesteine entstehen
## Rohstoffe

▶ **Inkohlung**
ist die Umwandlung pflanzlicher Substanzen bei höheren Temperaturen und Drücken in Kohlen.

▶ **Spurenelemente**
sind chemische Elemente, hier in Gesteinen, die nur in sehr geringer Menge darin vorkommen. Im Gegensatz zu den in Prozenten messbaren Hauptelementen liegen deren Konzentrationen meist nur im ppm-Bereich (parts per million).

siert ist, vgl. Abb. 4.40). Das Gas hat aber einen großen Vorteil: Wenn eine Bohrung die ölführende Schicht erreicht hat, drückt es das Öl vor sich her durch die Gesteine und dieses läuft dann von selbst aus dem Bohrloch, es braucht also gar nicht mehr herausgepumpt zu werden. Auch das Wasser aus dem tieferen Stockwerk kann man sich bei der Förderung zunutze machen: Wenn man in eine im Wasserbereich stehende Bohrung zusätzliches Wasser einpresst, dann treibt es das Öl vor sich her zu den im Ölbereich stehenden Bohrungen. Damit aber jetzt genug von der Technik, die ja mit Geologie nichts zu tun hat, obwohl diese Gewinnungsverfahren ohne geologische Kenntnisse gar nicht möglich wären.

Beim natürlichen Gas muss man noch Erdölgas und Erdgas unterscheiden; Erdgas, das heute in großen Mengen gefördert wird, entsteht meist aus Material, das auf höhere Pflanzen zurückzuführen ist. Kohlen hatten wir schon besprochen, und wenn man Kohlen unter extrem hohen Druck bringt (also in entsprechend tiefe Erdschichten versenkt), dann wird das dabei entstehende Methan daraus freigesetzt, das man in geringerer Menge auch aus Steinkohlengruben kennt, wo es die „Schlagenden Wetter" verursacht. Wenn über solchen tief versenkten Steinkohlen geeignete Speichergesteine vorhanden sind, dann haben wir es mit einer Erdgaslagerstätte zu tun, wie man sie z. B. auch unter der Nordsee vorgefunden hat, wo das meiste Gas aus den dort ganz tief versenkten Steinkohlen stammt.

**Exkursionshinweis Erdöl:**
*Deutsches Erdölmuseum*
in Wietze bei Celle

## Kohle ist nicht gleich Kohle

Von Kohlen war schon weiter vorne im Kapitel die Rede, deshalb kann ich mich hier kurz fassen und nur ergänzend darauf hinweisen, dass es nicht nur Braunkohlen und Steinkohlen, sondern vor allem bei letzteren eine Vielfalt unterschiedlicher Typen gibt, die sich nach ihren Ausgangsstoffen und ihrem Heizwert voneinander unterscheiden. Bei den Ausgangsstoffen kann man neben Blättern, Ästen und Baumstämmen auch Sporen, Harze, Algen und andere Stoffe differenzieren; je nach der Menge dieser Stoffe können unterschiedliche Kohlen entstehen, im Falle von besonders vielen Sporen die sog. Kännelkohlen (von engl. candle = Kerze, weil sie so ähnlich brennen), vor allem aber die Humuskohlen.

Der Heizwert von Kohlen wird durch den Gehalt an Kohlenstoff bestimmt. Beim kohlebildenden Prozess, der als 136 ▶ „Inkohlung" bezeichnet wird, erhöht sich dieser von den Braunkohlen über verschiedene Typen von Steinkohlen bis hin zum Anthrazit (vgl. Tab. 4.1). Dieser Inkohlungsprozess wird neben einer Temperaturerhöhung bei der Versenkung der Pflanzensubstanz in tiefere Erdschichten auch durch Druck auf die Schichten gesteuert: Bei ganz tief versenkten entsteht Anthrazit, der fast nur noch aus ganz dicht gepacktem Kohlenstoff zusammengesetzt ist. Diese Kohlen haben ihren Ursprung zunächst in der 45 ▶ Karbonzeit, die die nötige Menge an pflanzlicher Substanz zur Verfügung gestellt hatte (vgl. Kap. 2). Im Alpenvorland gibt es aber auch wesentlich jüngere Kohlen, die schon annähernd das Stadium von Steinkohlen erreicht haben: Sie sind im Gegensatz zu den etwa 300 Millionen Jahre alten Ruhr- und Saarkohlen nur etwa 30 Millionen Jahre alt. Das zeigt, dass das Alter offensichtlich keine bedeutende Rolle spielt, ebenso wie es bei den 300 Millionen Jahre alten Braunkohlen in der Nähe von Moskau deutlich wird, die noch in diesem niedrigen Inkohlungsstadium verblieben sind, weil sie nie höheren Temperaturen und Drücken ausgesetzt waren. Der Druck auf die Kohlen des Alpenvorlandes hängt mit der Faltung zusammen, die dieses geologisch junge Gebirge gebildet hat.

### Erze

Die Bildung von Erzlagerstätten zu beschreiben, erforderte ein eigenes Buch. Hier sollen deshalb nur ein paar Grundzüge dazu skizziert werden.

| Inkohlungs-grad | C Gew.-% | H Gew.-% | O Gew.-% |
|---|---|---|---|
| Holz | 50 | 6 | 43 |
| Torf | 60 | 6 | 33 |
| Braunkohle | 70 | 6 | 23 |
| Flammkohle | 82 | 5,8 | 10 |
| Gasflammkohle | 84 | 5,7 | 8 |
| Gaskohle | 87 | 5,5 | 6 |
| Fettkohle | 89 | 5,0 | 4 |
| Esskohle | 90 | 4,3 | 3 |
| Magerkohle | 91 | 3,9 | 2,5 |
| Anthrazit | 92 | 3,7 | 2 |
| Graphit | 100 | 0 | 0 |

Tab. 4.1 Inkohlung. Die Tabelle zeigt die Zunahme an Kohlenstoff (C) und die gleichzeitige Abnahme der flüchtigen Bestandteile (H = Wasserstoff, O = Sauerstoff), die die Kohlenbildung kennzeichnet.
Quelle: Rothe 2002

Früher hatte man angenommen, dass Erze primär vor allem im Gefolge von 111 ▶ Plutonen, also magmatischen Tiefengesteinskörpern, entstehen. Im Vergleich mit Granit, der so wenig Eisen, Silber oder Blei enthält, dass man hierbei eigentlich nur von 136 ▶ Spurenelementen sprechen kann, gibt es in Plutonen aber gelegentlich Erzadern, die solche Metalle enthalten. Entsprechende Vorkommen haben sich auch in anderen magmatischen Gesteinskörpern und in Sedimentgesteinen gebildet.

Man fasst sie unter dem Begriff „Ganglagerstätten" zusammen; besonders bekannt sind sie bei uns z. B. aus dem Siegerland (Eisen) oder dem Harz (Blei und Silber). Andere Lagerstätten bilden erzführende Schichten, die in die normale Schichtenfolge konkordant eingelagert sind und auch mit dieser zusammen verfaltet sein können, wie die Blei, Zink und Silber führenden Vorkommen vom Rammelsberg bei Goslar, die über 1000 Jahre lang abgebaut wurden. Beide Typen, Gang- und Schichterze, sind jedenfalls überwiegend durch heiße Prozesse entstanden, die wir erst allmählich im Zusammenhang mit der modernen Tiefseeforschung erklären können. Daher wissen wir inzwischen auch, dass Metalle in heißem, salzhaltigem Wasser besonders gut gelöst werden können: Die sog. Schwarzen Raucher verdanken ihre Farbe dunklen Metallsulfiden (Verbindungen von Metallen mit Schwefel). Deren dunkle Wolken, die zunächst wie rauchende Schornsteine aussehen, setzen sich später am Meeresboden in Form von Erzschlamm ab, der zu erzhaltigem Gestein verfestigt werden kann. Die Wärme für die Entstehung der Raucher stammt aus der vulkanischen Tätigkeit am Meeresboden, wobei das aufgeheizte Wasser großräumige Konvektionssysteme in Gang setzen kann und die primär metallarmen, normalen Gesteine durchströmt, die darin enthaltenen, zunächst nur geringen Mengen von Metallen daraus löst und an geeigneter Stelle zu Lagerstätten konzentriert. Das zeigt eine grundsätzliche Gesetzmäßigkeit: Lagerstätten sind Anomalien innerhalb der Erdkruste und kommen erst durch eine großräumige Umverteilung zustande!

Neben diesen heißen Prozessen kann auch die Verwitterung eine abbauwürdige Konzentration von Erzen bewirken. Am bekanntesten sind sedimentäre Eisen-Lagerstätten, die meist aus der festländischen Verwitterung eisenhaltiger Gesteine entstehen. Man muss dazu wissen, dass die Erdkruste durchschnittlich nur etwa 5 % Eisen enthält, eine Lagerstätte aber einige Zehner Prozent haben muss, um als bauwürdig zu gelten. Als Beispiel mögen hier die Erze aus der 60 ▶ Jura- und 66 ▶ Kreidezeit dienen, in denen man gelegentlich sogar 60 ▶ Ammoniten finden und sie damit auch zeitlich einordnen kann. Diese Erze bestehen oft aus 121 ▶ Ooiden, kleinen konzentrisch-schalig aufgebauten millimetergroßen Körnchen, die ihre Entstehung in bewegtem Flachwasser anzeigen wie die im Kapitel 4 besprochenen Kalkooide, nur dass hier Eisenverbindungen die Körner bilden. Sie sind vor Küsten und um Inseln herum in den vorzeitlichen Meeren 118 ▶ ausgefällt worden, in welche die Flüsse das zuvor auf dem Festland gelöste Eisen transportiert hatten. Auf der Schwäbischen Alb haben sie letztlich die Industriestandorte von Aalen und Wasseralfingen begründet; heute zeugt davon nur noch ein Besucherbergwerk. Andere bekannte Vorkommen solcher vergleichbaren Erze liegen in Lothringen, im Weserbergland (beide Jura) und um Salzgitter (Kreide).

Etwa ähnlich kann man sich die Entstehung der Kupfer-Lagerstätten im Mansfelder Land vorstellen, die 800 Jahre lang abgebaut wurden. Das Kupfer stammt aus der festländischen Verwitterung und die erzhaltigen Lösungen wurden in einem sauerstoffarmen Meer ausgefällt. Hier kommt allerdings auch noch eine spätere zusätzliche Konzentration durch 137 ▶ hydrothermale Prozesse entlang von Spalten hinzu.

Heiße Lösungen sind auch der Motor für die bedeutenden Kupfer-Lagerstätten Südamerikas, die zu den wichtigsten der Welt gehören. Hier sind es allerdings keine Sedimentgesteine, sondern 30 ▶ Vulkanite, die von den zirkulierenden erzhaltigen Lösungen durchströmt wurden; darin hat sich das Kupfererz schließlich in meist fein verteilter Form abgesetzt. Voraussetzung ist aber, dass in den Gesteinen genügend Wegsamkeit vorhanden ist (ganz ähnlich wie beim Wasser oder Erdöl); diese wurde in den Anden durch die Zertrümmerung der Gesteine bei der plattentektonisch bewirkten jungen Gebirgsbildung verursacht.

Mit dem Kupfer zusammen kommt in so entstandenen Lagerstätten oft auch Gold vor: In Papua-Neuguinea hat man herausgefunden, dass das Gold immer im Hangenden der kupferhaltigen Bereiche anzutreffen ist, was mit dem Temperaturunterschied bei der Ausfällung beider Metalle zusam-

▶ **Hydrothermale Prozesse**

sind Vorgänge bei der Gesteins- und Lagerstättenbildung, die bei Temperaturen von einigen 100 °C (jedenfalls > 100 °C) unter Beteiligung von Wasser ablaufen.

**4.41** Gangfüllung. Eine Spalte im Gestein wird durch mineralisierte Dämpfe oder Wässer von ihren Wänden her allmählich gefüllt; nach fallender Temperatur können sich unterschiedliche Stoffe abscheiden. Foto: Verfasser

menhängt; solche Befunde gestatten dann auch, neue Lagerstätten aufzuspüren.

Viele Ganglagerstätten, z. B. die erwähnten Blei-Zink-Erzgänge im Harz, haben nichts mit dem Magmatismus der 48▶ variskischen Gebirgsbildung zu tun, sondern sind wesentlich jünger. Man erklärt sie sich heute, da man sie mit physikalischen Methoden datieren kann, durch salzhaltige Wässer, die während des 54▶ Mesozoikums im Untergrund zirkulieren konnten und nachfolgend ihre Lösungsfracht auf den durch jüngere Bruchfaltung entstandenen Spalten abgesetzt hatten. Solche Gänge zeigen fast immer einen charakteristischen Aufbau, bei dem von den beiden Rändern her eine parallel dazu verlaufende Bänderung aus verschiedenen Materialien zu sehen ist: In der Mitte wurden jene abgeschieden, die sich bei der geringsten Temperatur am Ende des Gangfüllungsprozesses abgesetzt hatten.

Es gibt aber auch Metall-Lagerstätten, die direkt im Zusammenhang mit heißen Gesteinsschmelzen entstanden sein müssen. Ein gutes Beispiel dafür sind Chrom- und Nickel-Erze. Diese beiden Metalle haben nämlich extrem hohe Schmelzpunkte und sind anders nicht in Lösung zu bringen. Einen Hinweis auf ihre Entstehung gibt auch die Tatsache, dass man sie praktisch nur in den Gesteinen der sog. Frühkristallisation antrifft, wo sie sich, ähnlich wie wir das bei der Bildung von Olivin diskutiert hatten, am Boden des „Topfes" aus der Schmelze abgesetzt haben müssen. Ähnlich ist wahrscheinlich auch die Bildung der Eisenerze im nordschwedischen Kiruna erfolgt, die überwiegend aus Magnetit ($Fe_3O_4$) bestehen, der auch einen sehr hohen Schmelzpunkt hat und oft geringfügiger Bestandteil von Basalten ist. Mit der Nickel-Lagerstätte von Sudbury in Kanada kehren wir nun zum Anfang dieses Buches zurück, denn deren Entstehung wird heute im Zusammenhang mit dem Einschlag eines Meteoriten in der Frühzeit unseres Planeten diskutiert.

#### Literaturempfehlungen:

Füchtbauer, H. (Hrsg.): Sedimente und Sedimentgesteine. Schweizerbart'sche Verlagsbuchhandlung, Stuttgart 1988, 1141 S.

Hölting, B.: Hydrogeologie. Einführung in die Allgemeine und Angewandte Hydrogeologie. Enke Verlag 1995 (5. Aufl.), 441 S.

Matthes, S.: Mineralogie. Eine Einführung in die Spezielle Mineralogie, Petrologie und Lagerstättenkunde. Springer Verlag (5. Aufl.), Heidelberg etc 1996, 499 S.

Pohl, W.: W. & W. E. Petraschek's Lagerstättenlehre. Eine Einführung in die Wissenschaft von den mineralischen Bodenschätzen. E. Schweizerbart'sche Verlagsbuchhandlung, Stuttgart 1992 (4. Aufl.), 504 S.

Rothe, P.: Gesteine – Entstehung, Zerstörung, Umbildung. Wissenschaftl. Buchgesellsch., Darmstadt 2005, 192 S.

Tissot, B. P. & Welte, D. H.: Petroleum Formation and Occurrence. A New Approach to Oil and Gas Exploration. Springer Verlag, Berlin etc. 1978, 538 S.

# 5 Fossilien und ihre Lebensräume

**5.1** Buprestide (Prachtkäfer) aus der Grube Messel, die schillernd bunten Strukturfarben machen dieses tropische Tier besonders auffällig. Foto: Christa Behnke, Hessisches Landesmuseum Darmstadt

Fossilien sind die versteinerten Überreste von Pflanzen oder Tieren vergangener Erdzeitalter und die Forscher, die sich mit ihnen beschäftigen, nennt man 18 ▶ Paläontologen; die für die Pflanzen der Vorzeit zuständigen heißen 139 ▶ Paläobotaniker, die für die Tiere 139 ▶ Paläozoologen. Die Vorsilbe „Paläo-" stammt vom griechischen „palaios" ab, was „alt" bedeutet. Ihre Studienobjekte sind oft, aber nicht immer, den heutigen Tieren und Pflanzen ähnlich. Das ist einfach festzustellen, wenn man den Abdruck von einem Farnwedel auf einer Gesteinsplatte findet, weil es Farne auch heute noch gibt: Man kann den fossilen Abdruck mit einem heutzeitlichen direkt vergleichen. So hat man herausgefunden, dass es ähnliche Farne schon vor etwa 300 Millionen Jahren gegeben hat. Bei den Dinos ist das aber natürlich anders, weil heute ja keine mehr leben; man sagt dann, dass diese ganze Tiergruppe ausgestorben ist. Die Paläontologen bemühen sich zunächst einmal darum, ihre Funde in das System der heutigen Tiere und Pflanzen durch Vergleiche einzuordnen. Von Muscheln, 60 ▶ Ammoniten oder 143 ▶ Trilobiten z. B. gibt es aber so viele unterschiedliche Formen, die man in Familien, Gattungen und Arten unterteilt hat, dass kein Forscher mehr genug über alle wissen kann. Deshalb muss man sich heute an Spezialisten wenden, die nur über bestimmte Muscheln, Trilobiten, Ammoniten oder andere Gruppen von Organismen Bescheid wissen.

▶ **Paläobotaniker und**
▶ **Paläozoologen**
sind Forscher, die sich mit den Pflanzen bzw. Tieren der geologischen Vergangenheit beschäftigen.

# 5 Fossilien und ihre Lebensräume
## Pflanzen

Die für die ganz kleinen, oft weniger als einen Millimeter großen Fossilien zuständigen Forscher heißen Mikropaläontologen; sie benutzen für ihre Arbeit Lupen und Mikroskope und manchmal sogar besonders konstruierte Elektronenmikroskope, mit denen man auch noch so winzige Strukturen sichtbar machen kann. Paläontologen haben schon früh etwas sehr Wichtiges beobachtet, als sie die Fossilien aus einem ganzen Stapel von Gesteinsschichten untersucht haben: Die in den unteren Schichten gefundenen waren einfacher aufgebaut als die in den oberen. Das bedeutet, dass sich die Tiere im Laufe der Zeit, die für die Anhäufung der Schichten notwendig war, von einfachen zu komplizierteren Formen hin entwickelt haben. Damit hatte man etwas herausgefunden, was gleichzeitig als Hinweis auf das Alter von Schichten untereinander gelten konnte: Die oberen Schichten sind jünger, zunächst weil sie auf den darunter liegenden abgelagert wurden, aber auch, weil sie die höher entwickelten Fossilien enthalten.

Nachdem man ähnliche Gesteinsstapel in der ganzen Welt untersucht hatte, kam heraus, dass es z. B. Schichten mit ganz bestimmten Trilobiten gibt, die überall gleich aussehen. Weil Trilobiten nur im Meer gelebt haben, konnten sie sich (bzw. ihre Larven) in den damaligen Weltmeeren ausbreiten. Ein paar Millionen Jahre später hatten sich ihre Formen verändert und man fand sie dann folgerichtig in den darüber lagernden, jüngeren Gesteinen. Weil sie den Paläontologen etwas über das relative Alter von Schichten sagen, nennt man sie 144 ▶ Leitfossilien. Innerhalb der Erdgeschichte gab es viele unterschiedliche Tier- und Pflanzengruppen, die besonders gut geeignete Leitfossilien ausgebildet haben: Die Trilobiten im Erdaltertum (54 ▶ Paläozoikum), die 60 ▶ Ammoniten im Erdmittelalter (54 ▶ Mesozoikum) und vor allem viele Gruppen von Mikrofossilien, z. B. die einzelligen 53 ▶ Foraminiferen, in der Erdneuzeit (69 ▶ Neo-/ Känozoikum). Paläontologen können also etwas über das Alter von Gesteinen herausfinden, wenn es darin geeignete Fossilien gibt.

Fossilien können uns aber noch mehr sagen. Wenn man die Lebensgewohnheiten heute noch lebender Tiere oder Pflanzen studiert, kann man daraus auch auf die der fossilen Verwandten schließen. Kamele leben heute in der Wüste, sie sind an deren Trockenklima angepasst – und wenn man nun fossile Kamelknochen im Sandstein findet, kann man sagen, dass der Lebensraum dieser Tiere damals auch eine Wüste gewesen sein muss.

Fossilien waren für die frühen Forscher oftmals rätselhafte Objekte, vor allem mussten sie erst einmal begreifen, dass manche ihrer Fundstücke mit den noch heute lebenden Tieren und Pflanzen irgendwie verwandt waren. Der Gedankensprung von Objekten, die man z. B. auf Malta in nur wenige Millionen Jahre alten Schichten gefunden und als Amulette und Heilmittel verwendet hatte, zu den Haifischzähnen (die sie tatsächlich waren) erforderte einiges an Phantasie, weil Haifische ja nicht auf dem Land leben (wo man die Zähne gefunden hatte). Erst als man Haifischschädel zu untersuchen begann, fand man die richtige Erklärung: Der Meeresspiegel im Bereich des Fundorts musste vor Millionen von Jahren höher gewesen sein als heute. Die Paläontologen arbeiten also so, dass sie die heute lebenden Tiere und Pflanzen und deren Umwelt mit den Fossilfunden vergleichen. Von einigen wichtigen Gruppen will ich im Folgenden erzählen; zunächst von den Pflanzen. In einem Lehrbuch müsste man mit den Algen beginnen, weil das primitive Pflanzen sind, und dann zunächst erklären, wie die Pflanzen aus dem Wasser an Land gegangen sind, was einen markanten Schritt in der Evolution bedeutet hat. Algen sind aber meistens ziemlich unscheinbar, deshalb fange ich mit gut erkennbaren Pflanzen an.

## Pflanzen

Die Pflanzen, welche man in den Gesteinen findet, die unsere Braunkohlen oder Steinkohlen begleiten oder in diesen Kohlen selbst vorkommen, haben vielfach noch Ähnlichkeiten mit den Pflanzen, die wir heute lebend auf der Erde finden. In 300 Millionen Jahre alten Gesteinen kann man noch Farnwedel finden, die so aussehen wie die Farne in unseren Wäldern. Damals waren es aber meist große Bäume und solche Farnbäume gibt es heute nur noch in Gebieten mit tropischem Klima. Da liegt der Gedanke nahe, dass auch die Steinkohlenwälder, aus denen die Kohlen im Ruhrgebiet und im Saarland entstanden sind, nur in einem entsprechenden Klima gedeihen konnten. Es muss also auch bei uns einmal sehr heiß und feucht gewesen sein. Weil man Steinkohlen mit Pflanzenfossilien von gleichem Alter auch in Polen, in Belgien, Nordfrankreich, England und Nordamerika abbaut, muss es also damals einen warmen Klimagürtel gegeben haben, der sich über die ganze Erde erstreckt hat. Warum das so war, kann uns die Plattentektonik erklären: Die Kontinente, auf denen heute Steinkohlen mit solchen Pflanzenresten gefunden werden, lagen damals unter dem Äquator, das Ruhrgebiet und das Saarland müssen also seit dem 45 ▶ Karbon (Steinkohlenzeitalter) weit nach Norden gewandert sein, um in ihre heutige Position zu gelangen; dazu hatten sie etwa 300 Millionen Jahre Zeit.

Auf ihrer Wanderschaft sind diese Gebiete dann in trockenere Klimazonen gekommen und die üppige, tropische Pflanzenwelt hat darauf entsprechend reagiert: Sie wurde nach und nach durch die in trockenem Klima gut gedeihenden Schachtelhalme abgelöst; in der nachfolgenden 49 ▶ Permzeit waren das große Bäume, deren Bauweise ganz ihren heutigen Nachfahren, den kleinen krautigen Ackerschachtelhalmen, entsprach mit einem geriffelten Stamm und wirtelig angewachsenen Zweigen.

Mit der Trockenheit kommen auch Nadelbäume besser zurecht. Nadelbäume beherrschen die Pflanzengesellschaften in den auf die Steinkohlenzeit (das Karbon, nach dem lateinischen Wort carbo für Kohle) folgenden wüstenähnlichen trockenen Zeiten des Perms und des Buntsandsteins. Damals gab es Bäume, die unseren Tannen und Fichten schon sehr ähnlich waren. Eine Charakterpflanze der 54 ▶ Trias, die man vor allem im Buntsandstein gefunden hat, ist *Pleuromeia*, die wahrscheinlich ähnliche Eigenschaften besaß wie die säulenförmigen Kakteen, die im Wüstenklima lange Trockenphasen überdauern können, weil sie in ihrem Stamm größere Wasservorräte speichern; die Ahnen der *Pleuromeia* sind wahrscheinlich die karbonzeitlichen Siegelbäume.

In der erst viel späteren 66 ▶ Kreidezeit, vor weniger als 100 Millionen Jahren, hatten sich dann die Blütenpflanzen entwickelt; wie das genau passiert ist, wissen wir eigentlich nicht, aber als sie einmal da waren, haben sie sich rasend schnell über die gesamte Erde ausgebreitet. Dabei halfen ihnen vor allem die Vögel und die Insekten, die damals auch eine enorme Fülle von neuen Arten entwickelt hatten; so waren die Entwicklungen von Pflanzen und Tieren direkt voneinander abhängig.

Die Bäume der Kreidezeit sahen fast alle so aus wie die, die wir heute in unseren Wäldern sehen. Aber der Wald bot doch nicht ganz den uns gewohnten Anblick, weil der Waldboden überwiegend kahl war: Es fehlten noch viele Kräuter und vor allem Gräser, die erst sehr viel später, nämlich im 72 ▶ Quartär, bedeutend wurden.

Die Kreidezeit war allgemein eine sehr warme Epoche in der Geschichte der Erde, es gab wahrscheinlich keine größeren Eismassen – weder am Nord- noch am Südpol. Diese Warmzeit setzte sich auch noch in das 68 ▶ Tertiär hinein fort. Bei uns gibt es genügend Hinweise auf ein Klima, das viel Ähnlichkeit mit dem des Karbonzeitalters hatte: Auch im Tertiär weisen darauf zunächst einmal die Pflanzen hin, vor allem jene, die später zu Braunkohlen umgebildet wurden. Von ihnen kennen wir vor allem Sumpfzypressen und Palmen, die bei uns in Deutschland heute nur noch an ganz warmen Standorten gedeihen (etwa am Bodensee), meist aber nur in Gewächshäusern; außerdem Magnolien, Lorbeerbäume und Zimtbäume. Zusammen mit solchen wärmeliebenden Pflanzen kennen wir, wenn das Biotop geeignet war, auch die entsprechenden Tiere, nämlich Nilpferde, Krokodile und Affen. In der Grube Messel ist uns ein solches Biotop aus der Zeit vor 50 Millionen Jahren erhalten geblieben.

Detail vom Stamm

Unteres Stammende

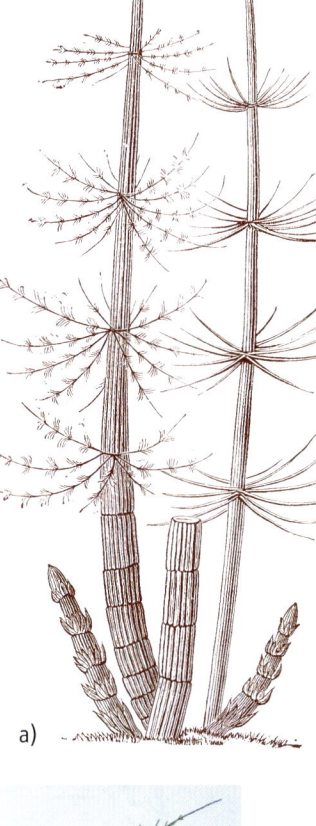

**5.2** a) Fossiler Schachtelhalm *Calamites sp.*;
b) rezenter (gegenwärtiger) Schachtelhalm *Equisetum arvense*. Foto: Verfasser

## 5 Fossilien und ihre Lebensräume
### Wirbellose Tiere

▶ **Bitumen**
besteht aus natürlich vorkommenden, halbfesten oder feste Kohlenwasserstoffen von brauner bis schwarzer Farbe, die in organischen Lösungsmitteln löslich sind.

▶ **Leitbündel**
sind röhrenförmige Systeme von Gefäßen, die bei höheren Pflanzen entwickelt sind, wo sie dem Transport von Wasser und Nährsalzen und der Festigung dienen.

Im See von Messel, von dem man erst seit Kurzem sicher weiß, dass er sich in einem durch heftige Explosionen entstandenen vulkanischen Krater gebildet hatte, lebten natürlich auch noch andere Tiere und Pflanzen. Die Seeablagerungen selbst sind hauptsächlich durch das Wachstum von Algen zustande gekommen, deren organische Substanz später zu 142 ▶ Bitumen umgebildet wurde, was auch zu dem Namen „Ölschiefer" für die Gesteine geführt hat. Weil die Algen sehr viel Biomasse produziert hatten, entstand im See allmählich ein lebensfeindliches Milieu, weil der Sauerstoff für den Abbau dieser Substanz verbraucht wurde; am Seeboden gab es gar keinen Sauerstoff mehr und das hat die meist sehr gute Erhaltung der Fossilien begünstigt, die man heute in vielen Museen bewundern kann.

Algen waren auch sonst in vieler Hinsicht von geologischer Bedeutung. Wie alle Pflanzen brauchen sie das Sonnenlicht, mit dessen Hilfe sie erst ihre Substanzen aufbauen können. Viele Kalksteine sind durch Algen entstanden, weil diese kalkige Gerüste bauen oder den Kalk 118 ▶ fällen, und man kann sie in allen Erdzeitaltern finden, sogar schon in den uralten Schichten des 30 ▶ Präkambriums. Auch die geologisch viel jüngeren Kalkalpen sind wesentlich durch Algen mit aufgebaut worden.

Aus den überwiegend im Wasser lebenden Algen mit ihren vergleichsweise einfach gebauten Formen haben sich später die höheren Pflanzen entwickelt, die das Festland erobern konnten. Dabei hatten sie ein paar grundlegende Probleme zu lösen: Die aufrecht stehenden Pflanzen am Land mussten Wasser und Nährstoffe in sich transportieren und sie brauchten eine gewisse Festigkeit. Dazu mussten sie Wasserleitungssysteme entwickeln, in denen mit dem Wasser auch die Nährstoffe befördert werden konnten; die Botaniker nennen so etwas 142 ▶ „Leitbündel". Außerdem brauchten sie Wurzeln, um sich im Boden fest zu verankern, und sie mussten Holzgewebe herstellen, um die nötige Festigkeit zu erreichen. Auch die Sporen, mit denen sich primitive Landpflanzen reproduzieren, mussten durch feste Hüllen vor der Austrocknung geschützt werden ( 139 ▶ Paläobotaniker hatten schnell erkannt, dass diese Sporen selbst durch aggressive Lösungsmittel kaum zerstört werden, sodass sie diese damit leicht aus den Gesteinen gewinnen können).

Es spricht alles dafür, dass sich die ersten Landpflanzen an Küsten oder in zeitweise austrocknenden Tümpeln entwickelt hatten. Das geschah während des 38 ▶ Silurs, eventuell sogar schon im 36 ▶ Ordovizium, d. h. vor über 400 Millionen Jahren. In dem auf das Silur folgenden 40 ▶ Devon (vgl. Kap. 2) gab es schon solche Mengen, dass sich daraus kleine Kohleflöze bilden konnten. Solche Kohlen sind sogar von der Bäreninsel in der heutigen Arktis bekannt, die sich damals jedenfalls noch in einem warmen Klimabereich befunden haben muss.

## Wirbellose Tiere

Wirbeltiere, zu denen ja auch die besonders interessanten „Dinos" gehören, sind fossil eher selten überliefert, wenn man sie mit der enormen Zahl von wirbellosen Tieren vergleicht, die die Hauptmasse der Fossilien ausmachen. Wirbellose Tiere existierten schon seit über 600 Millionen Jahren auf der Erde und ihre vielen, ganz unterschiedlichen Formen haben mitgeholfen, die übereinander abgelagerten Schichten zeitlich zu unterteilen. Pflanzen- und Tierwelt haben sich nämlich im Laufe der Erdgeschichte ständig verändert und meist führte das von einfachen zu komplizierten Bauformen. Das ist ein nicht immer leicht zu verstehender Prozess, den wir Evolution nennen. „Evolution" bedeutet Entwicklung. Heute können wir sagen, dass die Evolution ein an vielen Beispielen gut begründetes Naturgesetz ist.

Es ist oft nur mit dem Namen von Charles Darwin verknüpft worden, dessen Aussage im Kern früher einmal zu dem Satz verkürzt wurde, dass der Mensch vom Affen abstammt. Darwin, der im 19. Jahrhundert lebte, hatte immer Kontakt zu 10 ▶ Geologen und diese haben ihm auch viele ihrer Beobachtungen über Fossilien mitgeteilt.

Heute wissen wir, dass auch die Evolution der Menschen nicht ganz so einfach abgelaufen und vieles noch gar nicht erforscht ist. Wir lernen aber gerade enorm viel dazu, weil uns die Gentechnik neue und sehr gut brauchbare Werkzeuge für die Erforschung der Evolution an die Hand gibt.

Bei der Evolution haben die Tiere auch auf ihre Umwelt reagiert und mussten sich vor allem bei Klimaänderungen immer wieder an die neuen Verhältnisse anpassen – oder sie sind ausgestorben. In der Erdgeschichte hatten sich zu bestimmten Zeiten die Bedingungen manchmal so stark verändert, dass große Teile der damaligen Lebensgemeinschaften von der Erde verschwanden. Man rätselt in vielen Fällen noch heute über die Ursachen, es ist aber ziemlich wahrscheinlich, dass dieses Verschwinden durch Klimaveränderungen ausgelöst wurde.

Fossilien helfen uns also, den Gang der Erdgeschichte zu entschlüsseln – wenn man welche findet! Das Problem ist, dass das eigentlich nur für die letzten 500–600 Millionen Jahre machbar ist. Davor gab es zwar auch schon Fossilien, aber sie waren, wenn man von den 33 ▶ Vendobionten des Präkambriums absieht, meist winzig klein, hatten kaum unterschiedliche Formen entwickelt und außerdem meist noch keine erhaltungsfähigen Hartteile. Mit dem Erscheinen fast aller Tierstämme vor etwa 550 Millionen Jahren begann die Zeit, die die Geologen das 143 ▶ Phanerozoikum nennen (das bedeutet „Zeit des erschienenen Lebens"), und von da an kann man die Schichten mit Fossilien gliedern bzw. erkennen, welcher Zeitstufe sie zuzuordnen sind.

Die meisten Tiere und Pflanzen haben sich im Laufe der Erdgeschichte ständig verändert – manche kontinuierlich, andere sprunghaft – und zu bestimmten Zeiten hatten sich einzelne Organismengruppen zu Herrschern ihrer Lebensräume entwickelt. Daneben gibt es natürlich auch weniger charakteristische Fossilien, sodass jedes Erdzeitalter zwar durch besondere Tiere oder Pflanzen gekennzeichnet ist, neben denen aber auch die weniger auffälligen Organismen weitergelebt haben. In einem Gang durch die Welt der wichtigsten Tierfossilien werde ich jetzt so vorgehen, dass die für bestimmte Erdzeitalter besonders charakteristischen Gruppen mit ihren Merkmalen kurz vorgestellt werden.

Dabei bleiben hier die schon im Kapitel 2 erwähnten besonderen Formen des jüngsten Präkambriums, die Vendobionten, und die in Einzelfällen den Gliederfüßern zumindest ähnlichen „Irren Wundertiere" des frühen 35 ▶ Kambriums außer Betracht.

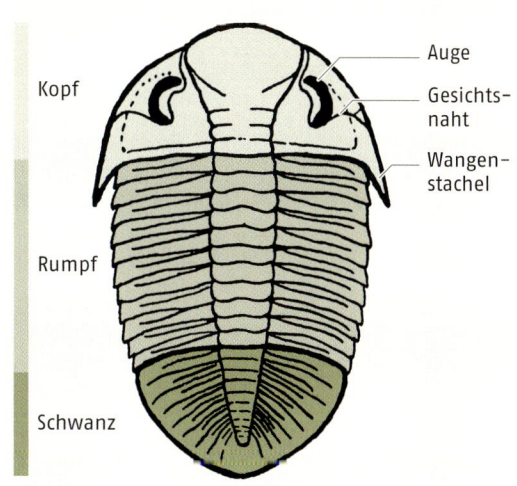

**5.3** Das Bauschema der Trilobiten.

### Trilobiten

143 ▶ Trilobiten nennt man gelegentlich auch „Dreilapper-Krebse", es sind aber keine richtigen Krebse, sondern sie bilden eine ganz eigenständige Gruppe der sog. Gliederfüßer, die erstmals in 540 Millionen Jahre alten Schichten gefunden wurden; am Ende des Erdaltertums waren sie aber schon wieder ausgestorben. Ihr Körper besteht, längs wie quer, aus drei Teilen, was ihren mit Tri- (= 3) beginnenden Namen erklärt.

Eigentlich sehen sie einer heutigen Kellerassel ziemlich ähnlich, die zwar wesentlich kleiner ist als die meisten Trilobiten, aber auch in viele Einzelteile gegliedert ist; und manche Trilobiten konnten sich auch so einrollen wie Kellerasseln, sodass sie dann aussahen wie eine Kugel.

▶ **Trilobiten**
sind „Dreilapperkrebse", die primitivste Klasse der Gliederfüßer.

▶ **Phanerozoikum**
ist erdgeschichtlich das „Zeitalter des erschienenen Lebens", mit dem die Überlieferung größerer Mengen von Fossilien begann.

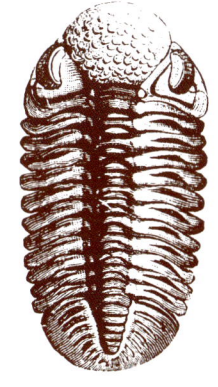

*Phacops schlotheimi, eingerollt*

*Calymene blumenbachii*

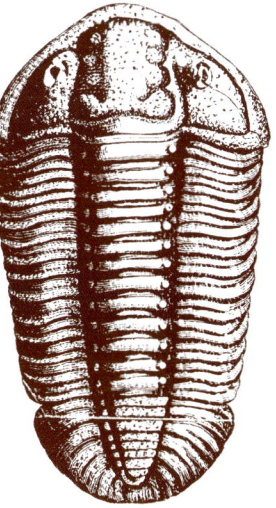

*Calymene blumenbachii, eingerollt*

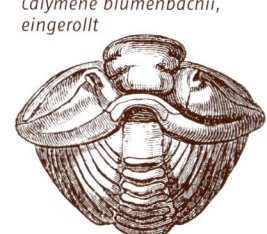

*Phacops schlotheimi*

**5.4** Eingerollte Trilobiten des Silurs und des Devons. Quelle: Rothe 2000

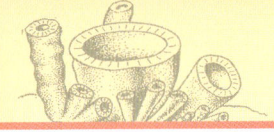

# 5 Fossilien und ihre Lebensräume
## Wirbellose Tiere

▶ **Leitfossilien**
heißen so, weil sie die relative altersmäßige Zuordnung von Schichten ermöglichen. Im Sinne der Evolution sollten das möglichst kurzlebige Formen sein, die bald wieder durch andere, weiter entwickelte ersetzt werden, außerdem sollten sie möglichst weltweit verbreitet und in großer Zahl zu finden sein; deshalb sind die besten Leitfossilien Meerestiere. Für das Kambrium sind das vor allem Trilobiten, im Ordovizium und Silur 38 ▶ Graptolithen, im Jura Ammoniten und in der Kreide 53 ▶ Foraminiferen.

▶ **Cephalopoden**
sind Kopffüßer, die bedeutendsten sind Ammoniten im weiteren Sinne und 146 ▶ Belemniten.

Die Trilobiten hatten während des Erdaltertums eine relativ schnelle Evolution durchlaufen: Man sieht das daran, dass in übereinanderliegenden Schichten immer wieder neue Formen gefunden werden. Daran wird nicht nur die Evolution deutlich, sondern man bekommt auch Zeitmarken, mit denen man die Schichten, in denen solche Tiere fossil gefunden werden, relativ zu den darunter- und darüberliegenden Schichten zeitlich zuordnen kann.

Maßgeblich für die Bestimmung von Trilobiten sind die Anzahl der Glieder, aber auch die Ausbildung von Kopf- und Schwanzschild. Viele von ihnen hatten Facettenaugen wie manche unserer Insekten, sie konnten also extrem gut sehen. Es gab aber auch Trilobiten ohne Augen, die man nur in dunklen Tongesteinen findet und wahrscheinlich in tiefem, weitgehend lichtlosem Wasser der Urmeere aus Schlamm entstanden sind; dort brauchte man keine Augen. Die meisten Trilobiten sind ein paar Zentimeter groß, die blinden nur 0,5 cm, es gab aber auch Riesenformen, die bis zu 75 cm lang werden konnten. Weil ihr Panzer mehr oder weniger starr war, mussten sich die Tiere oft bis zu 30 Mal häuten, bis sie ausgewachsen waren. Das muss man berücksichtigen, wenn man Zahlenangaben zur Häufigkeit dieser Tiere in einzelnen Schichten macht. Der Panzer besteht aus Einlagerungen von Kalk und Kalziumphosphat und mit dieser festen Außenhaut waren die Tiere ziemlich gut geschützt. Sie lebten in flachen Meeren und haben in den entsprechenden Ablagerungen nicht nur ihre Panzer hinterlassen, sondern oft auch komplizierte Fährten, die sie mit ihren zahlreichen Gliederfüßchen

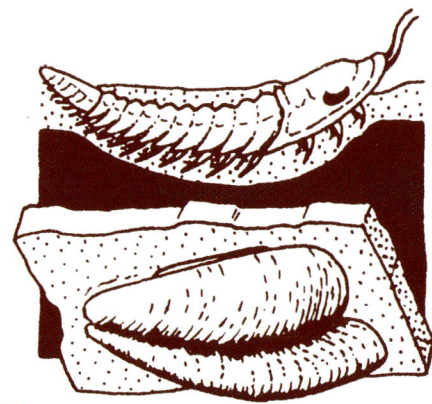

**5.5** Trilobitenfährte. Quelle: Rothe 2000

im Sediment aufgewühlt hatten. Der berühmte deutsche Paläontologe Seilacher hatte mal einen Trilobiten als Modell nachgebaut und mit den beweglichen Füßchen solche Fährten in weichem Schlamm erzeugt.

Die Evolution der Trilobiten scheint im frühen Erdaltertum so schnell verlaufen zu sein, dass es manchmal nur etwa eine Million Jahre gedauert hatte, bis eine ältere Art durch eine neue ersetzt wurde.

Trilobiten sind damit ideale 144 ▶ Leitfossilien, es gab sie aber leider nur im Erdaltertum.

### Kopffüßer (Cephalopoden)

Der griech. Name heißt übersetzt „Kopffüßer", und die Tiere gehören zum Stamm der 147 ▶ Mollusken (Weichtiere), wie auch die Muscheln oder Schnecken. Die meisten 144 ▶ Cephalopoden kennen wir nur als Fossilien, es gibt aber auch heute noch einzelne Vertreter dieser Tiergruppe: Zu ihnen gehören die Tintenfische (die keine Fische sind), die Kraken und der *Nautilus*, dem man seine Verwandtschaft mit den ausgestorbenen 60 ▶ Ammoniten auf den ersten Blick schon ansieht. Die Bezeichnung Kopffüßer beruht auf einem Irrtum, weil man ihre Fangarme (Tentakeln) mal für Füße gehalten hatte, mit denen sie gelaufen sein könnten; ein Krake greift aber, wie wir heute wissen, damit seine Beute und deshalb sind Riesenkraken von Tauchern gefürchtete Tiere.

Am besten beginnen wir mit dem *Nautilus*, den man auch „Perlboot" nennt. Er lebt heute noch in der Südsee und im Indischen Ozean, wo man auch

**5.6** Gehäuse eines rezenten *Nautilus*. Die aufgebrochene Schale zeigt die erwähnten Merkmale.
Foto: Verfasser

seine Lebensweise studieren kann; daraus schließen wir auf die seiner stammesgeschichtlichen Vorfahren, die schon seit fast 600 Millionen Jahren die Urmeere bevölkert hatten.

Sein Gehäuse besteht aus Aragonit (einer bestimmten Art von Kalk), es ist gewunden (eingerollt) und außen mit Farbstreifen verziert.

Wenn man nach innen schaut (dazu muss man es leider zerstören: aufsägen oder aufbrechen wie in unserem Bild), dann zeigt sich eine Vielzahl von Kammern und auf den Trennwänden zwischen diesen Kammern sind noch kleine Röhrchen aufgesetzt. Das Ganze ähnelt vom Bauprinzip her einem Tauchboot: Die Röhrchen gehören zu einem Schlauchsystem, mit dem das Tier einzelne Kammern fluten oder mit Gas füllen kann, um so im Wasser auf- und abzusteigen. Man hat beobachtet, dass *Nautilus* solche Auf- und Abstiege macht, wobei er auf der Suche nach Nahrung, etwa kleinen Krebsen, vertikal mehrere hundert Meter Wassersäule durchschwimmt. In der vordersten, größten Kammer hat er seinen Wohnraum.

Wenn man nun die Erdgeschichte auf seine Verwandten hin durchsucht, dann zeigt sich, dass die ganz frühen Formen der Cephalopoden noch gar nicht zusammengerollt waren, sondern gerade gestreckt; aber sie hatten schon solche Kammern und den Verbindungsschlauch dazwischen, der das Tauchboot-Fahren ermöglichte.

Die späteren Formen waren an der Spitze eingerollt wie ein Bischofsstab und in einer weiteren Entwicklungsstufe gab es dann vollkommen eingerollte Gehäuse. Das ist auch ein schönes Beispiel für die Evolution, aber die der Kopffüßer ging im Verlauf der Erdgeschichte dann noch wesentlich weiter. Von entscheidender Bedeutung war nämlich, ein möglichst festes Gehäuse zu bauen. So etwas interessiert auch Leute, die z. B. Auto-Karosserien konstruieren: Sie sollen möglichst steif und zugleich möglichst leicht sein. Die Autobauer erreichen das, indem sie Kanten (Sicken) in das Blech falten – und genau das haben ihnen die Cephalopoden vorgemacht. Sie haben nämlich im Laufe ihrer Evolution die Wände zwischen den Kammern in immer komplizierterer Weise verfaltet: Die einfacher gebauten Gehäuse des Erdaltertums haben noch winklig geknickte Wände. Man muss sich vorstellen, dass sich beim Zusammenstoß zweier Flächen (der Kammerwand mit der äußeren Gehäusewand) eine Linie ergibt, und diese Linie nennt man bei den Cephalopoden Lobenlinie, weil sie oft in Form von Loben (= Lappen) ausgebildet ist. Die winklige Lobenlinie der frühen Cephalopoden hat zu deren Namensgebung geführt: Weil gonion (griech.) Winkel heißt, nennt man sie ▶ Goniatiten.

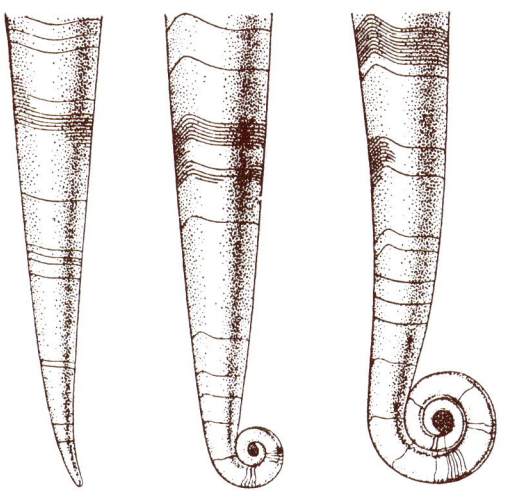

**5.7** Zunehmende Einrollung der Cephalopodenschale während des Ordoviziums.
Quelle: Nach Schindewolf 1936

▶ **Goniatiten**
sind primitive, eingerollte „Ammoniten" des Erdaltertums.

▶ **Ceratiten**
sind weiterentwickelte „Ammoniten" des Erdmittelalters.

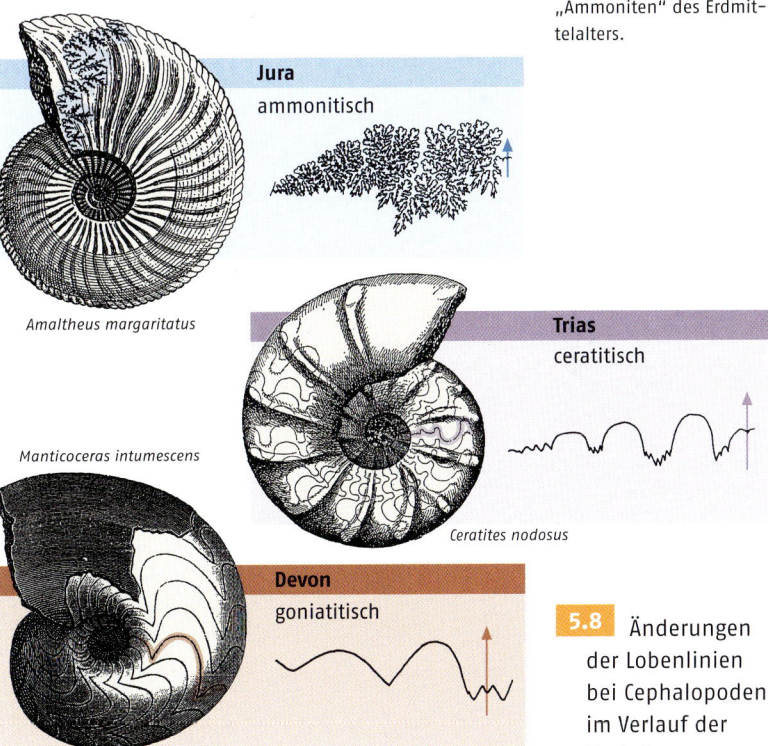

**5.8** Änderungen der Lobenlinien bei Cephalopoden im Verlauf der Evolution.

## 5 Fossilien und ihre Lebensräume
### Wirbellose Tiere

▶ **Belemniten**
sind Kopffüßer, von denen meist nur die massiven kalkigen Teile überliefert sind („Donnerkeile").

Im Erdmittelalter wurde die Lobenlinie zunehmend weiter verfältelt (mehr Sicken ins Blech), was man besonders schön an den sog. 145 ▶ Ceratiten des Muschelkalks beobachten kann. Und mit Beginn des 60 ▶ Jura werden erst die echten Ammoniten beherrschend, mit einer nochmals komplizierteren Lobenlinie. Früher hatte man von „Ammonshörnern" gesprochen, weil die eingerollten Tiere Ähnlichkeit mit einem Widdergehörn haben.

Während der Evolution veränderten sich auch noch andere Merkmale: Die anfangs glatten Schalen wurden zunehmend reicher verziert, sodass sich auch dadurch eine Fülle von extrem gut geeigneten Leitfossilien ergibt, mit denen man die Schichten zeitlich einstufen kann.

Das ging so bis in die 66 ▶ Kreidezeit gut, aber dann muss vor etwa 100 Millionen Jahren allmählich eine Änderung auf der Erde eingetreten sein, die wir bis heute noch nicht richtig verstehen: Manche Ammoniten wuchsen sich zu über 2 m großen Giganten aus, andere begannen, ihre Gehäuse wieder zu entrollen und auch die Lobenlinien wurden wieder einfacher. Die Evolution war damals offenbar rückwärtsgelaufen. Gleichzeitig waren auch bestimmte Muscheln von tiefgreifenden Formänderungen betroffen (s. u.) und man vermutet, dass möglicherweise ein plötzlich sehr warmes Klima überall auf der Erde die Ursache dafür gewesen war. Am Ende der Kreide waren dann die Cephalopoden, bis auf wenige überlebende Arten, fast vollständig ausgestorben.

Neben den eigentlichen Ammoniten und ihren Vorläufern gab es noch eine zweite wesentliche Gruppe von Cephalopoden, zu denen die 146 ▶ Belemniten gehören. Belemnos (griech.) bedeutet „Geschoss" und tatsächlich sehen sie mit ihren Spitzen so aus; deshalb werden sie manchmal auch als „Donnerkeile" bezeichnet. In den entsprechenden Gesteinen können sie gelegentlich so häufig sein, dass man von „Belemniten-Schlachtfeldern" spricht.

Das bedeutet aber nicht, dass sie Krieg gegeneinander geführt haben, sondern ihre massiven Kalkspitzen sind dort nur nach dem Tod der Tiere durch die Strömung zusammengeschwemmt worden.

Der entscheidende Unterschied zwischen Ammoniten und Belemniten ist, dass die erhaltenen

**5.9** Belemniten-Schlachtfeld aus dem Schwarzjura von Eislingen. Foto: Katja Bode

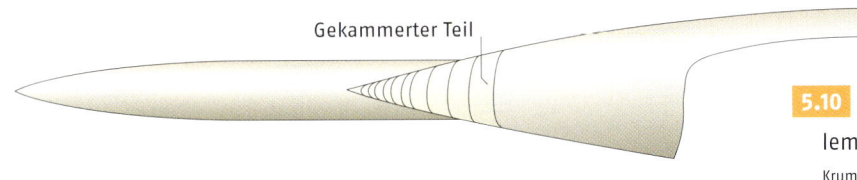

Gekammerter Teil

**5.10** Das Bauschema der Belemniten. Quelle: Nach Krumbiegel & Krumbiegel 1981

> ▶ **Mollusken**
> sind der Tierstamm der Weichtiere, zu denen u. a. Muscheln und Schnecken gehören.

Hartteile der Belemniten ein Innenskelett bildeten. Auch die Belemniten hatten ein durch Kammern gegliedertes kalkiges Gehäuse, man findet aber meist nur die aus massivem Kalk bestehenden Spitzen, weil sie viel besser erhaltungsfähig sind. Sie lebten vom 45 ▶ Karbon bis zum älteren 68 ▶ Tertiär, sind aber in den Schichten von Jura und Kreide besonders häufig und bilden für die Kreidezeit auch wichtige Leitfossilien. Im mittleren Jura sind manche bis zu 1,50 m lang geworden. Ganz besonders gut erhaltene Exemplare zeigen noch eine Fortsetzung der Wohnkammer, die die Verwandtschaft mit den heutigen Tintenfischen deutlich macht; sie entspricht dem Schulp, den man Kanarienvögeln in den Käfig hängt. Die Tinte wurde schon immer von den Kunstmalern verwendet: Moderne Tintenfische heißen mit Gattungsnamen *Sepia* und daher kommt der Begriff „sepiafarben".

Belemniten aus dem schwäbischen Jura von Holzmaden sind 1978 auch gefälscht worden, um ein vollständig, sogar mit Weichteilen erhaltenes Fossil vorzutäuschen. Der Schwindel wurde aber aufgedeckt, als man zwischen den Weichteilen und dem Kalkgehäuse die Verbindung aus Kunstharzleim fand.

## Muscheln

Sie sind die zweite wichtige Tiergruppe aus dem Stamm der 147 ▶ Mollusken, die für die Geologen in vieler Hinsicht von Bedeutung sind: Zunächst, weil sie harte Schalen (meist aus Kalkspat) haben, die fossil erhalten bleiben können. Dann sagen viele Muscheln auch etwas über ihren Lebensraum aus: Flussperlmuscheln und ihre fossilen Verwandten leben bzw. lebten nicht im Meer, dickschalige Muscheln sind bzw. waren an bewegtes Wasser angepasst und solche mit zarten Schalen eher an ruhiges. Wenn man in einer Schicht immer nur eine bestimmte Art findet und sonst auch kaum andere Fossilien, dann liegt der Gedanke nahe, dass nur diese Art unter den damals herrschenden Lebensbedingungen gut gedeihen konnte – sie hatte keine Konkurrenten oder Feinde. Heute kennen wir massenhafte Ansammlungen einer einzigen Muschelart nur aus dem Brackwasser (z. B. aus der Ostsee, die mit dem Atlantischen Ozean zwar über das Kattegat verbunden ist, in die aber viele Flüsse aus den umliegenden Ländern Süßwasser liefern und so den normalen Salzgehalt des Meerwassers verdünnen). Andere leben im Süßwasser wie unsere Flussperlmuschel, von der es Verwandte schon im Karbon gegeben hat.

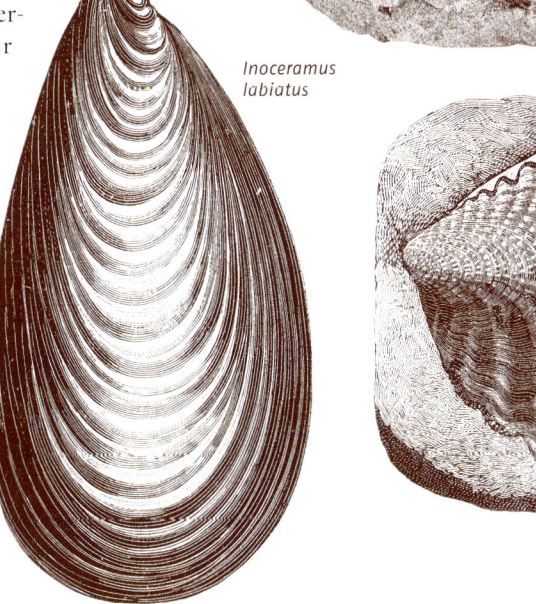

*Inoceramus labiatus*

**5.11** Inoceramen, wesentliche Muscheln der Kreidezeit. Quelle: Rothe 2000, nach Krumbiegel & Krumbiegel 1981

*Inoceramus balticus*

*Inoceramus undulatoplicatus*

## 5 Fossilien und ihre Lebensräume
### Wirbellose Tiere

**5.12** Von Bohrmuscheln des Tertiärs zersetzte Weißjurakalke; fossile Kliffküste bei Heldenfingen.
Quelle: Rothe 2006

Muscheln sind für bestimmte Zeiten der Erdgeschichte wichtige Leitfossilien, aber in manchen anderen waren sie in dieser Hinsicht bedeutungslos. In der Kreidezeit hatte die Familie der Inoceramen geradezu rasant ständig neue Arten entwickelt, die hervorragende Leitformen bilden.

In der Oberkreide gab es nicht nur ungewöhnliche Ammoniten, sondern auch ungewöhnliche Muscheln, die gar nicht mehr wie normale Muscheln aussahen, sondern von ihrem Wuchs her fast Ähnlichkeit mit Korallenstöcken hatten: Bei ihnen hatte sich eine der Schalen zu einem turmförmigen Gebilde ausgewachsen und die andere formte dann eine Art von Dach auf diesem Turm. Diese Tiere konnten regelrechte Kolonien bilden und zu Riffstrukturen zusammenwachsen wie Korallen; sie saßen also fest, was nicht alle Muscheln tun. Manche dieser als ▶ Rudisten bezeichneten Muscheln sehen aus wie ein Pferdeschwanz, daher ihr Name „Hippuriten".

Die meisten Muscheln bewegen sich aber auf ihrer Unterlage aus Sand oder Schlick und manche sind auch darin eingegraben. Wieder andere leben in Löchern im Gestein oder im Holz, manchmal sogar im Boden von Schiffen; diese Löcher haben sie mit Säuren selbst herausgeätzt oder mit einer Art von Raspel darin eingefräst. Solche Löcher sind auch fossil überliefert, ein besonders schönes Beispiel ist das sog. Kliff bei Heldenfingen am Südrand der Schwäbischen Alb, wo Bohrmuscheln während des Tertiärs die jurazeitlichen Kalke angebohrt hatten.

Muscheln haben meistens ein Scharnier zwischen beiden Schalenklappen, die durch eine Art Gummibänder zusammengehalten werden, welche nach dem Tod des Tieres „vergammeln"; dann gehen die Klappen auseinander und im weiteren Verlauf trennen sie sich schließlich voneinander. Man kann danach auch beurteilen, ob gekaufte Austern genießbar sind. Austern sind nämlich nichts anderes als besonders dickschalige Muscheln. Wenn sie sich mit dem Messer leicht öffnen lassen, sind die „Gummibänder" schon nicht mehr ganz frisch, die Tiere also wohl schon länger tot – und dann sollte man sie besser nicht essen. Auf fossile Muscheln übertragen heißt das: Wenn man beide Muschelklappen in den Gesteinen noch zusammenhängend

▶ **Rudisten**
sind abnorm gebaute Muscheln der Kreidezeit, bei denen die eine Klappe turmförmig ausgebildet ist, auf der die andere wie ein Deckel aufgesetzt ist.

findet, müssen sie da auch gelebt haben; am Strand findet man aber fast nur einzelne Klappen, die von der Strömung auch in großer Zahl zusammengeschwemmt werden können. In Ausnahmefällen sind Muscheln auch massenhaft übereinandergewachsen, sodass sich regelrechte Riffe daraus gebildet haben, wie man sie fossil aus dem Muschelkalk der Gegend von Würzburg kennt (im Muschelkalkmuseum in Ingelfingen sind solche Gesteine ausgestellt). Im Tertiär von Rheinhessen gibt es auch regelrechte Austernriffe.

**5.13** *Crassostrea crassissima*, eine 30 cm große Auster aus dem Tertiär des Wiener Beckens.
Foto: Verfasser

Heutige Muscheln haben meist schöne bunte Farbzeichnungen, die fossilen sind aber fast immer weiß oder blassgelb. Das liegt daran, dass auch die Farben organische Substanzen sind, die relativ schnell zerstört werden. Es gibt aber gelegentlich noch bunt erhaltene Muschelschalen, die schon viele Millionen Jahre alt sind; das liegt meist daran, dass sie in tonige Schichten eingebettet sind, die den Verwitterungslösungen den Zutritt verwehrt haben.

### Schnecken

Wenn man jemandem sagt, er solle eine Schnecke beschreiben, dann macht er meist eine ähnliche Handbewegung wie die, wenn er nach einer Wendeltreppe gefragt wird. Die meisten Schnecken sind spiralig gewunden, manche in einer Ebene und andere turmartig. Sie können rechts- oder linksherum gedreht sein. Im Unterschied zu den Muscheln bestehen ihre Schalen immer aus Aragonit, einer besonderen Art von Kalk, der leichter löslich ist als der Kalkspat, aus dem viele Muschelschalen aufgebaut sind. Deshalb sind auch die fossilen Schneckenschalen selbst manchmal nicht erhalten geblieben, sondern nur die Hohlräume im Gestein; wie bei Backförmchen könnte man darin die Schnecken wieder ausgießen.

Ihre Evolution zeigt Ähnlichkeiten zu den vorher besprochenen Cephalopoden: Es gibt nämlich bei den Schnecken auch eigene Formen aus dem Erdaltertum, solche des Erdmittelalters oder der Erdneuzeit. Die Unterschiede sind aber nicht so charakteristisch, dass sie gute Leitfossilien abgeben, wenn man von Ausnahmen absieht. Wichtiger ist, dass sie Aussagen über ihre Lebensräume ermöglichen.

**5.14** Abdruck einer kreidezeitlichen Schnecke, deren ursprünglich aus Aragonit bestehende Schale durch Regenwasser aufgelöst wurde. Der Kalk mit der Hohlform stammt aus einer mehrere tausend Meter tiefen Bohrung im Atlantik, er muss im Laufe von etwa 100 Millionen Jahren in diese Tiefe versenkt worden sein. Foto: Verfasser

**5.15** Massenvorkommen von Turmschnecken der Gattung *Turritella*.
Foto: Verfasser

# 5 Fossilien und ihre Lebensräume
## Wirbellose Tiere

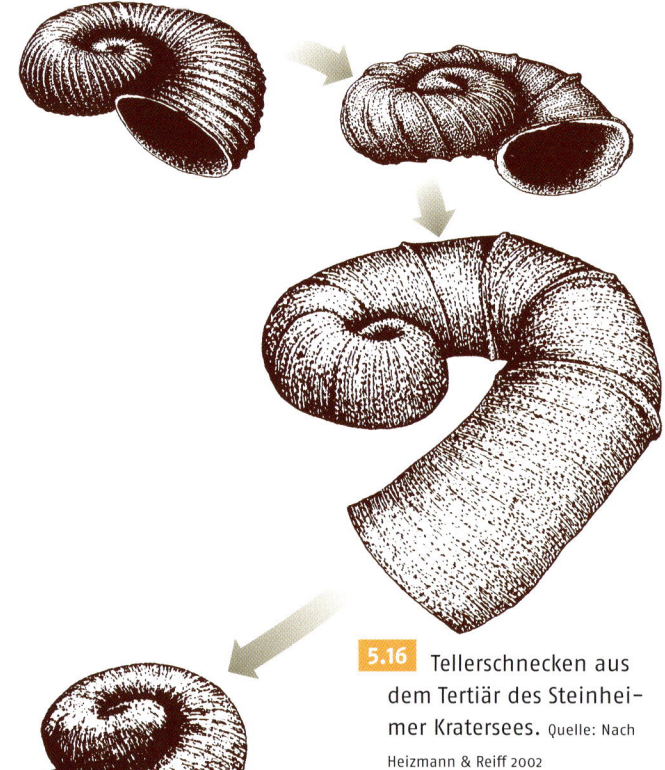

**5.16** Tellerschnecken aus dem Tertiär des Steinheimer Kratersees. Quelle: Nach Heizmann & Reiff 2002

flüsse die Entwicklung von Organismen steuern können.

Schnecken können – außer den allseits bekannten – oft bizarre Gehäuse ausbilden oder Formen, die eher wie Muscheln aussehen wie das See-Ohr, dessen perlmuttglänzende Innenschale den charakteristischen bunten Glanz des Baumaterials Aragonit zeigt.

Zu den besonders eigentümlichen Formen gehört auch die Pelikanfußschnecke, deren Mündung tatsächlich aussieht wie der Fuß des großen Vogels.

Auch bei den Schnecken sind gelegentlich die Farbmuster fossil erhalten geblieben.

Zoologen haben ein anderes Verhältnis zu Schnecken als Geologen, weil sie deren Weichkörper studieren und daraus ein System dieser Tiere ableiten können. Geologen stehen dagegen immer nur die Schalen zur Verfügung und so sind deren Bestimmungen manchmal unsicher.

Die Besprechung von Tieren, die wichtige Fossilien bilden können, ist im Sinne der Zoologie hier nicht sonderlich systematisch. Ich hatte mit den 143 ▶ Trilobiten angefangen, weil sie so bedeutend für die zeitliche Gliederung von Schichten im Erdaltertum sind, und danach von Kopffüßern, Muscheln und Schnecken erzählt; alle drei Gruppen gehören zu einer höheren Rangordnung,

Die meisten Schnecken leben zwar im Meeresbereich, es gibt aber auch Brackwasser- und Süßwasserformen sowie außerdem Landschnecken, von denen unsere heutigen Weinbergschnecken die bekanntesten sind. Besonders kleine Landschnecken kann man im Löss finden. Die Schnecken im tertiären Kratersee des Steinheimer Beckens sind ein besonders gutes Beispiel für die Evolution, weil sich ihre Gehäuse in geologisch sehr kurzer Zeit verändert haben. Man hat herausgefunden, dass dafür der Salzgehalt im Seewasser, der sich durch Eindunstung allmählich verändert hatte, mit verantwortlich gewesen sein muss. Damit haben wir auch ein Beispiel, wie Umwelteinflüsse

▶ **Arthropoden**
sind Gliederfüßer – ein Tierstamm, zu dem unter anderem die Trilobiten und Krebse gehören.

**5.17** *Haliotis*, das „See-Ohr". Der Perlmuttglanz ist auf den Aragonit zurückzuführen. Foto: Verfasser

150

**5.18** Rezente Pelikanfußschnecke. Foto: Verfasser

einem Tierstamm, nämlich dem der Mollusken oder Weichtiere, die Trilobiten dagegen zu den 150 ▶ Arthropoden oder Gliederfüßern. Weil dies kein Buch über Paläontologie, die Lehre über die vorzeitlichen Lebewesen, werden sollte, müssen wir uns auch weiterhin auf wenige wichtige Gruppen beschränken. Dabei scheint es mir sinnvoll, immer auch etwas über Entwicklungstrends, über die Lebensumstände und die Eignung als Leitfossilien zu sagen. Das geschieht natürlich immer im Vergleich zu den heute noch lebenden Verwandten dieser Tiere, soweit welche existieren; bei den Trilobiten ist das nicht möglich, weil sie schon am Ende des Erdaltertums ausgestorben waren.

### Korallen

Schauen wir uns also jetzt einmal die Korallen an. Taucher wissen, dass die meisten und schönsten Korallen heute in warmen Meeren leben, wo sie oft riesige Riffe aufbauen. Korallen sind anspruchsvoll, sie wollen nicht nur warmes Wasser, sondern es soll auch sauber sein und außerdem immer gut durchlichtet. Korallen brauchen die Sonne, weil sie zusammen mit bestimmten Algen leben. So folgt aus allem, dass Korallen besonders gut in warmem Flachwasser gedeihen. Auf dem Great Barrier Reef vor der Küste Australiens kann man an manchen Plätzen stehen, das Wasser reicht dort nur bis zu den Knien. Das war offenbar auch in der geologischen Vergangenheit ähnlich: Manche der Riffe waren in flachen 43 ▶ Schelfmeerbereichen gewachsen und andere hatten die Spitzen und Ränder von untermeerischen Vulkanen besiedelt, wie sie das heute noch in der Südsee tun. Charles Darwin hat darüber ein ganzes Buch geschrieben. Aber diese Organismen hatten früher andere Baupläne, die sich im Laufe der Evolution verändert haben. Die Formen des Erdaltertums unterscheiden sich nämlich deutlich von denen des Erdmittelalters, was auch die Korallen zu guten Leitfossilien macht. Das Grundprinzip ist eigentlich ähnlich wie das, welches wir an den Cephalopoden gesehen hatten: Die Gerüste werden komplizierter und die Festigkeit wird mit weniger Baumaterial erreicht.

Die Korallen des Erdaltertums hatten andere Symmetrie-Eigenschaften als die des Erdmittelalters. Alle Korallen haben ein Skelett aus Kalk, das als einziges von dem Tier übrig bleibt, wenn es fossil wird; es besteht immer aus dem Kalkmineral Aragonit, das wir schon bei den Schnecken und den Kopffüßern erwähnt hatten. Man unterscheidet Einzelkorallen und solche, die ganze Kolonien bilden. Die Einzelkorallen lebten auch schon mal auf schlammigem Untergrund, die koloniebildenden aber immer in den Riffen. Entscheidend ist, dass sie auf dem Untergrund festgeheftet leben, d. h., wo man sie im Gestein findet, haben sie auch gelebt, meistens zusammen mit vielen anderen Organismen.

Die ältesten Korallen der Erdgeschichte hatten Gehäuse, die durch horizontale Zwischenböden gegliedert waren, sodass man sie Bödenkorallen genannt hat. Andere hatten senkrechte kalkige Stützwände, die im Kreis angeordnet waren. Bei einer Betrachtung ihrer Geometrie ergibt sich eine Art von Vierteilung, sodass man von Tetra- (griech. = 4) Korallen spricht.

Bödenkorallen und Tetrakorallen sind am Ende des Erdaltertums ausgestorben, sie wurden mit Beginn des Erdmittelalters durch Korallen mit einer höheren Symmetrie abgelöst: Deren Stützwände (Septen) sind jetzt durch eine radiale Symmetrie gekennzeichnet, weshalb man auch von Cyclokorallen (cyclus = Kreis) spricht; bei der geometrischen Anordnung spielt immer die Anzahl von sechs Septen eine Rolle, die nacheinander durch weitere, dazwischen eingeschaltete Septen ergänzt werden; danach heißen sie auch Hexa- (griech. = 6) Korallen.

Korallen des Erdaltertums haben manchmal auch ganz eigenartige Formen. Besonders hübsch sieht die Pantoffelkoralle aus, eine Einzelkoralle, die sogar einen Deckel hatte, mit dem sie ihr Gehäuse schließen konnte.

# 5 Fossilien und ihre Lebensräume
## Wirbellose Tiere

**Mesozoikum**

Hexakorallen

radiale Symmetrie

**Massenaussterben**

**Paläozoikum**

Tetrakorallen

bilaterale Symmetrie

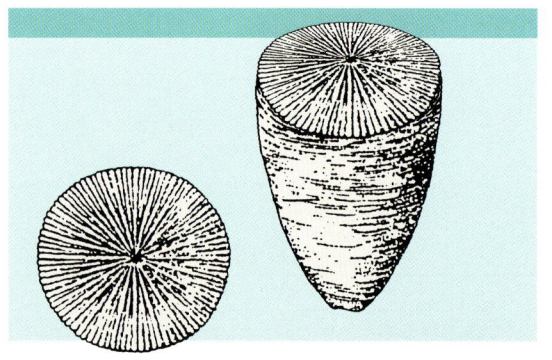

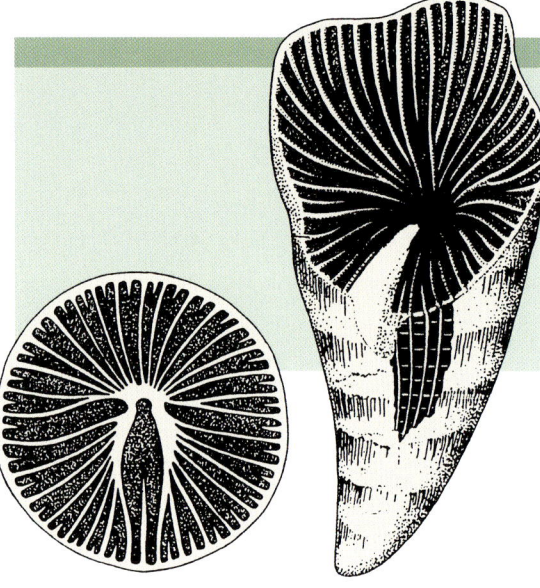

**5.19** Das Bauschema von Korallen, das sich am Übergang vom Erdaltertum zum Erdmittelalter wesentlich verändert hatte.

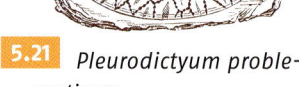 Die „Pantoffelkoralle" *Calceola sandalina*. Quelle: Rothe 2000

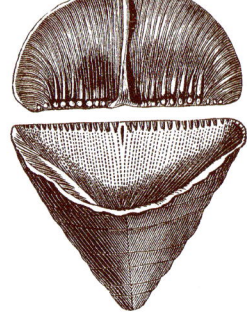

**5.21** *Pleurodictyum problematicum.* Quelle: Rothe 2000

### Stachelhäuter *(Echinodermen)*

Seeigel sind stachlige Tiere, jedenfalls die heute lebenden; sie gehören zur Gruppe der Stachelhäuter. Wenn man auf sie tritt, dauert es manchmal lange, bis die dünnen, spitzen Stacheln aus dem Fuß herausgeeitert sind. Aber nicht alle Stacheln sind so dünn und spitz, vor allem nicht die von fossilen Seeigeln, die meistens eher wie kleine Keulen aussehen.

Fossile Seeigel kennen viele Sammler wahrscheinlich auch aus dem Raum von Nord- und Ostsee: Wenn sie dort Feuersteine sammeln, finden sie sehr oft versteinerte Seeigel, bei denen noch alle feinen Oberflächenstrukturen erhalten sind, allerdings fehlen hier die Stacheln.

Während die Seeigel eigentlich kalkige Gehäuse haben, sind diese versteinerten Exemplare vollständig in Feuerstein umgewandelt worden, und der ist so hart, dass ihm auch die Brandung an der heutigen Küste nichts ausgemacht hat. Ursprünglich waren sie dort in die weißen, weichen Ablagerungen der Kreide eingebettet worden, wo sie im Laufe der Zeit das etwa 100 Millionen Jahre jüngere Meer herausgewaschen hat.

Die Kreidezeit war eine Blütezeit für Seeigel: Die Gesteine sind nicht nur besonders reich an Fundstücken, sondern die Tiere hatten damals auch eine besonders schnelle Evolution durchlaufen und sind daher sehr gute Leitfossilien für diese Epoche.

Nach den Formen lassen sich zwei grundverschiedene Typen von Seeigeln unterscheiden: Die einen sind radial-symmetrisch wie die heutigen (die man essen kann) und die anderen bilateral-symmetrisch, d. h., man kann sie gedanklich in eine rechte und eine linke Hälfte aufteilen. Die radialen (die

Weil man sie immer in feinkörnigen Gesteinen gefunden hat, diente dieser Deckel wahrscheinlich dazu, das Tier vor einer herannahenden Schlammwolke zu schützen. Noch eigenartiger ist eine Koralle, die wahrscheinlich mit einem Wurm zusammengelebt hat; schon ihr Artname *problematicum* zeigt an, dass man sich hier nicht sicher ist.

Korallen bilden im Tag/Nacht-Rhythmus Anwachsringe, die man an dünngeschliffenen Querschnitten auszählen kann. Heutige haben etwa 350 pro Jahr, die aus dem Erdaltertum aber etwa 400 pro Jahr. Daraus schließt man, dass die Jahre im Erdaltertum mehr Tage hatten als heute, und das bedeutet, dass sich die Erde damals noch schneller gedreht haben muss.

man auch regulär nennt), die aber eigentlich eine fünfstrahlige Symmetrie zeigen, hatten ein Gebiss, das den irregulär genannten bilateralen fehlt. Das sieht aus wie ein Greifer, wie er auf Schrottplätzen verwendet wird, es hat aber den poetischen Namen „Laterne des Aristoteles" bekommen. Die radialen Formen lebten meistens auf hartem Felsuntergrund, auch in den Riffen, während die bilateralen immer in Gesteinen gefunden werden, die aus den Ablagerungen eines schlammigen Untergrundes entstanden waren.

So sagen die Formen auch etwas über die Umgebung aus, in der sie gelebt haben. Mit ihren Stacheln konnten sie sich vor Fressfeinden schützen, aber auch wie auf Stelzen damit laufen.

Fossile Seeigel und ihre Stacheln sind – bis auf die aus der Kreide erwähnten, verkieselten Formen – immer kalkig erhalten.

Zu den Stachelhäutern gehören auch die Seelilien; es sind folglich keine Pflanzen, obwohl wir bei ihnen trotzdem von Kelchen und Stielen wie bei einer Blume sprechen. In den berühmten Fundorten des Schwarzen 60 ▶ Jura von Holzmaden und Bad Boll am Fuße der Schwäbischen Alb sind mit allen Einzelheiten erhaltene Exemplare ausgegraben worden, die mehrere Meter lang gewachsen waren. Manche waren an fossilem Treibholz (Baumstämme) festgewachsen und diese Fundstücke hat man dann an Museumswänden so aufgehängt, dass die Kelche wie bei den Blumen nach oben zeigen (Abb. Seite 65).

Wenn die Baumstämme aber an der Wasseroberfläche geschwommen sind, dann hätten die Tiere ja meterlang darüber herausgeragt. Deshalb ist es wahrscheinlicher, dass sie mit ihren hochbeweglichen Stielen im Wasser getrieben sind. Die Baumstämme könnten aber auch schon so mit Wasser vollgesogen gewesen sein, dass sie wie Halbtaucher in einigen Metern Tiefe geschwommen sind. Die Stiele bestehen aus einer großen Anzahl von Kalkplättchen, die durch einen Faden aus organischer Substanz zusammengehalten wurden wie die Perlen bei einer Perlenkette. Diese Kalkplättchen sind meist fünfstrahlig gegliedert (wie wir das schon bei

**5.22** Seeigel der Kreidezeit in Feuerstein-Erhaltung. Foto: Verfasser

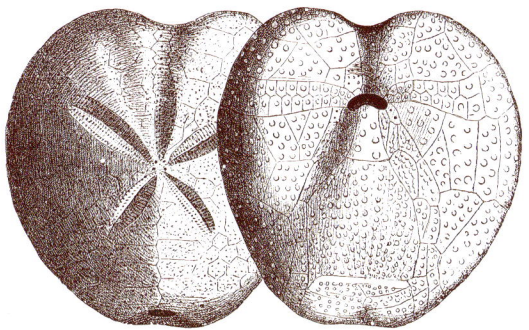
*Micraster cor testudinarium*
(bilateral-symmetrisch)

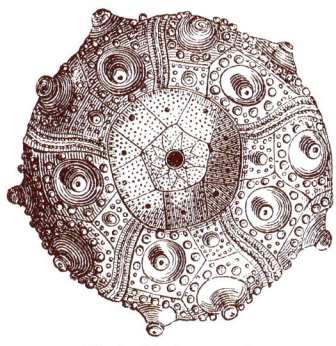
*Plegiocidaris coronata*
(radial-symmetrisch)

**5.23** Symmetrieverhältnisse bei unterschiedlichen Seeigeln. Quelle: Verändert nach Rothe 2000

## 5 Fossilien und ihre Lebensräume
### Wirbellose Tiere

*Isocrinus (Pentacrinus) tuberculatus*

**5.24** Seelilienstielglieder aus Muschelkalk und Jura.
Quelle: Verändert nach Rothe 2000

▶ **Brachiopoden**
sind „Lampenmuscheln" (Armkiemer), ein eigener Tierstamm, dessen Vertreter nur äußerlich den Muscheln ähnlich sehen.

▶ **Spiriferen**
sind eine Gruppe von Brachiopoden (Armkiemer), die durch ein spiraliges Armgerüst gekennzeichnet sind, an dem die Kiemen befestigt waren.

den Seeigeln kennengelernt haben) und oft sehr hübsch verziert. Manche sind auch rund, wie die im Muschelkalk, und am Rand gezähnelt wie Münzen, weshalb man sie früher als „Bonifaziuspfennige" bezeichnet hat.

Nach dem Tod des Tiers verwest meist auch die organische Substanz, die die „Perlenkette" zusammengehalten hatte, und so wurden die Plättchen einzeln verstreut in den Gesteinen gefunden. Die Funde von vollständig erhaltenen Seelilien aus dem Schwarzen Jura sind da eine Ausnahme, weil in diesen Sedimenten die organische Substanz erhalten geblieben ist, die die Seelilienstiele zusammenhält. In den vor allem wegen der Funde von Urvögeln berühmten Plattenkalken von Solnhofen findet man auch kleine, frei schwimmende Seelilien; die Steine wurden wegen der äußerlichen Ähnlichkeit der Tiere mit Spinnen „Spinnensteine" genannt.

Außer Seeigeln und Seelilien sind noch eine Reihe anderer Stachelhäuter gerne gesammelte Fossilien. Dazu gehören unter anderem die Seesterne und Schlangensterne in den 40 ▶ devonischen Dachschiefern von Bundenbach und Gemünden im Huns-

rück; die ehemalige Kalksubstanz ist hier durch den goldglänzenden Pyrit ersetzt, was auf den fast schwarzen Schieferplatten besonders schön aussieht (vgl. Abb. 2.23).

Alle Stachelhäuter sind Meerestiere, sie geben also immer auch Hinweise auf einen entsprechenden Lebensraum.

### Armkiemer, Armfüßer *(Brachiopoden)*

Der Name sagt, dass es Tiere sind, die Arme und Kiemen haben; wissenschaftlich heißen sie 154 ▶ Brachiopoden, was nur die griechische Übersetzung von „Armfüßern" ist. Wegen ihrer Ähnlichkeit mit etruskischen Lampen hat man sie auch Lampenmuscheln genannt. Fossil sind nur ihre Klappen erhalten und man kann sie leicht mit Muscheln verwechseln. Brachiopoden haben in der Tiersystematik aber einen höheren Rang, sie bilden einen eigenen Tierstamm. Bei den Muscheln unterscheidet man rechte und linke Klappen, bei den Armkiemern dagegen Armklappen und Stielklappen.

Die Armklappe enthält ein Gerüst, das Teile des Weichkörpers stützt – unter anderem die Kiemen, mit denen sich das Tier Wasser und Nahrung zustrudelt. Das ist deshalb nötig, weil viele Armkiemer mit einem Stiel am Boden festgeheftet sind (deshalb Stielklappe), manchmal aber auch mit der unteren Klappe; sie können sich also nicht fortbewegen, um Nahrung zu suchen. Es gibt darunter Familien mit einfach gebauten Armgerüsten und solche, bei denen es in Form einer Spirale aufgerollt ist; diese heißen deshalb 154 ▶ Spiriferen. Die Schalen der Brachiopoden sind glatt oder haben außen starke Rippen. Bei gut erhaltenen Exemplaren kann man an ihnen innen noch die Ansatzstellen von Muskeln erkennen, mit denen die Tiere ihre Klappen öffnen und schließen konnten, ganz ähnlich wie bei den Muscheln (Muscheln können sie damit aber nur schließen). Die erdgeschichtlich ältesten Brachiopoden hatten noch Schalen aus einer hornig-chitinigen Substanz, die meisten der späteren waren aber kalkig. Viele der Kalkschaler hatten, wie auch die Muscheln, eine Art von Scharnier mit Zähnchen und Zahngruben, das die Klappen an einem Rand zusammengehalten hat, so dass sie sich wie eine Tür öffnen und schließen ließen.

Scharniere, Armgerüste und die Berippung der Schale bilden wichtige Merkmale dieser Fossilien, an denen man auch deren Evolution verfolgen kann. Die häufigen Änderungen dieser Merkmale

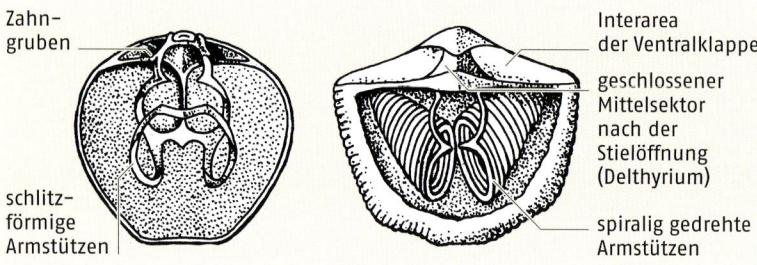

**5.25** Unterschiedliche Armgerüste von Brachiopoden.
Quelle: Nach Turek et al. 1997

*Cyrtospirifer verneuili*  *Arduspirifer intermedius*  *Xystostrophia umbraculum*

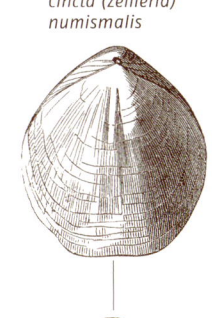
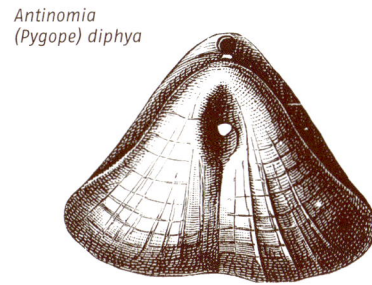

*Spiriferina walcotti*  *Cincta (Zeilleria) numismalis*  *Antinomia (Pygope) diphya*

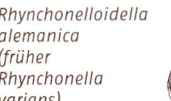

**5.26** Devonische Brachiopoden neben solchen des Jura: *Cyrtospirifer*, *Arduspirifer*, *Xyphostropha* (40 ▸ Devon) und *Spiriferina*, *Cincta*, *Pygope*, *Rhynchonella* (60 ▸ Jura).

*Rhynchonelloidella alemanica (früher Rhynchonella varians)*

Quelle: Verändert nach Rothe 2000

machen sie auch zu sehr wichtigen Leitfossilien, vor allem im Erdaltertum, aber auch im Erdmittelalter.

Einige Formen haben sich allerdings seit nahezu 600 Millionen Jahren gar nicht verändert, dies bezeichnet man – im Gegensatz zu Leitfossilien – als „Durchläufer".

Brachiopoden findet man in Schichten des Erdaltertums oft zusammen mit Trilobiten, woraus man schließt, dass sie gemeinsam im flachen Meer gelebt haben. Sie können gelegentlich massenhaft zusammengeschwemmt sein (Abb. 5.27).

### „Schriftsteine" (Graptolithen)

Manche Fossilien geben uns bis heute Rätsel auf, vor allem dann, wenn sie keine sicheren lebenden Vertreter mehr haben. Dazu gehören die seltsamen 156 ▸ Graptolithen, was man mit „Schriftsteine" übersetzen kann; ich vergleiche sie manchmal mit Laubsägeblättern, weil sie so ähnlich aussehen. Obwohl man nicht recht weiß, welcher Tiergruppe sie letztlich zuzuordnen sind, bilden sie für die Zeit des Erdaltertums sehr gute Leitfossilien; ihre schnelle Evolution hat viele unterschiedliche Formen hervorgebracht, die man im Übereinander der Schichten des 36 ▸ Ordoviziums und 38 ▸ Silurs finden

**5.27** Brachiopoden „pflaster" des Devons. Foto: Verfasser

## 5 Fossilien und ihre Lebensräume
### Wirbellose Tiere

▶ **Graptolithen**
sind koloniebildende marine Organismen des Erdaltertums.

**5.28** Abdrücke von Graptolithen aus dem Silur von Böhmen: *Monograptus priodon*, schwarz, in chitiniger Erhaltung. Foto: Verfasser

**5.29** Graptolithen des Ordoviziums: *Didymograptus murchisoni*, weiß, mit Gümbelit, einem Silikat überzogen. Foto: Verfasser

kann. Ihre Abdrücke sind meist auf dünnplattig spaltenden Steinen zu finden, oft auf Schwarzschiefern – nur dann sind auch die Graptolithen schwarz wie Kohle, weil ihre Substanz chitinartig ist wie die der Flügel von Insekten.

Im Verlauf ihrer Evolution lässt sich anhand der Fossilien von den älteren zu den jüngeren Schichten hin beobachten, dass die frühesten Graptolithen noch mit einem dünnen Faden an ihrer Unterlage festgeheftet waren, während sie sich später zu frei schwimmenden Organismenkolonien weiterentwickelten. Um mehr Auftrieb im Meerwasser zu bekommen, was der Suche nach Nahrung dienlich war, sind dabei auch größere Formen entstanden: Der Trick dabei war, dass sich einfache Fäden, wie die erwähnten „Laubsägeblätter", spiralförmig zusammengerollt hatten; damit war das ganze Tier vom Umfang her nicht so groß, hatte aber insgesamt eine größere Oberfläche, die für die frei schwebende Lebensweise günstig war.

Aus den kompliziert aufgebauten Gerüsten weiß man, dass es koloniebildende Tiere gewesen sind, deren Bestandteile auf eine Arbeitsteilung zwischen den einzelnen Organteilen schließen lassen; das weist auch darauf hin, dass sie ziemlich hoch entwickelt gewesen sein müssen. Dass sie dennoch gegen Ende des Erdaltertums ausgestorben sind, hängt wahrscheinlich damit zusammen, dass das Klima damals kälter wurde; möglicherweise konnten sie nur in warmen Meeren gut leben, denn schon im Zeitraum zwischen Ordovizium und Silur hatte es einen Einbruch in ihrer Entwicklung gegeben, den man heute auf eine Abkühlung in dieser Zeit zurückführt, und im Ordovizium hatte es schon eine regelrechte Eiszeit gegeben (vgl. Kap. 2).

### Moostierchen (▶ *Bryozoen*)

Diese schon hoch entwickelten Organismen mit kalkigen, röhrenartigen Skeletten sind ebenfalls koloniebildende Tiere mit einer großen Formenvielfalt, deren oft fein verästelte, millimeter- bis zentimetergroßen Überreste man bei uns z. B. in der Kreide von Rügen sammeln kann. Als Leitfossilien haben sie allerdings nur ausnahmsweise Bedeutung, z. B. im Zechstein, wo sie zusammen mit Kalkalgen am Aufbau von Riffstrukturen mitgewirkt hatten. Ihren Namen haben sie von den Ästchen, die mit ihren zahlreichen Poren wie versteinertes Moos aussehen können.

### Schwämme (▶ *Poriferen*)

*Fenestella retiformis*

Schwämme sind ziemlich einfach gebaute Tiere, im Sinne der gesamten Evolution primitiv und wenig spezialisiert. Eigentlich bilden sie nur ein System aus vielen Poren (lateinisch werden sie als „Porifera" bezeichnet, was „Porenträger" bedeutet), durch die sie das Wasser strudeln können, um die Nährstoffe bzw. die Mikroorganismen daraus zu filtrieren; davon leben sie, und zwar festgeheftet auf einer Unterlage. Unsere heutigen Badeschwämme sind weich, weil sie aus einer hornigen Substanz bestehen, womit sie als Fossilien nicht geeignet sind. Die fossilen Schwämme sind aber durch Einbau von feinen Gerüsten und Nadeln, die den Weichkörper stützen, oft gut erhalten. Dieses Stützmaterial ist entweder kalkig oder kieselig, weswegen man Kalkschwämme und Kieselschwämme unterscheidet. Besonders die kieseligen Nadeln haben viele verschiedene Formen entwickelt: Die Nadeln können wie zweizinkige Gabeln aussehen oder wie Mercedes-Sterne oder wie die großen Beton-Tetrapoden, die als Wellenbrecher im Küstenschutz verwendet werden. Manchmal sind sie auch ziemlich formlos.

Die einzelnen Nadeln sind meist weniger als 1 mm groß, manchmal aber auch zu ganzen Gerüsten zusammengewachsen. Die Formen der vollständigen Schwammkörper sind sehr unterschiedlich, es gibt verzweigte Äste, Becher, Pilzformen mit Stiel oder tellerähnliche. Solche Tellerschwämme kann man oft in den angeschliffenen Gesteinsplatten von Weißjurakalken beobachten, die man für Fensterbänke oder als Fußbodenplatten verwendet (vgl. Abb. 2.62 und 2.63).

Als Leitfossilien sind Schwämme wenig geeignet, weil sich ihre Formen im Laufe der Erdgeschichte kaum verändert haben. Nur im 35 ▶ Kambrium gab es eine Gruppe, die als „Urbecher" (Archaeocyathiden) besonders gebaut waren; wenn man sie in Kalken findet, weiß man also immer, dass diese in das Kambrium einzustufen sind; gleich danach sind sie ausgestorben.

**5.30** Das Moostierchen *Fenestella retiformis* (die „netzförmige"), ein Leitfossil des Zechsteins. Quelle: Rothe 2000

**5.31** Verschiedene Moostierchen auf dem estländischen Kukkersit, einem ordovizischen „Ölschiefer".
Foto: Verfasser

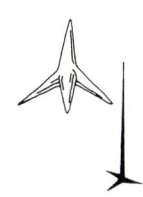 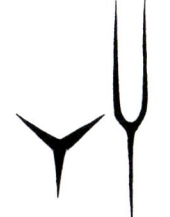 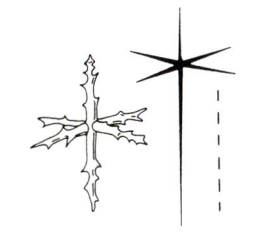 

**5.32** Verschiedene Formen von kieseligen Schwammnadeln.
Quelle: Rothe 2002

▶ **Bryozoen**
sind Moostierchen – kleine, überwiegend marine Tierkolonien mit meist kalkigen Skeletten, die im Erdaltertum auch Riffbildner waren.

▶ **Poriferen**
sind Schwämme, auch „Porenträger" genannt wegen der löcherigen Gehäusestruktur.

## 5 Fossilien und ihre Lebensräume
Mikro- und Nannofossilien

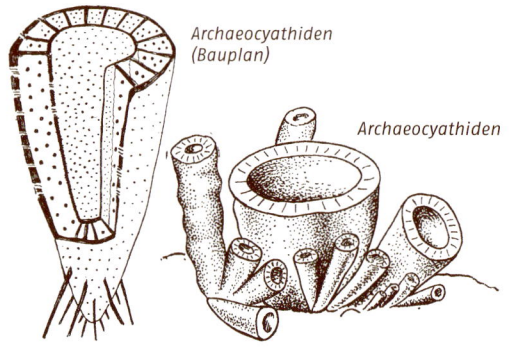

**5.33** Archaeocyathiden, schwammähnliche Organismen, die es nur im Kambrium gab. Quelle: Rothe 2000

Kieselsäure aus den Lösungen später in den Gesteinen wieder 118 ▶ ausgefällt werden kann; dadurch sind z. B. die in der Kreidezeit besonders häufigen Feuersteine entstanden.

### Würmer

Würmer sollte man, da sie keine Hartteile ausbilden, als Fossilien eigentlich nicht erwarten. Dass es dennoch welche gibt, lässt sich am besten verstehen, wenn man heute im Wattenmeer die Querschnitte von Wühlbauten des Sandröhrenwurms ausgräbt. Dann sieht man nämlich, dass er den horizontalen Schichtverband durch seine senkrechten, am unteren Ende U-förmig geschlossenen Bauten gestört hat, und solche Störungen können, weil sie mit einem Materialwechsel verbunden sind, auch fossil erhalten bleiben (vgl. Abb. 2.10).

Schwämme können in bestimmten Gesteinen massenhaft vorkommen und darin mit Korallen zusammen auch riffähnliche Strukturen aufbauen. Die Kieselschwämme sind auch deshalb geologisch wichtig, weil ihre Nadeln unter bestimmten Bedingungen im Sediment aufgelöst werden und die

## Mikro- und Nannofossilien

▶ **Plankton** besteht aus den passiv im Meer treibenden Organismen, die meist von Strömungen transportiert werden.

Alle bisher besprochenen Fossilien sind vielzellige Tiere, die man schon mit bloßem Auge in den Gesteinen entdecken kann, weil sie meistens zentimetergroß oder größer sind. Die Überreste der wesentlich primitiveren Einzeller dagegen muss man mit der Lupe suchen oder mit einem Mikroskop studieren, weil sie nur millimetergroß und oft sogar noch kleiner sind. Der Vorteil dieser „Mikrofossilien" ist aber, dass sie in bestimmten Schichten gleich massenhaft vorkommen können, und viele sind ausgezeichnete Leitfossilien, weil sie infolge ihrer Lebensweise in den Meeren weltweit verdriftet werden. Ihre geringe Größe hat auch den Vorteil, dass man nur sehr kleine Gesteinsstücke braucht, um deren Alter zu bestimmen, z. B. bei Erdölbohrungen, wo die Spülung solches Material an die Oberfläche bringt. Zu den Mikrofossilien, die ja durch ihre Größe als solche definiert sind, gehören viele Gruppen, allen voran die 53 ▶ Foraminiferen und die 119 ▶ Radiolarien, aber auch die winzig kleinen Muschelkrebse (70 ▶ Ostrakoden) oder die Kieselalgen, bei denen es Meeresbewohner von solchen, die in Seen leben, zu unterscheiden gilt. Der Begriff Mikrofossilien erfasst also Organismen nur nach ihrer Größe, sie können aber sehr unterschiedlichen Tier- oder Pflanzengruppen angehören.

Am heutigen Meeresboden gibt es riesige Bereiche, in denen die Ablagerungen hauptsächlich aus solchen Mikrofossilien zusammengesetzt sind, und das war vor allem seit Beginn des Erdmittelalters ähnlich. Darunter gibt es Kalkschlämme oder kieselige Schlämme, die auch jeweils in unterschiedlichen Wassertiefen vorkommen: die kalkigen in etwas flacherem, die kieseligen meist in tieferem Wasser. Die meisten der Einzeller, die am Aufbau dieser Sedimente beteiligt sind, leben aber im oberflächennahen Wasser, in dem sie als 158 ▶ Plankton passiv treiben, und sinken erst nach ihrem Tod auf den Meeresgrund. In der Tiefsee, in vielen tausend Metern Wassertiefe, werden Kalkschalen dann wieder aufgelöst, weil das dort sehr kalte Wasser auch viel Kohlensäure enthält. Die kieseligen Schalen bleiben dort aber erhalten, so dass kieselige Ablagerungen meist auch tiefes Wasser anzeigen. Was für die heutigen Ozeane gilt, kann man auch auf die Meere der erdgeschichtlichen Vergangenheit übertragen.

▶ **Diatomeen** sind Kieselalgen – millimetergroße, im Meer, Brack- oder Süßwasser lebende Algen mit sehr fein strukturierten Gehäusen aus Opal.

Man unterscheidet auch bei den Mikro- und Nannofossilien pflanzliche und tierische Organismen. Wichtig unter den pflanzlichen sind die Kieselalgen (158 ▶ Diatomeen), von denen es Formen gibt, die nur im Süßwasser vorkommen, und solche, die das Meer als Lebensraum anzeigen. Im Meer vor allem bilden sie den Anfang der Nahrungskette und sind besonders häufig in den sog. Auftriebsgebieten vor Küsten, wo nährstoffreiches Tiefenwasser an die Oberfläche kommt. In Seen, wo sie z. B. in den warmen Zwischeneiszeiten des norddeutschen 72 ▶ Quartärs gelebt hatten, sind ihre bei Algenblüten massenhaft gebildeten Skelette die Hauptbestandteile der 119 ▶ Kieselgur, die man wegen ihrer feinen Poren für vielerlei Zwecke genutzt hat (Speicherung von Nitroglycerin zur Herstellung von Dynamit, Filter für Schwimmbäder, Zigaretten, Bier u. a.).

Die wichtigsten tierischen Mikrofossilien sind die Foraminiferen und die Radiolarien. Diese komplizierten Namen bedeuten „Lochkammerlinge" bzw. „Rädertierchen" und hängen mit ihren Gehäuseformen zusammen. Foraminiferen haben überwiegend kalkige und Radiolarien überwiegend kieselige Gehäuse, die wie winzige Kugeln aussehen oder wie kleine Mützen. Unter dem Mikroskop kann man die Kammern der Foraminiferen oder die feinen, gitterartigen Strukturen der Radiolarien gut erkennen. In den besonders warmen Meeren der Kreide- und Alttertiärzeit, aber auch schon im Zechstein gab es zentimetergroße Foraminiferen, die deswegen als Großforaminiferen bezeichnet werden; das sind zwar auch einzellige Tiere, aber eigentlich keine Mikrofossilien mehr.

Viele Mikrofossilien haben lange dünne Stacheln, mit denen sie ihre Oberfläche insgesamt vergrößern, was ihnen Vorteile beim planktonischen Schweben im Wasser verschafft.

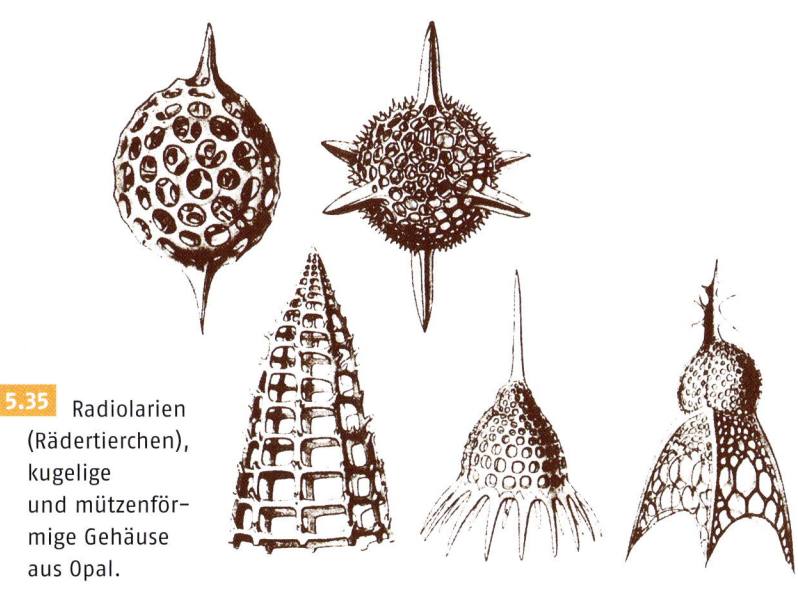

**5.35** Radiolarien (Rädertierchen), kugelige und mützenförmige Gehäuse aus Opal.
Quelle: Rothe 2002

**5.34** Eine Zusammenstellung von Bauformen der Foraminiferen; die meist kalkigen Schalen sind etwa 0,5–2 mm groß. Quelle: Nach Turek et al. 1997

# 5 Fossilien und ihre Lebensräume
## Mikro- und Nannofossilien

▶ **Conodonten**
sind zahnähnliche, meist millimetergroße Fossilien unsicherer systematischer Zuordnung; nach dem Material (Apatit) gehören sie zu den primitiven Wirbeltieren. Sie sind ausgezeichnete Leitfossilien vor allem für das Erdaltertum.

Noch kleinere Fossilien nennt man Nannofossilien, was „Zwergfossilien" bedeutet; sie sind nur noch Mikrometer groß und zu ihrer Bestimmung braucht man Elektronenmikroskope.

Nannofossilien sind aber für die zeitliche Einstufung von Schichten, vor allem in der jüngeren Erdgeschichte, sehr wichtig, außerdem sind bestimmte Kalksteine nahezu vollständig daraus zusammengesetzt, vor allem die sog. Schreibkreide, die der Kreidezeit ihren Namen gegeben hat. Dort sind es bestimmte Kalkalgen, deren Einzelbestandteile nur etwa zwei Mikrometer groß sind, d. h. so groß wie Tonteilchen. Sie bestehen aus Kalkspat, der nicht so leicht gelöst und wieder ausgefällt werden kann wie Aragonit, sodass diesen Sedimenten der Zement fehlt, der sie zu harten Kalksteinen machen würde; deshalb ist Schreibkreide weich.

Nun haben wir alle wesentlichen wirbellosen Tiere und auch die Pflanzen besprochen, die zusammen geologisch wichtige Fossilien ausmachen. Jetzt fehlen nur noch die Wirbeltiere, aber auch

**5.36** Die rezente Foraminifere *Globigerina* mit ihren langen, feinen Schwebestacheln.
Quelle: Rothe 2000

von diesen sind Bestandteile fossil überliefert, die zu den bedeutendsten Mikrofossilien zählen, nämlich die 160 ▶ Conodonten (Abb. 5.38). Conodonten gehören zum Schlundapparat zentimeterlanger Organismen, die man nur ausnahmsweise im Zusammenhang mit ihnen gefunden hat, und bestehen aus Apatit. Da sie durch die Verwitterung nicht zerstört werden und im Verlauf der Evolution zahlreiche unterschiedliche Formen ausgebildet hatten, sind sie ausgezeichnete Leitfossilien, vor allem für das Erdaltertum.

**5.37** Charakteristische Nannofossilien, hier Kalkalgen, die aus winzigen, einzelnen Plättchen zusammengesetzt sind. Quelle: Rothe 2002

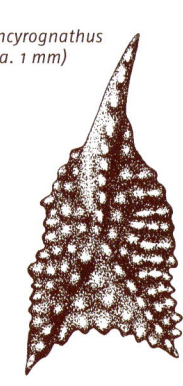

*Ancyrognathus (ca. 1 mm)*

*Palmatolepis (ca. 1 mm)*

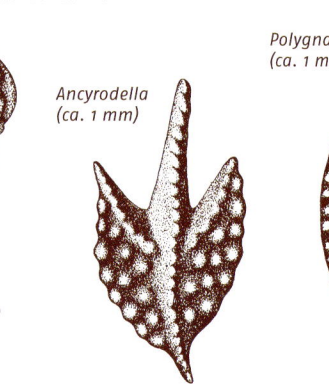

*Ancyrodella (ca. 1 mm)*

*Icriodus (ca. 1 mm)*

*Polygnatus (ca. 1 mm)*

**5.38** Conodonten des 40 ▶ Devons.
Quelle: Rothe 2000

# Wirbeltiere

Wirbeltiere sind in den meisten Fällen nur durch ihre fossil gewordenen Knochen und Zähne überliefert, die bekanntesten sind natürlich die Dinosaurier. Es ist für die Forscher aber ein großes Glück, wenn sie ein gesamtes Skelett finden. Meistens finden sie nur einzelne Knochen oder Zähne, denn Zähne sind wegen ihrer Härte sehr häufig als Reste von Wirbeltieren übrig geblieben, manchmal sogar massenhaft wie die Haifischzähne aus dem 68 ▶ Tertiär, die man z. B. in Rheinhessen finden kann. Viele der großen fossilen Wirbeltiere, die in den Museen stehen, sind aus den Funden einzelner Knochen erst mühsam zusammengesetzt worden. Für die 18 ▶ Wirbeltier-Paläontologen genügen aber meist schon wenige Reste für die Bestimmung, um welches Tier es sich gehandelt hat. Die Angaben in den Büchern, dass man *Tyrannosaurus rex* oder einen Waldelefanten gefunden hat, beruhen oft nur auf solchen Einzelfunden von Zähnen oder bestimmten Knochen. Wenigstens einige solcher Wirbeltiere will ich nun besprechen und folge dabei der Arbeitsweise der 10 ▶ Geologen, die immer vom Ältesten zum Jüngsten vorgehen, weil das zugleich auch die Richtung der Evolution mit beleuchtet, die – wie wir das schon bei den Wirbellosen festgestellt hatten – im Allgemeinen von einfachen zu komplizierteren Bauplänen fortschreitet. Zusätzlich muss man auch die Lebensweise der Tiere betrachten, d. h., ob sie im Meer oder an Land gelebt haben. Auch dabei lassen sich interessante Entwicklungen verfolgen, z. B., dass manche Tiere in der geologischen Frühzeit im Süßwasser gelebt und erst später in den Meeresbereich eingewandert sind – oder umgekehrt.

Es hat, wie wir noch nicht lange wissen, zwar schon im 35 ▶ Kambrium Wirbeltiere gegeben, aber sie sind noch so wenig typisch, dass wir sie hier nicht weiter behandeln wollen; die oben erwähnten Conodonten sind nach neuerer Erkenntnis nämlich Bestandteile von Wirbeltieren. Erst seit dem 36 ▶ Ordovizium gibt es Wirbeltiere, die diesen Namen auch verdienen, weil sie eine aus einzelnen Knochenwirbeln bestehende Wirbelsäule hatten. Ganz am Anfang gab es „Fische" ohne Kiefer, die 39 ▶ Agnathen heißen (Kieferlose), dann erschienen die sog. „Panzerfische", die schon primitive Kiefer und ein verknöchertes Außenskelett hatten.

Das Innenskelett hat sich erst später entwickelt, es kennzeichnet die echten Fische, bei denen uns die Gräten (das Innenskelett) manchmal beim Essen ärgern. Im 38 ▶ Silur hatten die Wirbeltiere dann begonnen, etwa gleichzeitig mit den Pflanzen das Land zu erobern. Diese allgemeine Tendenz hatte sich während des 40 ▶ Devons verstärkt. In schlammigen Tümpeln eines großen Kontinentalgebiets, dessen meist rot gefärbte Gesteine wir besonders gut aus Schottland, Grönland und Kanada kennen, lebten nämlich auch schon primitive Fische. Wenn solche flachen Tümpel austrockneten, wurde es für die ans Wasserleben angepassten Tiere schwierig: Sie waren gezwungen, das Atmen zu erfinden, weil sie nur dadurch Trockenzeiten überleben konnten. So ist aus der Kiemenatmung der Fische im Wasser allmählich die Lungenatmung der Landtiere entstanden.

Der nächste Schritt war dann die Entwicklung von echten Landwirbeltieren, die man wohl auch in solchen Gebieten mit gelegentlich austrocknenden Tümpeln vermuten darf. Ihre Vorläufer waren wahrscheinlich die in devonischen Schichten gefundenen Quastenflosser (vgl. Abb. 2.28). Sehr zur Überraschung der Forscher hatte man erstmals 1938 ihre heute noch im Indischen Ozean lebenden Nachfahren gefunden; sie mussten also nach Hunderten von Millionen Jahren in der jetzigen

**5.39** Agnathen, kieferlose Fische des Erdaltertums. Quelle: Nach Krömmelbein 1977

**5.40** Ein Panzerfisch aus dem Erdaltertum. Quelle: Nach Krömmelbein 1977

## 5 Fossilien und ihre Lebensräume
Wirbeltiere

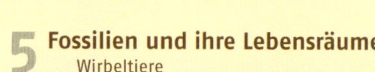

*Triceratops* (Dreihornsaurier) ist das Wappentier der Senckenberger. Diese Skelettrekonstruktion steht im Royal Tyrell Museum of Paleontology in Drumheller, Alberta, Kanada.

Foto: François Gohier, picture alliance/OKAPIA

Tiefsee ein neues Lebensumfeld erobert haben. Die devonischen Quastenflosser hatten ihre eigentümlichen, besonders kräftig entwickelten Fischflossen allmählich zu Füßen umgebildet, weil sie sich in den austrocknenden Tümpeln nicht mehr schwimmend fortbewegen konnten. So sind daraus vierfüßige Landtiere geworden, deren Skelette man unter anderem in den entsprechenden Schichten Grönlands gefunden hat: Die Tiere hatten noch einen den Fischen ähnlichen Schwanz und gelten als die ältesten Amphibien; man nennt die entsprechende Gattung *Ichthyostega* (worin das griechische „ichthys", das Fisch bedeutet, im Namen verankert wurde). Vor kurzem erst hat man weitere Reste dieser Fossilien gefunden und das Skelett daraufhin noch einmal von Grund auf neu rekonstruiert; dabei kam heraus, dass sich das Tier wahrscheinlich eher wie eine Raupe vorwärtsbewegt haben muss und nicht wie ein Vierfüßer. Mit dieser Technik scheint es in einer Sackgasse der Evolution gelandet zu sein, womit es wohl nur einen der frühen Versuche darstellt, das Land zu erobern. *Ichthyostega* war immerhin schon fast einen Meter lang (vgl. Abb. 2.29).

### Reptilien

Die Reptilien mussten in der Evolution der Tiere aber noch einen Schritt weiter gehen: Um ihre auf trockenem Land gelegten Eier vor Austrocknung zu bewahren, hatten sie dafür eine schützende Hülle entwickelt, die die für die Embryonen lebenswichtige Flüssigkeit umschloss. Die größten und bekanntesten Reptilien sind die Dinosaurier, von denen man auch viele Ei-Gelege gefunden hat. Sie hatten den Höhepunkt ihrer Entwicklung im Erdmittelalter, das man in diesem Zusammenhang das Reptilien-Zeitalter der Erdgeschichte nennt. In dieser Epoche gab es zwar auch schon erste Säugetiere, aber sie waren nur etwa so groß wie Ratten. Richtig entwickeln konnten sie sich erst, nachdem die die Erde bis dahin beherrschenden Dinosaurier ausgestorben waren, d. h. im 68 ▸ Tertiär.

Die Evolutionslinien der Reptilien werden deutlich, wenn man ihre Schädel studiert. Deren Knochenbau wird nämlich immer komplizierter, was man an den Schläfenöffnungen erkennen kann: Die frühen Formen hatten noch massive Köpfe ganz ohne solche Schläfenfenster und nur Öffnungen für die Augen und Nasen; bei den moderneren wurden aber die Schädel dann so umgestaltet, dass immer mehr zusätzliche Muskeln angeheftet werden konnten. Dadurch wurden die Köpfe beweglicher, was den Tieren Vorteile gegenüber ihren primitiveren Vorläufern verschaffte. Saurier hatten in dieser Beziehung noch ein sehr primitives, geschlossenes Schädeldach, ähnlich wie die Amphibien, was bis heute noch die Schildkröten beibehalten haben, die man nach ihrem Erscheinungsbild ja sowieso als altertümlich empfindet. Wir kennen heute Land- und Meeresschildkröten und diese Aufteilung zeigt auch eine im Reich der Saurier mehrfach vorkommende Erscheinung, dass nämlich landlebende Tiere später wieder in das Meer zurückgekehrt sind, aus dem sie ursprünglich einmal gekommen waren. Dabei gab es eine „Rückanpassung" an das Leben im Wasser. Die bekanntesten dieser Tiere sind die Fischsaurier (Ichthyosaurier), die man aus dem Ölschiefer des schwäbischen Schwarzjura kennt, mit einer besonders guten Erhaltung körperlicher Einzelheiten. Sie sind in vielen Museen, vor allem aber im „Museum Hauff" von Holzmaden, ausgestellt mit Haut und Muskeln und einige haben noch ihre Jungtiere im Bauch, die lebend geboren wurden.

**5.41** Ichthyosaurier mit „Hautbekleidung", 120 cm lang. Foto: Museum Hauff

## 5 Fossilien und ihre Lebensräume
### Wirbeltiere

**5.42** *Pteranodon.* Foto: Dr. Wilfried Rosendahl

bonzeit herumgeflattert; es gab damals Libellen mit Flügelspannweiten von über einem halben Meter, aber das waren eben noch keine fliegenden Wirbeltiere. Die Flugsaurier probierten offenbar verschiedene Techniken, z. B. indem sie eine Flughaut zwischen den Fingern ausspannten, sodass sie Gleitflüge ausführen konnten, bis hin zu aktivem Fliegen durch den Schlag der Flügel, die allerdings noch keine Federn hatten, sondern Flughäute wie die Fledermäuse. Die Flugsaurier hatten das Gewicht ihrer Knochen erleichtert, die Fossilfunde zeigen nämlich, dass die Knochen dünnwandig und hohl waren. Am bekanntesten sind die entsprechenden Tiere aus der Jura- und Kreidezeit, die sich aber aus noch älteren Formen entwickelt hatten: *Pterodactylus* (griech. Flugfinger), ein Tier, dessen vierter Finger so verlängert war, dass daran eine lederartige Flughaut befestigt war wie ein Segel an einem Mast, und mit einem kurzen Schwanz.

Diese Tiere reichten von Spatzengröße bis zu solchen mit über 2 m Spannweite. *Pteranodon* war dagegen schon ein sehr großer Segelflieger mit 6–8 m Spannweite, die nur noch vom *Quetzalcoatlus* aus der Kreide von Texas mit 15 m übertroffen wurde.

Ihre Finger sind zahlreich und wieder zu Paddeln umgebildet worden. Von dieser Entwicklung gibt es bei den Sauriern noch andere Beispiele, zu denen auch die Krokodile gehören, die im Verlaufe des 60 ▶ Jura ihre dicken Panzer aus dem Land- und Flussmündungsleben verloren und sich in Meeresbewohner zurückverwandelt hatten, was man aus der teilweisen Umbildung ihrer Fingerknochen und der Ausbildung einer Schwanzflosse ableiten kann.

Die Saurier hatten aber auch schon den Luftraum erobert. Damit waren sie zwar nicht die Ersten, denn bereits die Insekten waren in den Steinkohlewäldern der 45 ▶ Karbonzeit

**5.43** *Pterodactylus*, der „Flugfinger". Quelle: Rothe 2000

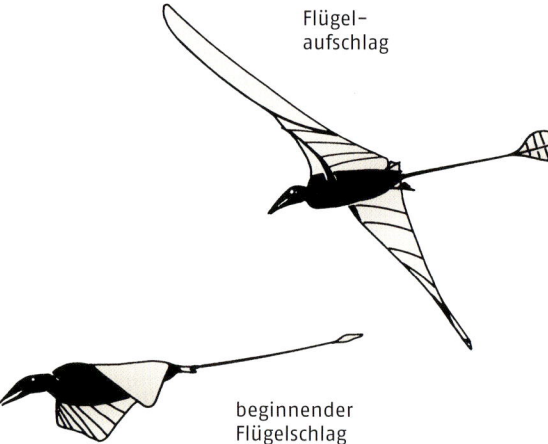

Der *Rhamphorhynchus* war im Gegensatz zu diesen Seglern schon eine richtige Flugmaschine. Der deutsche Zoologe Erich von Holst hatte nach den fossilen Knochenfunden ein Modell dieses Tieres gebaut, dessen Flügel mit einem Gummistrang-Motor bewegt wurden – und so flog *Rhamphorhynchus* mit seinem langen Schwanz und einer Steuerfeder an dessen Ende nach über 150

Millionen Jahren 1956 wieder, diesmal durch einen Konferenzsaal. Aber dieser Vogel konnte auch schwimmen, denn zwischen seinen Zehen hatte er Schwimmhäute. Damit war er gut an seinen Lebensraum, die Lagunen des Weißjura von Solnhofen (wo man mehrere Exemplare ausgegraben hat) angepasst, dort konnte er mit seinen spitzen Zähnen Fische fressen; man hat nämlich Reste von kleinen sprottenähnlichen Fischen in seinem Magen gefunden, die auch sonst in diesen Schichten häufig vorkommen.

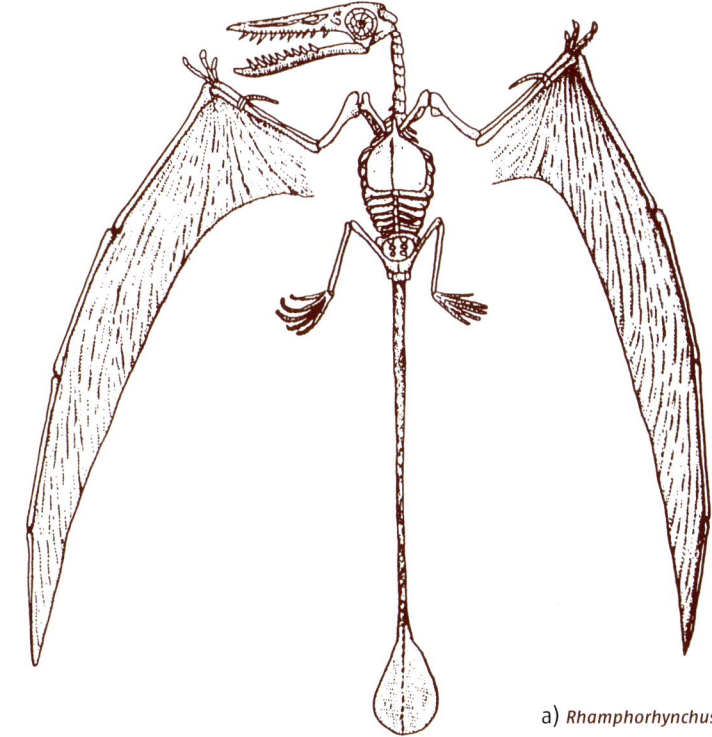

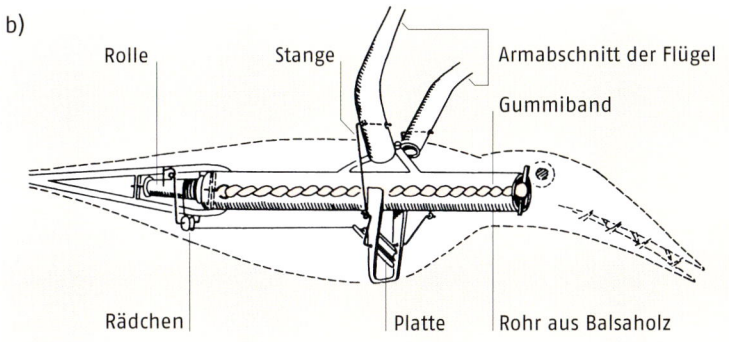

**5.44** a) *Rhamphorhynchus*; b) Konstruktionszeichnung E. v. Holst.
Quelle: a) nach Stanley 1989; b) nach Wellnhofer 1993

### Vögel

Die weitere Entwicklung hat von den Sauriern schließlich zu den Vögeln geführt. Das berühmteste Fossil überhaupt ist der *Archaeopteryx*, von dem inzwischen (bis 2005) zehn Fundstücke aus den Plattenkalken des Weißjura von Solnhofen und Eichstätt bekannt sind.

*Archaeopteryx* hat nämlich sowohl Saurier- als auch Vogelmerkmale, wobei ein Knochenring um die Augen, ein Schnabel mit feinen Zähnen (die die modernen Vögel im Laufe der Evolution verloren haben), ein mit Wirbeln gegliederter Schwanz und die mit Krallen bewehrten Finger noch auf die Verwandtschaft mit den Sauriern hinweisen, während die Federn, die sich aus den Schuppen von Reptilien herleiten lassen, bereits den Vogelflug zu belegen scheinen. Man hat aber in China inzwischen auch gefiederte Saurier gefunden, die sicherlich nicht fliegen konnten, sodass die Federn auch nicht mehr unbedingt als Vogelmerkmal gelten können; sie dienten wahrscheinlich zunächst dem Wärmeschutz der warmblütigen Tiere. Der etwa krähengroße *Archaeopteryx* muss aber tatsächlich geflogen

▶ **Ratiten**
sind Vögel mit einem flachen, d. h. nicht gekielten Brustbein (von latein. ratis = Floß), dazu zählen u. a. die flugunfähigen Strauße.

## 5 Fossilien und ihre Lebensräume
### Wirbeltiere

**5.45** *Messelobatrachus tobieni.* Foto: Dr. Wilfried Rosendahl

**5.46** Ibisähnlicher Vogel, *Rhynchaeites messelensis*, Grube Messel.
Foto: Dr. Wilfried Rosendahl

sein, denn seine Flügel waren an einem gekielten Brustbein befestigt. Vögel mit einem flachen Brustbein nennt man 165 ▶ Ratiten (ratis = Floß); daran lassen sich die für das Fliegen notwendigen Muskeln nicht anheften und deshalb können auch die zu den Ratiten gehörenden Strauße nicht fliegen.

In großer Menge und Artenvielfalt gibt es Vögel aber erst seit dem Tertiär, die weitere Entwicklung der Linie des *Archaeopteryx* scheint, wie das manchmal im Verlauf der Entwicklungsgeschichte der Organismen zu beobachten ist, in einer Sackgasse der Evolution geendet zu haben.

### Säugetiere

Aus den Fossilfunden lässt sich also ableiten, dass die Vögel von den Sauriern abstammen, und das gilt auch für die Säugetiere, zu denen wir ja selbst gehören. Obwohl es kleine Vorläuferformen schon im ausgehenden Erdaltertum gegeben hat, haben sich die Säugetiere erst nach dem großen Dinosauriersterben am Ende der 66 ▶ Kreidezeit zu den die Erde beherrschenden Tieren entwickelt. Da ich hier kein Buch über Zoologie schreibe, muss ich mich auf einige wenige Tiergruppen beschränken, die für die Paläontologie von besonderem Interesse sind, wobei immer der Gesichtspunkt der Evolution im Vordergrund stehen soll. Dazu wähle ich hauptsächlich Beispiele von Landsäugetieren, weil man daran auch zeigen kann, wie sich bestimmte Gruppen über die Erde verbreitet haben und wie sie mit Klima und Vegetation zurechtgekommen sind.

Man müsste auch bei den Säugetieren viel über die Entwicklung der Schädelknochen schreiben, aber das soll den Spezialisten überlassen bleiben. Für uns genügt es zu wissen, dass die Schädel gelenkiger wurden und dass sich aus mehreren Knochen, die den Unterkiefer von Sauriern zusammensetzen, schließlich der Unterkiefer der Säugetiere entwickelt hat, der nur noch aus einem einzigen Knochen besteht. Die anderen Knochen sind dabei schrittweise in die Gehör-Region abgewandert. Gleichzeitig ist wichtig, dass die bei den Frühformen vorhandenen Zähne, die nur eine Spitze und eine Wurzel hatten, sich zu Kronenzähnen mit mehreren Höckern entwickelten; das hatte den Vorteil, dass die Nahrung damit gekaut werden konnte. Die Saurier konnten immer nur große Brocken verschlingen, die sie zuvor mit ihren primitiven Zähnen gerissen hatten.

**5.47** *Archaeopteryx*, das 10. Exemplar. Foto: Dr. Wilfried Rosendahl

Knochen und Zähne sind also auch bei den Säugetieren wichtige Merkmale, die die Wirbeltier-Paläontologen aufmerksam studieren.

Am schönsten lässt sich das an der Entwicklung der Pferde zeigen und deshalb sind diese Tiere schon seit der frühen Zeit ihrer Erforschung vor fast 200 Jahren eine Art „Paradepferd" für die Evolution. Die Evolution der Pferde scheint vor allem an die sich ändernden Umweltbedingungen geknüpft, denn sie haben im Laufe von ein paar Zehnermillionen Jahren sowohl die Anzahl ihrer Zehen verringert als auch ihre Zähne entscheidend verändert. Die Zähne sind nämlich immer länger geworden und die heutigen Pferde haben besonders lange Zähne; man sagt ja auch von Menschen mit besonders langen Zähnen, dass sie ein Pferdegebiss hätten. Von den Urpferdchen, die man in der Grube Messel gefunden hat und im Eckfelder 89 ▶ Maar in der Eifel, weiß man, dass sie Blätter gefressen hatten, weil noch Reste davon in ihren Mägen lagen. Für die weichen Blätter genügten ihnen kurze Zähne. Die späteren Pferde, vor allem die des beginnenden Eiszeitalters, hatten dann die typischen langen Zähne, mit denen sie das Gras der Prärien

# 5 Fossilien und ihre Lebensräume
## Wirbeltiere

fraßen. Gras ist hart und dadurch werden die Zähne schneller abgeschliffen; lange Zähne boten also entscheidende Vorteile bei der Anpassung an die härtere Grasnahrung.

Die Pferde des Tertiärs hatten anfangs noch 3–4 Zehen, während unsere heutigen nur noch den einen übrig behalten haben, den wir jetzt Huf nennen: Die beiden anderen sind im Laufe der Evolution allmählich zurückgebildet worden und schließlich ganz verloren gegangen. Man vermutet, dass das mit der Umwelt der Tiere zusammenhing, die sich vom Wald zur Steppe gewandelt hatte. Auf den harten Steppenböden boten offenbar die einzehigen Hufe Vorteile. Auch die Körpergröße der Pferde hatte immer weiter zugenommen: Die Urpferdchen waren nur etwa so groß wie ein großer Hund und die Größe heutiger Pferde kennen wir ja, obwohl es auch jetzt noch kleinere Rassen gibt.

Interessant ist, dass die Pferde des Eiszeitalters in Nordamerika ausgestorben waren, die heutigen sind erst durch die spanischen Eroberer im 16. Jahrhundert wieder dort eingeführt worden.

Eine weitere Gruppe von großen Säugetieren sind die Rüsseltiere, die sich zeitlich etwa parallel zu den Pferden entwickelten. Ihre bekanntesten heutigen Vertreter sind die Elefanten und ihre spektakulärsten Vorfahren waren jene die eiszeitlichen Steppen bewohnenden Mammuts, deren große Knochen und Zähne man vor allem in Kies- und

**5.48** Merkmalsänderungen an Zehen und Zähnen im Verlauf der Evolution der Pferde während des Tertiärs. Quelle: Rothe 2000

Sandgruben in den Ablagerungen des 72 ▶ Quartärs gefunden hat. Mammuts sind eigentlich nur besondere Elefanten. Es gibt sogar mit Haut und Haaren erhaltene Kadaver, die man aus dem Eis der Permafrostgebiete Sibiriens freigegraben hat – sie werden relativ häufig in Ausstellungen gezeigt, vor allem das erst 1977 gefundene Baby, das auf den Namen „Dima" getauft wurde.

In 10 ▶ Geologenkreisen hatte man sich früher augenzwinkernd erzählt, dass tiefgekühltes Fleisch sibirischer Mammuts bei einem Internationalen Kongress auf der Speisekarte gestanden habe. Auch die Idee, das vor fast 6000 Jahren ausgestorbene Mammut durch Klonen noch einmal zu erschaffen, scheint nicht erfolgreich. Durch die Funde im Eis weiß man aber inzwischen mehr über sein dickes Fell, dessen heute rötliche oder sogar blonde Farbe sicherlich dunkel gewesen ist; die Farben sind erst im Laufe der langen Zeit durch chemische Zersetzungsprozesse so hell geworden. Jedenfalls waren diese Tiere durch eine dicke Fettschicht und ihr Fell gut

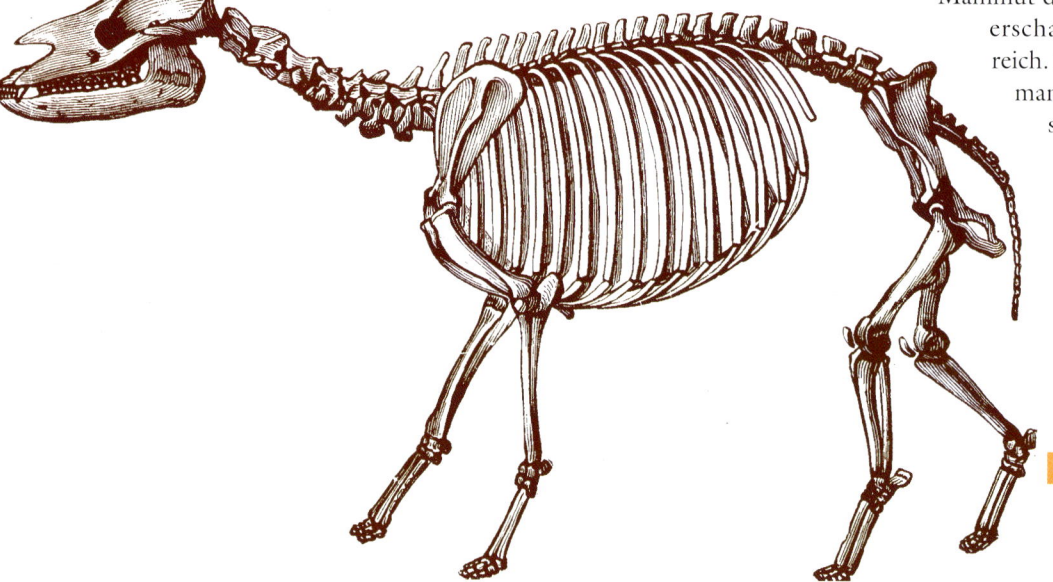

**5.49** *Eurohippus parvulus*, eines der kleinen Messeler Urpferde.
Quelle: Rothe 2000

**5.50** Mammuts. Gemälde des österreichischen Malers Franz Roubal im Senckenberg-Museum.
Foto: Dr. Wilfried Rosendahl

an das kalte Klima der Eiszeiten angepasst. Dazu passt auch, dass sie sehr kleine Ohren hatten, die ihnen also nicht „vor Kälte abfallen" konnten; man muss sich das einmal im Vergleich mit einem heutigen afrikanischen Elefanten vorstellen!

Mammuts bzw. fossile Elefanten werden vor allem an ihren Zähnen erkannt und bestimmt. Die riesigen Stoßzähne sind umgebildete obere Schneidezähne, die das begehrte Elfenbein liefern. Mammut-Elfenbein, wie es die Schnitzer (auch in Erbach im Odenwald) heute meistens verwenden, stammt überwiegend aus dem sibirischen Eis, wo sich das Material gut erhalten hat. Solches Elfenbein hatten schon die eiszeitlichen Menschen für ihre frühe Kunst verwendet und sogar wieder kleine Mammut-Plastiken daraus geformt. Mammuts sind, neben vielen anderen Wirbeltieren, auch in den prähistorischen Höhlenmalereien abgebildet, was zeigt, dass sie noch zeitgleich mit den Menschen in diesen Regionen gelebt haben.

Grundsätzlich kann man Steppenelefanten (zu denen das Mammut zählt) und Waldelefanten unterscheiden, vor allem an den Stoßzähnen, die beim Waldelefanten kaum gekrümmt sind, während die der Steppenelefanten ausladend und stark gebogen sind. Dies lässt sich gut damit erklären, dass sich Tiere mit breit ausladenden Stoßzähnen in einem Waldbiotop in den Bäumen verheddert hätten.

Ein besonderes Merkmal sind die Backenzähne, die man ziemlich häufig in Kiesgruben gefunden hat. Sie haben einen sehr charakteristischen Lamellenbau, den man auf der Kaufläche erkennen kann. Auch hierin unterscheiden sich die Waldelefanten mit einer geringeren Anzahl von weiter stehenden Lamellen von den größeren der Steppenelefanten.

Die unterschiedlichen Elefanten geben natürlich auch Hinweise auf das Klima, das während des Eiszeitalters mehrfach zwischen warm und kalt gewechselt hat. In den sog. Zwischeneiszeiten war es bei uns zeitweise sogar wärmer als heute. Waldelefanten lebten in den Warmzeiten und Steppenelefanten, als es kalt war, wobei die Mammuts als besonders an Kälte angepasste Tiere die kältesten Perioden bezeugen.

# 5 Fossilien und ihre Lebensräume
## Wirbeltiere

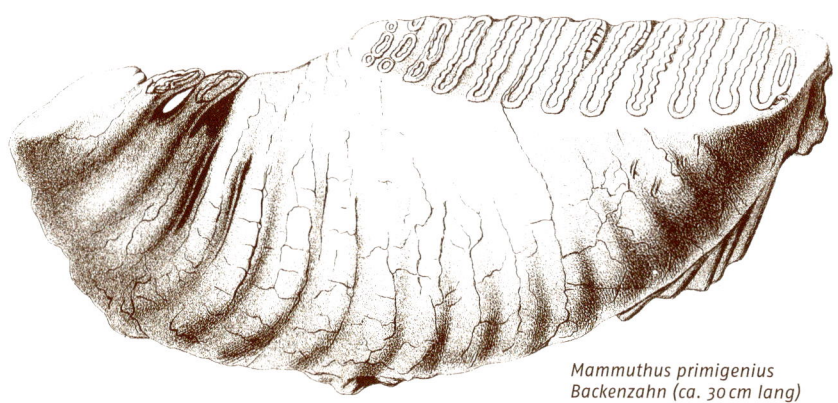

*Mammuthus primigenius Backenzahn (ca. 30 cm lang)*

**5.51** Mammut-Backenzahn. Quelle: Rothe 2000

*Palaeoloxodon antiquus Backenzahn (ca. 20 cm lang)*

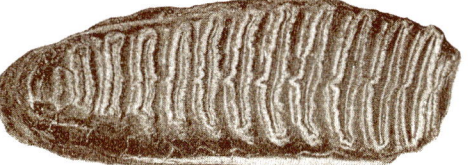

**5.52** Waldelefant-Backenzahn. Quelle: Rothe 2000

Rüsseltiere hat es aber schon im viel wärmeren Tertiär gegeben, nur waren da die Stoßzähne noch wesentlich kleiner. Ein solches Tier, dessen Schädel aus Flusssanden des Ur-Rheins in Rheinhessen stammt, ist Pate für den Schichtnamen „Dinotheriensande": *Deinotherium giganteum*, was man mit „gigantisches Schreckenstier" übersetzen kann. Seine Stoßzähne, die im Gegensatz zu denen der Elefanten umgebildete untere Schneidezähne sind, waren aber nur etwa 30 cm lang. Wenn man das mit den bis zu 4,5 m langen Stoßzähnen der eiszeitlichen Elefanten vergleicht, dann wird einem die Evolution auch daran deutlich.

Es gab aber auch bei den Elefanten eine Entwicklung, die andersherum verlief. Auf Malta, Sardinien und Sizilien hat man nämlich Zwergformen vom Waldelefanten gefunden, die wie Elefantenbabys aussehen, mit besonders kurzen Beinen. Solche kleinwüchsigen Tiere entstehen oft auf Inseln, wo sie wenig zu fressen haben. Die Elefanten sind damals wahrscheinlich auf die Inseln geschwommen und später dort möglicherweise aus Mangel an Nahrung degeneriert, obwohl man eine solche Ursache noch nicht bewiesen hat.

Nur erwähnt werden sollen hier weitere Säugetiergruppen, z. B. die ganze Vielfalt der Begleiter des Mammuts wie Bison, Moschusochse oder Wollnashorn und die im wärmeren Klima beheimateten Auerochsen (aus denen unsere Hausrinder hervorgegangen sind), Waldnashörner, Flusspferde und Wisente. Oder die weiter zurück ins Tertiär reichenden Tiere, als es ja nicht nur Urpferdchen gab, sondern auch Seekühe, Schlangen und Frösche – um nur ganz wenige zu nennen.

Zu den charakteristischen Tieren der Eiszeit gehört auch der Höhlenbär, der größer als ein heutiger Grizzly gewesen ist. Seinen Namen hat er von den Fundorten, denn man hat die Knochen und Zähne fast ausschließlich in den vielen Karsthöhlen Mitteleuropas gefunden, wo sie meistens sogar massenhaft vorkommen. Bekannte deutsche Fundorte liegen im Harz, im Rheinischen Schiefergebirge und in der Schwäbischen und Fränkischen Alb. Nach seinem Gebiss zu urteilen muss er sich, obwohl er ja eigentlich zu den Raubtieren gezählt wird, hauptsächlich von Pflanzen ernährt haben und die Höhlen hat er wohl nur aufgesucht, um dort seinen Winterschlaf zu halten. Die Massen von Knochen lassen sich am einfachsten mit der Zeitspanne von Zehntausenden Jahren (d. h. dem Alter vieler der Höhlen) erklären, in denen nur alle paar

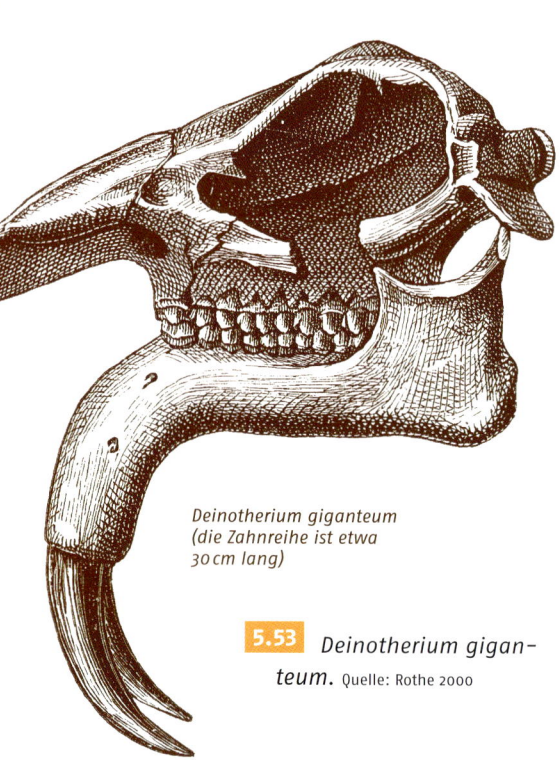

*Deinotherium giganteum (die Zahnreihe ist etwa 30 cm lang)*

**5.53** *Deinotherium giganteum.* Quelle: Rothe 2000

**5.54** *Ursus spelaeus*, der Höhlenbär. Foto: Dr. Wilfried Rosendahl, aus Rothe 2006

Jahre ein Bär den Winterschlaf nicht zu überleben brauchte; außerdem wurden die Knochen bei gelegentlichen Wassereinbrüchen zusammengeschwemmt und mit dem dort ständig entstehenden Kalksinter zu 171 ▸ Knochenbrekzien verbacken. Früher hatte man solches Material regelrecht abgebaut, weil die phosphorhaltigen Knochen ein gutes Düngemittel waren. Am Ende des 73 ▸ Pleistozäns ist der Höhlenbär ausgestorben.

### Vormenschen und Menschen

Die für uns wichtigsten Fossilien überhaupt aber sind die Funde von Vormenschen und Menschen, die – zusammen mit denen verschiedener Affen – einen ganz eigenen Forschungszweig begründet haben, den der Paläo-Anthropologie. Zoologisch fasst man sie unter dem Begriff Primaten (Herrentiere) zusammen. Die modernen Erkenntnisse dazu beschränken sich nicht nur auf Untersuchungen an Knochen und Zähnen, sondern sie bedienen sich in zunehmendem Maße auch der Gentechnik. Mit dem Fundmaterial systematischer Grabungskampagnen zeichnet sich inzwischen ab, dass man von der ursprünglichen Idee eines menschlichen Stammbaums mit einer geradlinigen Evolution abrücken muss zugunsten einer Art Stammbusch: Viele Entwicklungslinien brechen vorzeitig ab, wie wir das auch an anderen Organismen beobachten können.

Anhand der Fossilfunde ist heute jedenfalls sicher, dass unsere Wiege in Afrika gestanden hat, wo unter anderem der aufrechte Gang durch Fußspuren in etwa 3,5 Millionen Jahre alter vulkanischer Asche dokumentiert ist; diese Fähigkeit wird aber heute sogar auf etwa 5 Millionen Jahre zurückverfolgt und man vermutet, dass sie möglicherweise mehrfach „erfunden" wurde. Vor dem aufrechten Gang ist aber als noch früherer Evolutionsschritt die Rückbildung der kräftigen Eckzähne

▸ **Knochenbrekzien**
sind Zusammenschwemmungen von Knochen in Höhlen, die durch Sedimente und die Ausfällung von Kalk zu Gesteinen verfestigt wurden.

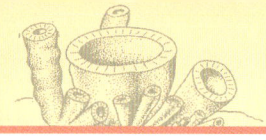

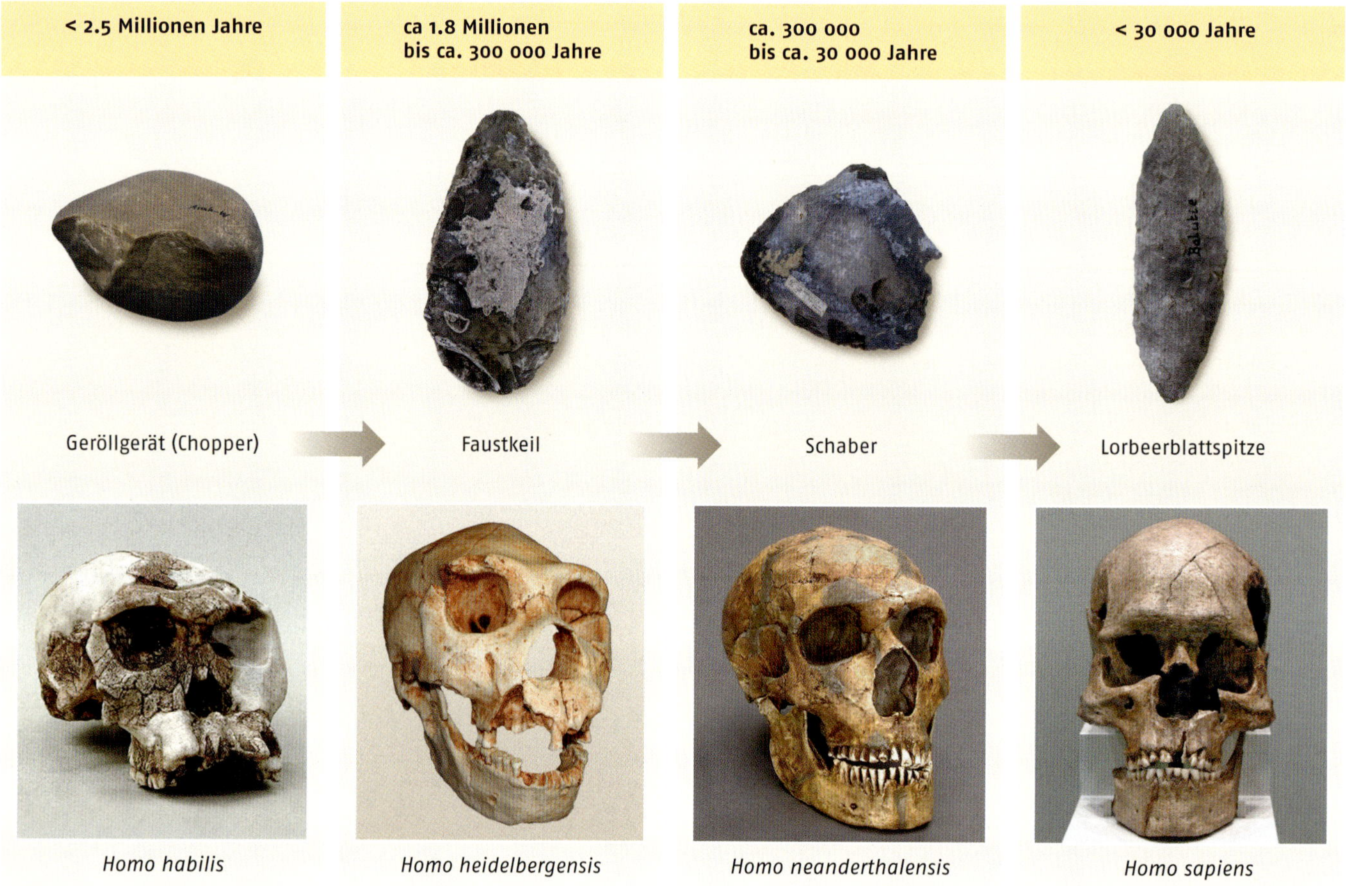

## 5 Fossilien und ihre Lebensräume
### Wirbeltiere

| < 2,5 Millionen Jahre | ca 1,8 Millionen bis ca. 300 000 Jahre | ca. 300 000 bis ca. 30 000 Jahre | < 30 000 Jahre |
|---|---|---|---|
| Geröllgerät (Chopper) | Faustkeil | Schaber | Lorbeerblattspitze |
| *Homo habilis* | *Homo heidelbergensis* | *Homo neanderthalensis* | *Homo sapiens* |

**5.55** Die Entwicklung von Steinwerkzeugen und ihre Hersteller. Stark vereinfachtes Schema, das nur die Grundlinien der Entwicklung skizzieren soll. Fotos Schädel: Dr. Wilfried Rosendahl, Fotos Steinwerkzeuge: Verfasser

zu beobachten. Als Verursacher der Fußabdrücke kommt am ehesten „Lucy" infrage; das etwa 1,50 m große Skelett, das trotz des Namens nach neueren Erkenntnissen einem Mann zuzurechnen ist, zählt man zu den Australopithecinen (was „südliche Affen" bedeutet). Von da an muss die Entwicklung zu den ersten Menschen verlaufen sein. Es ist wahrscheinlich, dass Menschen und Affen einen gemeinsamen Vorfahren gehabt haben, der vor etwa 7–5 Millionen Jahren gelebt hat. Es bleibt aber das Problem, dass sich die eher spärlichen Fundstücke nicht zu einer nahtlosen Entwicklungsreihe verbinden lassen. Das Wissen über unsere eigene Evolution basiert noch immer auf wenigen Bruchstücken. Afrika ist heute als Ursprungsland des anatomisch modernen Menschen gesichert, wo er sich vor etwa 200 000 Jahren entwickelt hat und vor etwa 100 000 Jahren nach Norden wandernd die Welt zu erobern begann; diesem relativ späten Exodus waren jedoch schon frühere Auswanderungswellen vorausgegangen. Der anatomisch moderne Mensch ist auch bekannt für seine Kunst in Form von Höhlenmalereien, kleinen Skulpturen und ersten Musikinstrumenten (z. B. aus Knochen geschnitzten Flöten). Diese Entwicklung hat aber ein paar Millionen Jahre gedauert. Von Lucy scheint eine Linie zu den ersten Menschen verlaufen zu sein, deren afrikanische Stammformen vor etwa 2,5 Millionen Jahren nachweisbar sind. Zu ihnen gehört der *Homo habilis* (der „geschickte Mensch"), der auch schon Steinwerkzeuge hergestellt hat.

Die seit 1,8–1,6 Millionen Jahren auf *Homo habilis* folgenden moderneren Gruppen, die als *Homo erectus* und *Homo ergaster* bezeichnet werden, hatten vor uns schon weite Teile der Welt erobert. *Homo erectus* (der „aufrecht gehende Mensch", der mit sehr unterschiedlichen Namen versehen worden ist) wanderte nach Asien, wo er erst vor etwa 60 000 Jahren ausgestorben ist. *Homo ergaster*, auch er ein Afrikaner, scheint für die europäische Entwicklungslinie von Bedeutung. Sie führt über 800 000 Jahre alte Menschenfunde aus Nordspanien mit primitiven wie fortschrittlichen anatomischen Merkmalen schließlich zum *Homo heidelbergensis*, dessen berühmter Unterkiefer aus Ablagerungen eines alten Neckarlaufs bei Mauer stammt, wo er vor etwa 600 000 Jahren zusammen mit wärmeliebenden Tieren gelebt hatte. Heute kann als gesichert gelten, dass der vor etwa 300 000 Jahren erscheinende Neandertaler mit diesem „Heidelberger" in einer direkten Entwicklungslinie steht. Der Neandertaler *(Homo neanderthalensis)* hat noch vor 28 000 – 24 000 Jahren in Spanien gelebt; ob er sich mit den modernen Menschen vermischt hat, ist unklar. Dass sich beide Gruppen zumindest zeitlich überschnitten, lässt sich aus dem Alter von 36 000 Jahren folgern, das man an den ältesten Resten des europäischen *Homo sapiens* gefunden hat.

Die Entwicklung der Menschen lässt sich am besten anhand der Steinwerkzeugformen verfolgen, weil sich Stein besser hält als Knochen. Die Werkzeuge sind damit die „Leitfossilien" für die Urgeschichtler. Auch hier ist, wie an den Formen im Tier- und Pflanzenreich, eine Evolution von einfachen zu komplizierten Mustern erkennbar, die insgesamt während der Altsteinzeit erfolgte und an deren Ende auch schon abgeschlossen war. Werkmaterial waren im Wesentlichen die besonders harten Horn- und Feuersteine, aber auch Quarzite und Obsidian. Die mittelsteinzeitlichen Kulturen sind durch kleinere Werkstücke (sog. Mikrolithen) gekennzeichnet, die der Jungsteinzeit vor allem durch ihre geschliffenen Steinbeile bekannt, für die besonders harte und zähe Gesteine verwendet wurden, bis man das Material schließlich durch Metalle ersetzt hat. Kupfer-, Bronze- und Eisenzeit sind heute schon annähernd durch ein Plastik-Zeitalter abgelöst, aber auch dieses wird in 50 Millionen Jahren – die entsprechende Plattenkonstellation ist ganz vorne auf Seite 2 dargestellt – längst überholt sein.

**Exkursionshinweise (Vor-)Mensch:**

**Reiss-Engelhorn-Museen** in Mannheim: Dauerausstellung „MenschenZeit", welche der biologischen und kulturellen Entwicklung unserer Vorfahren gewidmet ist (www.rem-mannheim.de).

**Verein Homo heidelbergensis von Mauer e.V.** in Mauer

**Urgeschichtliches Museum Mauer** bei Heidelberg (www.gemeinde-mauer.de)

**Neanderthal Museum** bei Mettmann (www.neanderthal.de)

## Literaturempfehlungen:

Hölder, H.: Naturgeschichte des Lebens. Eine paläontologische Spurensuche. Springer Verlag, Berlin etc. 1996 (3. Aufl.), 241 S.

Krumbiegel, G. & Krumbiegel, B.: Fossilien der Erdgeschichte. Enke Verlag, Stuttgart 1981, 406 S.

Lehmann, U.: Paläontologisches Wörterbuch. Enke Verlag 1996 (4. Aufl.), 278 S.

Lehmann, U. & Hillmer, G.: Wirbellose Tiere der Vorzeit. Enke Verlag, Stuttgart 1988, 279 S.

Schaarschmidt, F.: Paläobotanik I. Einführung und Paläophytikum. Bibliograph. Inst. Mannheim 1968, 107 S.

Schaarschmidt, F.: Paläobotanik II. Mesophytikum und Känophytikum. Bibliograph. Inst. Mannheim 1968, 80 S.

Schrenk, F.: Die Frühzeit des Menschen. Der Weg zum *Homo sapiens*. C. H. Beck Verlag, München 2004, 126 S.

Storch, V., Welsch, U., Wink, M.: Evolutionsbiologie. Springer Verlag, Berlin, Heidelberg 2007, 518 S.

Turek, V., Marek, J., Benes, J.: Fossilien. Handbuch und Führer für den Sammler. Bechtermünz Verlag im Weltbild Verlag, Augsburg 1997, 496 S.

Wieczorek, A. & Rosendahl, W. (Hrsg.): MenschenZeit. Geschichten vom Aufbruch der frühen Menschen. Publ. der Reiss-Engelhorn-Museen Bd. 7, Verlag Philipp von Zabern, Mainz 2003, 111 S.

# Register

## A

Aa-Lava 93
Absenkungstrichter 131
Agnathen 39
Aktiver Kontinentalrand 83
Algen 142
Alpine Trias 59
Alte Schilde 31
Alter des Ozeanbodens 81
Aluminium 107
Aminosäuren 18
Ammoniten 60
Amphibien 41, 163
Amphibole 109
Andesit 113
Anthrazit 120
Apatit 19, 160
Aquifer 130
Aragonit 145, 149
Archaea 19
Archaeocyathiden 157
Archaikum 31
*Archaeopteryx* 63
Argon 29
Armfüßer 154
Armgerüste 154
Armkiemer 154
Arthropoden 150
Asche 96
Asphalt 132
Asteroidengürtel 11
Asthenosphäre 82
Atmosphäre 16
Auerochse 170
Aufschluss 34
Augit 109
Ausfällen 118
Außenskelett 161
Austern 148
Australopithecinen 172

## B

Bachschwinden 54
Bändersilikate 109
Bärlapper 55
Barrel 132
Basalt 108
Basaltsäulen 94
Basaltschmelzen 88
Belemniten (-Schlachtfeld) 146
Bergbau-Museum und Geologischer Garten Bochum 49
Bergkristalle 106
Bernstein 70
Besucherbergwerk „Tiefer Stollen" bei Aalen-Wasseralfingen 64
Besucherbergwerk Bad Friedrichshall 57, 125
Besucherbergwerk Kleinenbremen 64
Besucherbergwerk Grube Fortuna bei Oberbiel 45
Besucherbergwerk „Röhrigschacht" nahe Wettelrode 54
Bims 91
Bimsstein 90
Bimstephra 90
*Bison* 170
Bitumen 142
Black Smoker 19
Blei 25, 137
Blei-Zink-Erzgänge 138
Blütenpflanzen 141
Bödenkorallen 151
Bohrmuscheln 148
Bombe 96
Brachiopoden 154
Brackwasser 147
Brauneisenerz 61
Braunkohle 69, 119
Brekzien 117
Brotkrustenbombe 99
Bruchfaltung 138
Brunnen 130
Bryozoen 157
Buntsandstein 55
Buprestide (Prachtkäfer) 139

## C

Cephalopoden 144
Ceratiten 145
*Chirotherium* 55
Chlor 16
Chlorophyll 21
Chrom 138
Chopper 172
Conodonten 160
Cyanobakterien 21

## D

*Dactylioceras*-Bank 61
Deutsches Erdölmuseum 136
Devon 40
Diamanten 10
Diatomeen 158
Differentiation, magmatische 112
Diluvium 72
*Dimetrodon* 53
Dinosaurier 67
Diorit 112
Diskordanzen 31
Dolinen 54
Dolomit 124
Doppelhelix 18
Dropstones 54
Dünenschichtung 26
Düngemittel 123
Durchläufer 155

## E

Eem-Warmzeit 77
Eisberge 37
Eisen 137
Eisenmeteorit 13
Eiszeitalter 72
Eiszeiten 76
Elefanten 168
Elfenbein 169
Entstehung des Lebens 18
Entwicklung der Schädelknochen 167
Epizentrum 101
Erdbahn-Schwankungen 76
Erdbeben (-wellen) 101
Erdgas (-lagerstätte) 136
Erdkern 13
Erdkruste 13
Erdmantel 13
Erdöl 132
Erdölbildung 134
Erdölfallen 134
Erdölgas 136
Erdöl-Muttergesteine 134
Erlebnisbergwerk Merkers 125
Erratica 75
Erz (-lagerstätten) 136
Erzschlamm 137
Evolution 142
Evolution der Pferde 167
Externsteine bei Bad Meinberg 68

## F

Facettenaugen 144
Faltengebirge 83
Farnbäume 140
Faulschlamm 63, 134
Faustkeil 172
Fazies 64
Federn 165
Feldspat 107
Feldspatverwitterung 115
Feuersteine 66, 152 f.
Fiamme 91
Flachbeben 103 f.
Flugsaurier 164
Flussperlmuschel 147
Flusspferd 170
Flysch 49
Foraminiferen 53, 159
Fossiles Treibholz 153
Fossilien 139
Freilichtmuseum bei Lehesten 49

## G

Gabbro 113
Gangfüllung 138
Ganglagerstätten 137
Geiseltalmuseum 71
Gekröse-Lava 92
Gentechnik 142
Geologe 10
Geophysiker 10
Germanische Trias 59
Gesteinsglas 111
Gips 123 f.
Gipskarst 54
Gletschermühlen 75
Gletscherschrammen 73
Glimmer 108
Glimmerschiefer 126
Glomar Challenger 27
Glutlawinen 91
Goethit 115
Gold 137
Goniatiten 145
Graben 87
Granit 48, 111
Graphit 127
Graptolithen 156
Grauwacke 48
Griffelschiefer 38
Großforaminiferen 159
Grundwasser 128
Grundwasserspiegel 131
Grünsteine 31

## H

Haftwasser 130
Haizähne 70
Halbwertszeit 29
Hangendes 23
Heißwasserquelle 20
Heißzeiten 76
Heizwert von Kohlen 135
Helium 25, 29
Hessigheimer Felsengärten 57
Hessisches Landesmuseum Darmstadt 71
Hexakorallen 151
Höhlenbär 170
Höhlenhyäne 78
Höhlenlöwe 78
Höhlenperlen 122
Holozän 73
Hornblende 109
Hornfels 128
Hufe 168
Humuskohlen 136
Hydrothermale Prozesse 137
Hypozentrum 101

## I

Ichthyosaurier 163
*Ichthyostega* 44
Ignimbrite 91
Impakt-Hypothese 68
Inkohlung 136
Innenskelett 161
Inselsilikate 109
Iridium 68
Irre Wundertiere 33
Isotope 73
Itabirit 30

## J

Jahr ohne Sommer 89
Jena-Formation 57
Jura 60

## K

Kaledonische Gebirgsbildung 40
Kalisalz 123 f.
Kalium 107
Kalkschlamm 118
Kalkschwämme 157
Kalkspat 107
Kalkstein 117
Kalzium 107
Kambrische Explosion 35
Kambrium 35
Kännelkohlen 136
Käno-/Neozoikum 69

Kant, Immanuel 10
Kaolin 114
Kaolinitstruktur 114
Karbon 45
Karbonate 54
Karst 114
Karstquelle 131
Karstwanderweg 54
Kettensilikate 109
Keuper 58
Kiemenatmung 41
Kieselgur 119
Kieselschiefer 119
Kieselschwämme 157
Kissenlava/Pillow-Lava 93
Kleine Eiszeit 77
Klimagürtel 141
Klimawandel 76
Knochenbrekzien 171
Kohle 119
Kohlenkalk 47
Kohlenstoff 120
Komet 13
Konglomerat 117
Kontaktzone 128
Kontinentalverschiebungstheorie 79
Kopffüßer 144
Korallen 151
Korbacher Spalte 54
Kreide 66
Kristallgitter 18
Krokodile 164
Kronenzähne 167
Kukkersit 157
Kupfer 137
Kupferschiefer-Museum 54
Küstensümpfe 119

## L

Lagerstätte 137
Lahn-Marmor 45
Landpflanzen 142
Landschnecke 159
Landwirbeltiere 161
Lapilli 91
*Latimeria* 43
Lava 88
Lederschiefer 38
Leitbündel 142
Leitfossilien 144
Lettenartiges Gestein 58
Liegendes 23
Linné, Carl von 117
Lithosphärenplatten 82
Lobenlinie 145

Lorbeerbäume 141
Lorbeerblattspitze 172
Löss 74
Lösslehme 75
Lucy 172
Lungenatmung 41

## M

Maar 89
Maarmuseum Manderscheid 99
Magma 88
Magmakammer 88
Magmatische Differentiation 112
Magmatit 111
Magnesium 109
Magnetfeld der Erde 12
Magnetit 138
Magnitude 103
Magnolien 141
Mammut 168
Mammut-Elfenbein 169
Marmor 127
Massenaussterben 31, 53, 67
Massenkalke 43
*Mastodonsaurus giganteus* 58
Mechanische Verwitterung 115
Meerwasser 16
*Megalodon* 59
Mensch 171
Mercalli-Skala 103
Mesozoikum 54
Messel 71
Metamorphite 30
Metamorphose 44
Meteoriten 13
Meteorologe 79
Methan 134
Mikrofossilien 158
Mikrokontinente 13
Mittelalterliches Klimaoptimum 77
Mittelatlantischer Rücken 80
Mittelozeanische Rücken 81
Mohorovičić-Diskontinuität (Moho) 12
Mollusken 147
Moostierchen 157
Moräne 74
Moschusochse 170
Muschelkalk 56
Muschelkalkmuseum Hagdorn 57
Muschelkalksalz 57
Muscheln 147
Museum Hauff 62, 64

## N

Nacheiszeit 77
Nacktpflanzen 39
Nadelbäume 141
Nahrungskette 158
Nannofossilien 160
Nationale Geoparks 99
Natrium 16, 107
Naturmuseum und Forschungsinstitut Senckenberg 71
*Nautilus* 144
Neandertaler 173
Neanderthal Museum 173
Neo-/Känozoikum 69
Nickel 13, 138

## O

Oberflächenwellen 102
Obsidian 92
Old-Red-Kontinent 40
Olivin (-knollen) 109
Ölschiefer 142
Ooide 121
Oolithe 121
Ordovizium 36
Orthoceren (-Schlachtfeld) 37
Ostafrikanisches Grabensystem 87
Ostrakoden 70
Ötzi 77
Ozeanische Kruste 80
Ozon (-loch) 17

## P

Pahoehoe-Lava 93
Paläobotaniker 139
Paläo-Geographie 26
Paläontologe 18
Paläozoikum 54
Paläozoologe 139
Palmen 141
Panzerfische 161
Passiver Kontinentalrand 83
Pazifischer Feuerring 84
Pelés Haar 96
Perm 49
Permeabilität 129
Pferde 167
Pflanzen 140
Phanerozoikum 143
Phosphor 19
Phyllite 126
Pigmente 21
Pillow-Lava/Kissenlava 93
Planetensystem 11

# Register

Planetesimale 11
Plankton 158
Plattentektonik 79
Pleistozän 73
*Pleuromeia* 55
Plumes 77
Plutonisches Gestein/Plutonit 111
Pollen 78
Poriferen 157
Porosität 129
Porphyr 50
Posidonienschiefer 62
Präkambrium 30
Priele 26
Primärwellen 101
Primaten 171
Proterozoikum 31
Protoplasma 33
Psilophyten 38
Pyrit 19
Pyroklastischer Strom 91
Pyroxene 109

### Q

Quartär 72
Quarz 107
Quarzit 127
Quastenflosser 43, 161
Quellen 130

### R

Radiolarien 119, 159
Radiolarit 119
Rammelsberg 137
Ratiten 165
Raumwellen 101
Reduzierende Verhältnisse 18
Regression 28
Reiss-Engelhorn-Museen in Mannheim 173
Reptilien 163
Rhyolith 111, 113
Richter-Skala 103
Riffe 151
Roteisenstein 45
Rotsandstein 16
Rückanpassung 163
Rudisten 66, 148
Rüsseltiere 168

### S

Salz 123
Salzlagerstätten 124
Salzseen 124
Sand (-stein) 116
Sattelstruktur 134
Sauerstoff 13, 107
Säugetiere 167
Saurierpark Münchehagen 68
Schaber 172
Schachtelhalme 141
Schalenmodell der Erde 12
Scheibenberg im Erzgebirge 71
Schelf 43
Scherwellen 102
Schichtquelle 131
Schichtsilikate 108
Schichtvulkan 99
Schildvulkane 99
Schlacken 97
Schläfenfenster 163
Schläfenöffnungen 163
Schlagende Wetter 136
Schlangensterne 154
Schluff 116
Schmelze 88
Schnecken 149
Schreibkreide 160
Schriftsteine (Graptolithen) 155
Schuppenbäume 119
Schwämme 157
Schwammnadeln 157
Schwarze Raucher 137
Schwefel 98
See von Messel 141
Seebeben 101
Seegrasschiefer 62
Seeigel 152
Seekuh 170
Seelilien 153
Seelilienstielglieder 154
Seesterne 154
Seil-Lava 92
Seismische Tomographie 86
Seismograph 85
Shale (plattig spaltender Tonstein) 117
Sickerwasser 130
Sieblos-Museum 71
Siegelbäume 119
Silber 137
Silizium 107
Silt 116
Silur 38
$SiO_2$ 107
$SiO_4$-Tetraeder 108
Spaltenvulkanismus 100
Speichergesteine 134
Spiralnebel 9
Spiriferen 154

Spurenelemente 136
Stachelhäuter (Echinodermen) 152
Stalagmiten 122
Stalaktiten 122
Steinkohle 119
Steinkohlenzeitalter 45
Steinmeteoriten 13
Steinsalz 124
Steppenelefant 169
Stoßzähne 169
Stratovulkan 99
Streifenmuster des Ozeanbodens 80
Stricklava 92
Stromatolithe 21
Stromatoporen 41
Stromatoporenkalk 42
Sturmfluten 28
Subduktionszone 83
Sumpfzypressen 141
Süßwasser 16

### T

Teersande 133
Tektit 15
Tellerschnecken 150
Tellerschwämme 157
Tephra 89
Terran 86
Tertiär 68
Tethys 54
Tetraeder-Modell 108
Tetrakorallen 151
Teufelsmauer bei Neinstedt 68
Teufelstisch bei Hinterweidenthal 56
Textur 126
Tintenfische 147
Ton 116
Tonminerale 116
Tonschlamm 117
Tonstein 117
Töpfertone 116
Torf 120
Toteiskessel 75
Transformstörung 81f.
Transgression 28
Trias 54
Trilobiten 143
Trockenrisse 56
Trollfelsen im Trollbachtal 54
Tropfsteine 122
Tuff 89
*Tyrannosaurus* 67

### U

Überlaufquelle 131
Unterwasser-Dünen 122
Uran 24
Urerde 19
Urgeschichtliches Museum Mauer 173
Urgestein 13, 30
Urpferdchen 167
Urstromtäler 75
Ursuppe 18
*Ursus spelaeus* 171
UV-Strahlung 17

### V

Variskische Gebirgsbildung 48
Vendium 33
Vendobionten 33
Verwitterung 113
Viskosität 133
Vögel 165
Vormenschen 171
Vulkanische Lockerprodukte 89
Vulkanisches Gas 99
Vulkanismus 88
Vulkanite 30
Vulkanland Eifel 99

### W

Waldelefant 169
Waldnashorn 170
Wanderung der Kontinente 79
Wasseradern 132
Wasserhärte 132
Wasserkreislauf 129
Wassermolekül 130
Wasserstoff 120
Wattenmeer 29
Wellenkalk 57
Wirbellose Tiere 142
Wirbeltiere 161
Wisent 170
Wollnashorn 170
Würmer 158

### X

Xenolithe 99

### Z

Zimtbäume 141
Zink 137
Zucker 21
Zwergelefanten 170
Zwischeneiszeit 77